# *Hinein in diesen Drachenschlund*

## Die Gotthardbahn in Literatur und Kunst

Herausgegeben von Hans Peter Häberli

Mit einem Vorwort von
Bruder Gerold Zenoni, Ordo Sancti Benedicti

Bildkonzept von Christof Kübler

Scheidegger & Spiess

Der Verlag dankt
AAE Ahaus Alstätter Eisenbahn Holding AG
Jubiläumsstiftung der Credit Suisse
Migros-Kulturprozent
Ihre Beiträge haben das Erscheinen dieses Buches mit ermöglicht.

Der Verlag bedankt sich auch bei den Autorinnen und Autoren, bei den Verlagen sowie den Künstlerinnen und Künstlern für die freundlichen Genehmigungen der Abdruck- und Reproduktionsrechte.

Übersetzungen: Maria Dieterle, Alice Grünfelder, Annalisa Viviani
Korrektorat: Armin C. Kälin, Zürich
Gestaltung und Satz: Giorgio Chiappa, Zürich
Druck und Bindung: Offizin Andersen Nexö Leipzig

Umschlagbild vorne: «Bahnhof Göschenen», Peter Maurer, Zürich
Umschlagbild hinten: «Bahnhof Airolo», Peter Maurer, Zürich


ISBN 978-3-85881-189-9

www.scheidegger-spiess.ch

# Vorwort
## *von Bruder Gerold Zenoni, Ordo Sancti Benedicti*

### Lesen in einem Zuge

272 Züge verkehrten 1968 täglich auf der Gotthardbahn. Das lernten wir in der Primarschule. Am Sonntag nahm uns der Vater mit an den Bahnhof Altdorf zum Kiosk. Nebenan hantierte hinter der Fensterfront der Bahnhofvorstand mit seinem roten Käppi an grossen Hebeln. «Zutritt verboten». Auf dem Stellwerktisch blinkten kleine Lämpchen. Schwarze Mäntel hingen beim Eingang. Silbrig glänzende Laternen mit dem roten Stopp-Signal standen bereit. Stakkatoartig malträtierte ein Eisenhämmerchen die auf einem mannshohen Sockel thronende Glocke, mit der sich schrill der nächste Zug ankündigte. Der grosse Zeiger der Bahnhofsuhr glitt dahin, stoppte kurz auf dem Kulminationspunkt, als ob er Herr über die Zeit wäre, und setzte seine Reise fort. Die Züge rasten vorbei.

In einem Spezialzug erreichte der Schweizer Nationalzirkus Knie einmal im Jahr buchstäblich mit Ross und Wagen den Bahnhof der Urner Residenz. Wie eine Verheissung nahmen sich die blau-rot aufgemalten grossen Lettern «KNIE» im fahlen Licht der Gleisbeleuchtung auf den weissen Zirkuswagen aus. Das Stampfen der schlaftrunkenen Pferde, Elefanten, Kamele und der in einem hochgebauten Wagen residierenden Giraffe war zu hören. Eine Kette schepperte auf den mit Stroh ausgelegten Planken.

Menschen, Tiere und Güter reisten hier durch. Aber auch Empfindungen, Gefühle und Wörter. Leute mit ihren Gedanken, Schriftstellerinnen und Schriftsteller, die ihre Reiseeindrücke von einer der interessantesten Bahnstrecken der Welt zu Papier brachten. Diesen Stellen nachzuspüren, ist seit langem eine Passion von mir. So freute ich mich sehr, als der Herausgeber dieses Buches, der Historiker Hans Peter Häberli, an mich herantrat und mich um Mitarbeit und Einblick in meine Sammlung bat. Privat gehortetes Wissen wird so auf ideale Art und Weise der Öffentlichkeit zugänglich gemacht.

Am Gotthard, dieser Schnittstelle Europas, stossen Sprachgrenzen aufeinander, die durch die Bahn nicht aufgehoben werden, aber durchlässiger erscheinen. Der Austausch zwischen den Sprachen unter dem Dach des Sankt Gotthard ist neben der wirtschaftlichen und touristischen Bedeutung ein weiterer positiver Aspekt dieses grandiosen Bauwerks unserer weitsichtig denkenden Vorfahren. Der vorliegende Band vereinigt fast alle literarischen Belegstellen zur jubilierenden Gotthardbahn. Mit Namen wie Francesco Chiesa, Max Frisch, André Gide, Hermann Hesse, Franz Kafka, Cécile Lauber, Karl May, Guido Morselli, Friedrich Nietzsche, Erich Maria Remarque, Carl Spitteler, August Strindberg oder Urs Widmer ist es eine Liste mit überwältigender literarischer Potenz. Der Gotthard ist nicht nur ein bahntechnisches Nadelöhr, sondern auch ein literarisches: Alle mussten hier durch. Mal schlafend wie Boris Pasternak (was er nachher bereute), aber meistens gefangen von der Monumentalität der Anlage und der am Wagenfenster vorbeifliegenden, waghalsig in die Höhe strebenden Kulisse.

Mit dem heiligen Gotthard von Hildesheim (960–1038) hat ein Benediktiner sowohl dem Pass als auch der Bahn und dem Tunnel den Namen gegeben. Seine gelassene Heiterkeit machte auf die Zeitgenossen grossen Eindruck. Spätestens beim Lesen von Thomas Hürlimanns Erzählung über einen kuriosen Festzug oder Emils Kabarettnummer wird sich bei den Leserinnen und Lesern dieses Buches ebenfalls Heiterkeit einstellen. «Dieses Buch lese ich in einem Zuge», so warben die Schweizerischen Bundesbahnen vor einigen Jahren auf Plakatwänden. Lesen auch Sie dieses Buch in einem Zuge. Am besten auf einer Fahrt mit der Gotthardbahn!

*Kloster Einsiedeln, am Dreikönigstag 2007*

# Einleitung
*von Hans Peter Häberli*

«Träume? Nun gut, am Anfang
aller Dinge stehen die Träume.»
*Felix Moeschlin*

In Uri und im Tessin ist das Wetterphänomen bekannt: Tiefblau mag der Himmel sein, der Tag in der beliebten Berg- und Seenwelt prächtig. Doch plötzlich brechen heftige Windböen in diese Idylle ein, bauen sich Wolkenberge am Horizont auf. Und kundige Menschen erkennen die Vorboten eines heraufziehenden Sturms.

In Uri und im Tessin wird 2007 der 125. Geburtstag der Gotthardbahn gefeiert. Dampfzüge bezwingen erneut die Bergstrecke, Volksfeste erfreuen Jung und Alt, ein Theaterstück erlebt seine Uraufführung. Ansprachen werden stolz an die Pioniertat des Baus und an die Wichtigkeit für den touristischen Verkehr erinnern. Der Applaus wird gross sein, die Stimmung ausgezeichnet. Nur wenn eine Rednerin die Zukunft der Gotthardbahn anschneiden sollte, wenn ein Redner in seiner Begeisterung bereits auf ihren 150. Geburtstag vorgriffe, dürften hellhörige Zuhörende ein Frösteln verspüren, könnten sich Zweifel und Sorge in ihre Freude mischen.

Denn was wird mit der «alten Gotthardbahn», wenn der 57 Kilometer lange Basistunnel, der zurzeit zwischen Erstfeld und Bodio für die Eisenbahn der Zukunft erbaut wird, voraussichtlich 2016 in Betrieb genommen wird? Im Kanton Uri und im oberen Tessin berührt diese Frage die Existenz und das Selbstwertgefühl zweier Regionen und ihrer Bewohner. Wünschenswert wäre es, die Gotthardbahn in die Liste des Unesco-Weltkulturerbes aufzunehmen, um sie vor Stilllegung oder gar Abriss zu schützen. Die Schweizerischen Bundesbahnen (SBB) haben vorsorglich ein umfassendes Inventar aller Bauten erstellt.

Ein Inventar der immateriellen, der literarischen und künstlerischen Schätze der Gotthardbahn präsentiert unser Lesebuch. Die Idee, die Deutsch- und die Südschweiz mit einem Schienenstrang zu verbinden, entstand nach 1830. Wirtschaftliche und politische Gründe waren die Triebfeder; Verfechter waren herausragende Persönlichkeiten in einzelnen Kantonen, im Bund, in Finanz-, Handels- und Eisenbahnunternehmen. Bei der Frage, ob die Bahn über den Splügen oder den Gotthard erbaut werden sollte, setzten sich 1863 endgültig die Befürworter des Gotthards durch.

Die Planung der Gotthardbahn führte über viele Umwege zur Route, die die Züge heute noch befahren. Sie umfasst die Bergstrecke zwischen Erstfeld und Biasca, die Zufahrtlinien Arth-Goldau–Erstfeld und Bellinzona–Biasca sowie die in ihrer Bauzeit als «Talbahnen» bezeichneten Gleisstränge von Luzern bzw. Zug nach Arth-Goldau und die drei Strecken von Chiasso, Locarno und Luino nach Bellinzona.

Wegen der internationalen Bedeutung der Verbindung zwischen Nord- und Südeuropa und des enormen Finanzbedarfs des Projekts wurde 1871 ein Staatsvertrag zwischen der Schweiz, dem Königreich Italien und dem Deutschen Reich abgeschlossen. Und die private Gotthardbahn-Gesellschaft erhielt grünes Licht für den Bau. Die einmalige Strecke musste betriebstechnisch höchsten Ansprüchen genügen: Ihre maximale Steigung wurde auf nur 26‰ begrenzt; die Gefällstufen im Reusstal und in der Leventina sollten weder durch Zahnrad noch Spitzkehren, sondern durch insgesamt sieben Kehrtunnels überwunden werden. Diese wurden, zusammen mit dem 15 Kilometer langen Scheiteltunnel zwischen Göschenen und Airolo und einigen imposanten Brücken, die Wahrzeichen der Gotthardbahn.

Die elf Baujahre zwischen 1872 und 1882 verliefen dramatisch, denn die Bauarbeiten erwiesen sich als äusserst schwierig. Zudem bedrohten immer wieder unangenehme Zwischenfälle die Weiterführung. Die Arbeiter im Gotthardtunnel traten 1875 wegen der unhaltbaren Arbeitsbedingungen in Streik; Auseinandersetzungen zwischen der Gotthardbahn-Gesellschaft und der Bauleitung wurden in aller Öffentlichkeit ausgefochten; und das komplizierte

Finanzierungsgebäude drohte durch die massive Kostenüberschreitung zusammenzubrechen. Umso grösser war die Freude über den Tunneldurchstich am 28. Februar 1880. Am 1. Juni 1882 wurde die Gotthardbahn offiziell eröffnet. In den ersten 27 Jahren fuhr sie unter der Regie der Gotthardbahn-Gesellschaft, im Jahre 1909 kam sie unter die Fittiche der SBB.

Zwei Persönlichkeiten aus der Bauzeit sind bis heute im Gedächtnis der Nachwelt geblieben: zum einen der Politiker, Bankier, Bahnpionier und Präsident der Gotthardbahn-Gesellschaft Dr. Alfred Escher; zum andern der von ihm bestimmte Erbauer des Gotthardtunnels, Ingenieur Louis Favre. Escher suchte rastlos Politiker und Finanzwelt auf Kurs zu halten, während Favre mit Natur und Technik am Berg rang. Die kolossalen Probleme führten bald zum Zerwürfnis zwischen den beiden gegensätzlichen Charakteren, beide rieben sich an ihrer Aufgabe auf, an ihrem Einsatz und ihrem Ehrgeiz. Louis Favre starb mit nur 53 Jahren 1879, Alfred Escher 1882 63-jährig. Mit ihrem Leben bezahlten während der Bauzeit 177 Tunnelarbeiter die Durchbohrung des Gotthards.

Am Anfang der Suche nach literarischen Texten zur Gotthardbahn fanden sich nur eine Handvoll. Doch die Auswertung von Katalogen, Verzeichnissen aller Art und des Internets sowie wertvolle Auskünfte von Bibliothekarinnen, Eisenbahnern, Kunstexperten, Professorinnen, Literaturdozenten und Bahnfreunden brachten schliesslich über 70 literarische Beiträge und zahlreiche Kunstwerke ans Licht.

Die gehobenen Schätze erfreuen, denn ihre Vielfalt erstaunt. Die Autorinnen und Autoren stammen nicht nur aus der deutschen Schweiz, aus dem Tessin und aus der Romandie, sondern ebenso aus Italien, Deutschland, Österreich, Schweden, Frankreich, England, ja selbst aus Amerika, Russland und Japan. Sie schrieben Geschichten, Tagebücher, Erinnerungen, Reiseführer, Gedichte, Romane, Reportagen, Briefe und Essays in einer stilistisch und thematisch erstaunlichen Vielfalt. Die Kunstwerke umfassen Stiche und Plakate, klassische Gemälde und abstrakte Kunst, Zeichnungen und Collagen in ebensolcher Farbigkeit.

Um diesen Reichtum in seiner ganzen Fülle aufzuzeigen, haben wir in diesem Lesebuch auf literarische oder künstlerische Messlatten verzichtet und die unterschiedliche Rechtschreibung in den deutschsprachigen Originaltexten beibehalten. So finden sich denn auf den folgenden Seiten viele Autoren und Künstler vereint, die noch nie unter ein und demselben Buchdeckel präsentiert worden sind: Kabarettist Emil neben Philosoph Friedrich Nietzsche, Winnetou-Schöpfer Karl May neben dem Dichter Max Frisch, die japanische Schriftstellerin Yoko Tawada neben dem amerikanischen Thrillerautor Colin Forbes. Die klassischen Fotografien von Adolphe Braun finden die gleiche Aufmerksamkeit wie die Acrylbilder von Peter Maurer oder die Plastik von Franz Fedier.

Die Gotthardbahn war und ist eine unerschöpfliche Inspirationsquelle für Schriftsteller und Künstler. Auch deshalb ist zu wünschen, dass der Traum, sie für die Zukunft zu erhalten, wahr wird.

*Zürich, im März 2007*

1. Kapitel

*«Diese Strecke ist eine Sensation geblieben»*

# Persönliche Erinnerungen an die Gotthardbahn

Überwältigtes Staunen und höchste Begeisterung, das sind die gemeinsamen Erfahrungen der Autorinnen und Autoren dieses Kapitels. Während ihrer Reisen mit der Gotthardbahn haben sie die unterschiedlichsten Eindrücke mit allen Sinnen in sich aufgenommen. Mit den Augen: «Praktisch jede Minute der raschen Fahrt bot einen neuen aufregenden Ausblick auf das Land des ewigen Frühlings, in das wir wie auf einem fliegenden Teppich getragen wurden» (Ernst Krenek). Mit den Ohren: «Überall, überall, überall klatschten, tratschten und tropften Bäche» (Boris Pasternak). Mit der Nase: «Dagegen gefiel mir der Geruch der Bahn sehr: ein schlechter Geruch, sagen einige, während es ein Duft von berauschender Kraft ist, der die Phantasie anregt und in der Seele eine Begeisterung hervorruft wie bei der Lektüre von Abenteuerromanen» (Francesco Chiesa). Mit allen Sinnen: «Wir standen festgeklammert, die Wangen erhitzt im brausenden Luftzug» (Cécile Lauber).

«Ein tiefes Lustgefühl kam über mich», brachte Hermann Hesse seine Eindrücke auf den Punkt. Doch nicht immer erlebten sie die Autoren positiv. Francesco Chiesa empfand als Bub das Läuten der Stationsglocken zuerst als bedrohlich. Und André Gide waren auf seiner Reise über den Gotthard die Berge ebenso unangenehm wie Rauch und Russ.

Die Übertragung der Sinneseindrücke in Sprache geschah in den unterschiedlichsten Textformen: in einem Brief bei André Gide, in Tagebucheintragungen bei Franz Kafka, in fantastischen Bildern bei Boris Pasternak, in einer Kindheitserinnerung bei Cécile Lauber und in einer Reportage bei Mona Blatter.

Die Erinnerungen stammen bis auf Mona Blatters Text alle aus der Zeit vor 1950. In den ersten Jahrzehnten war die Zugreise durch ein Gebirge wie den Gotthard etwas absolut Neues, Unbekanntes. Nach und nach aber wurde sie alltäglich, und kaum jemand fühlte sich noch angeregt, darüber zu schreiben. Ein Fussmarsch durch den grossen Tunnel, von dem Mona Blatter eindrücklich berichtet, ist hingegen nach wie vor ein seltenes und vor allem sinnliches Erlebnis.

Dem Reisen im Zug aber geht diese Sinnlichkeit immer mehr verloren. Viele der Sinneseindrücke, von denen die frühen Autoren berichten, kann man heute nicht oder kaum mehr erleben. Fenster, die sich öffnen lassen, der direkte Kontakt mit der Natur, der Luftzug um die Ohren, der Bahnhofvorstand mit Mütze und Kelle, das Knarren und Ächzen der Wagen, die schönen Flügelsignale gehören bereits oder bald endgültig der Vergangenheit an. Das Einatmen «balsamischer Luft» (Ernst Krenek), das Spähen «himmelwärts» (Hermann Hesse) ist nicht mehr möglich – oder wird von den eiligen Reisenden gar nicht mehr gewünscht.

Dem Gehörsinn sind der Rhythmus der Schienenschläge, das Pfeifen der Lokomotiven abhandengekommen, dem Geruchssinn die Düfte der Natur, aber auch von Eisen. In jüngster Zeit wird selbst die Sinnlichkeit des Sehens schwer beeinträchtigt. Sei es durch die viel zu kleinen Fenster in den Neigezügen, sei es durch die unansehnlichen Lärmschutzwände.

Für einige dieser Veränderungen gibt es überzeugende Gründe; andere zeugen von einer gewissen Respekt- und Lieblosigkeit gegenüber der Gotthardbahn. Darum hier nochmals ein kurzer, leicht nostalgischer Blick zurück zu den Anfängen, als das Reisen auf ihren Geleisen noch etwas ganz Spezielles war.

## Joseph Wipfli

### *«Schon war ich, wie Jonas im Bauche des Wallfisches, hier im Bauche des Berges»*

Der Erstfelder Joseph Wipfli (1844–1910) dürfte das früheste publizierte Zeugnis einer Bahnfahrt durch das Jahrhundertbauwerk verfasst haben. Denn erst wenige Tage vor der Reise des Pfarrers, Lehrers und Schriftstellers hatten die Züge im Januar 1882 begonnen, den grossen Tunnel nach Fahrplan zu durchfahren. In Joseph Wipflis Worten schwingt die Furcht vor dem bedrohlich wirkenden Tunnel mit. Doch seine Begeisterung für die alle räumlichen Beschränkungen überwindende Eisenbahn triumphiert.

### Meine erste Fahrt durch's Gotthardtunnel (Eingesandt.)

Schon dutzendmal habe ich, zu jeder Jahreszeit und bei allen Witterungsverhältnissen, die Reise über den Gotthard gemacht. In jüngster Zeit stand ich abermals am Fusse des weltberühmten Berges, im Begriffe, die erste kühne Fahrt durch's grosse Tunnel zu machen. Vor wenigen Tagen war dasselbe für den regelmässigen Verkehr eröffnet worden und ich betrachtete es als einen höchst denkwürdigen Zufall, unter den ersten Hunderten zu sein, die es passirten.

Es war ein herrlicher Wintertag. Der dicke Nebel, der das ganze untere Reussthal umhüllt hatte, war in Wasen zurückgeblieben und frei und sonnig entfaltete sich bei Göschenen die ruhigöde Winterlandschaft. Die Uhr hatte soeben Eins geschlagen. Unter verschiedenartigen Gefühlen spazierte ich unter dem Vordache des Stations- und Restaurationsgebäudes hin und her. Es ist wahr, ich hatte Appetit, wie ein Landschreiber vor einem Regierungs-Festessen; aber ich wagte es dennoch nicht, in die einladende Restauration einzutreten; denn kurz vorher war mir unglücklicherweise die Mittheilung gemacht worden, der betreffende Wirth bezahle der Bahngesellschaft Fr. 3300 jährlichen Miethzins. Wie viele «theure» Liter, dachte ich bei mir selbst, müssen wohl hier ausgeschenkt und wie viele «kostspielige» Diners müssen veranstaltet werden, bis vorerst dieser Miethzins herausgeschlagen ist!

Jetzt gab die Glocke das Signal zum Einsteigen. O wie getröstet war ich, als ich sah, dass nebst dem Bahnpersonal auch noch 15 andere Reisende einstiegen! Denn wenn die «blähende Strecke» im Tunnel heute mein Grab werden soll – dies waren meine Trostgedanken –, so habe ich doch wenigstens einige Genossen auf diesem sehr kurzen Wege zum Himmel. Der Zug mit 7 Waggons setzte sich langsam in Bewegung, rasselte über die eiserne Reussbrücke. – Nun lebt wohl, ihr Sterblichen! – da gähnt vor uns das riesige, unheimliche, finstere Felsenthor, wohl ähnlich demjenigen, welches einst der Dichter Dante am Eingang der Hölle sah. Nur sind hier jene schrecklichen Worte nicht eingravirt: «Lasciate ogni speranza voi, che entrate!» (lasst alle Hoffnung fahren, ihr, die ihr hier eingehet!) Ich konnte nicht mehr zurück; schon war ich, wie Jonas im Bauche des Wallfisches, hier im Bauche des Berges. Allerdings beleuchtete eine Laterne dürftig den Waggon; aber draussen war es finstere Nacht. Mein einziger Reisegefährte im Waggon II. Klasse war ein Weinreisender. Er hatte in Göschenen auf Kosten seines Hauses wohl besser dinirt, als ich, und setzte sich deshalb zu einem Mittagsschläfchen auf's weiche Polster nieder. Ich aber stellte mich, kummervoll wie ein Aktionär der Gotthardbahn, spähend an's Fenster. Das Rauschen der Räder tönte immer dumpfer. Sie selbst, die Locomotive, wurde immer furchtsamer und geängstigter; denn alle 5 Min. schrie sie mit einem schrillen Pfiff stöhnend um Hilfe. Von der Wölbung konnte ich nur dann einige Umrisse entdecken, wenn die Laterne irgend eines Bahnwärters ihr röthliches Licht ausgoss.

Wir mochten etwa in der Hälfte des Tunnels angelangt sein; ich öffnete ein Fenster, streckte die Hand heraus, um die Temperatur fühlbar wahrzunehmen. Während bei der Einfahrt die Kälte 8 Grad R. betragen mochte, herrschte in der Mitte des Tunnels eine Wärme von wenigstens 20 °R. Welche Hitze mag sich in dieser höllentiefen Berghöhle *vor* dem Durchschlag entwickelt haben! – Der ganzen Linie entlang standen auf der rechten Seite in kleinern Zwischenräumen einzelne Mineurs, die, wie es mir schien, das felsige Terrain für ein zweites Bahngeleise ausebneten oder den Raum für die Bahnwärterhäuschen aussprengten. Wer viel von Kobolden und Bergzwergen gelesen hat und diese in Wirklichkeit sehen will, der gehe nach Göschenen und stelle sich in einer schwarzen Mitternachtsstunde vor den Eingang des Tunnels. Hier treten sie ihm entgegen, diese unheimlichen, schweigsamen Gestalten mit dem geschwärzten Wachsgesicht, mit den struppigen Haaren, mit der brennenden Öllampe in der Linken und mit dem Hammer in der Rechten. Von den Zwergen erzählt die Sage, dass sie die Schätze der Berge bewachen. Jene modernen Bergzwerge (Mineurs) aber haben nicht die Schätze der Berge, wohl aber die Schätze ganzer Länder, insbesondere Italien, das «Paradies von Europa», uns erschlossen. Norden und Süden sind durch keine Scheidewand mehr getrennt – der heisse Süden gibt ungehindert dem starren Norden von seinem Überfluss.

Siehe! nun setzest Du Dich an Dänemarks sandigen Küsten in einen gepolsterten Waggon, um nach einem schönen Traume an Neapels paradiesischen Gefilden aufzuwachen. Doch ach! wie viele Opfer an Zeit, Geld und Menschenkraft hat diese Strasse, auf der ich so mühe- und sorglos dahinfahre, gekostet? Wanderer! so möchte ich ausrufen, entblösse dein Haupt, denn der Boden, auf dem du hier stehest, ist heiliges Land! Ja, Alle wissen es, jeder Meter dieser granitenen Fläche ist mit Menschenblut befeuchtet geworden. Hunderte von wackern Arbeitern haben, ähnlich wie Winkelried, hier ihr Leben geopfert, um uns eine Gasse zu bahnen. Und wie Mancher wird auch in der Zukunft in diesen Felsklammern erbleichen oder wenigstens ein armseliges Dasein fristen müssen?

Dreissig Minuten waren verflossen. Die Temperatur war abgekühlt, die Lampen brannten in hellerem Lichte. Wir konnten von Airolo nicht mehr ferne sein. Plötzlich gewahrte ich Morgendämmerung, dann reineres Licht, endlich umfloss mich heller Mittag. – Es wand sich jetzt der in Schweiss gebadete Zug unter Freudengeschrei aus dem Felsenmund des Tunnels.

Und sie (die Locomotive) athmete lang und athmete tief,
Und begrüsste das himmlische Licht.
Mit Frohlocken es Einer dem Andern rief:
«Sie lebt! sie ist da! es behielt sie nicht!
Aus dem Grab, aus der schaurigen Gotthardhöhle
Hat die Brave gerettet die feurige Seele.»

Airolo! rief der Kondukteur. Es war dies nicht nöthig: ich wusste es schon. Ich packte meine Wolldecken zusammen und trat hinaus in den meterhohen Schnee. Ach Himmel! welche Veränderung! Vor wenigen Augenblicken 20 Grad Wärme – jetzt 10 Grad Kälte. In Göschenen fast schneefreier Boden – hier die frostigste Winterlandschaft. Mit stiller Wehmuth schaute ich hin zur Locomotive und sprach: «O du liebe Feuerseele, würdest Du mich doch noch weiter führen bis zu den Gestaden des lieblichen See's oder gar bis an die Pforten des wundervollen Marmordomes in Mailand! – Doch die Locomotive pfiff mich buchstäblich aus und kehrte zurück. Ich aber nahm meinen Platz in einem offenen, entsetzlich schlechten eidgenössischen Postschlitten und setzte meine Reise fort.

## Carl Spitteler

### *«Das verwunschene und verwünschte Kirchlein von Wassen»*

Für sein mächtiges Epos «Olympischer Frühling» erhielt Carl Spitteler (1845–1924) im Alter von 75 Jahren als erster Schweizer den Nobelpreis für Literatur. Heute lässt sich dieses um die griechische Mythologie kreisende, 20 000 Verse zählende Mammutwerk selbst im Internet nachlesen. In breiteren Kreisen ist Carl Spitteler durch sein 1897 erschienenes, persönlich gehaltenes Reisebuch «Der Gotthard» bekannt geworden und bekannt geblieben. Seiner darin beschriebenen «Schnellzugfahrt Luzern–Bellinzona» sind die folgenden Ausschnitte entnommen.

### Erstfeld–Göschenen

[…] Was nun die berühmten Kehrtunnels betrifft, soll ich die tausendundeinmal beschriebenen zum tausendundzweitenmal beschreiben? Die verblüffenden Wurmwindungen der Fahrt? Das rastlose Hin- und Hersuchen der Lokomotive thalauf und thalab, als hätte sie ihr Schnupftuch verloren? Das plötzliche Auferstehen auf einer höheren Brücke, wo wir, auf die unteren Brücken hinabblickend, nicht mehr wissen, sind wir's oder sind wir's gewesen? Das verwunschene und verwünschte Kirchlein von Wassen, das mit uns Fangmaus spielt, jetzt uns mit wehmütigem Scheidegruss nachblickend, um ein Viertelstündchen später uns unversehens den Kirchturm entgegenzustrecken, spöttisch und triumphierend: «Ich bin schon da!» wie der Swinegel zum Hasen im Märchen?

Ich weiss ein einfaches Mittel, welches wortreiche Erklärungen überflüssig macht. Wer sich denn wirklich um die Kehrtunnels interessiert, der nehme sich doch einmal, ein einziges Mal die Zeit, in Wassen auszusteigen, um von dort, und zwar just von dem verhexten Kirchlein, einen kurzen Blick an das Gebirge hinüberzuwerfen; der wird ihm sofort alles sagen, was das Herz begehrt und noch mehr dazu. […]

Übrigens verspürt man, bei aller Bewunderung der Kehrtunnels, doch ordentlich etwas wie Erholung, wenn man nach diesen qualmenden Labyrinthen endlich wieder einmal in einen braven, ehrlichen geraden Tunnel einläuft. […]

**Der Gotthardtunnel**

Ohne eine gewisse feierlich andächtige Spannung fährt wohl kaum jemand zum erstenmal in den Gotthardtunnel. Und ob auch bei öfterer Fahrt allmählich die Gewohnheit den Eindruck abstumpfe, – was stumpfte die Gewohnheit nicht ab! – so vertraut wird einem der Gotthardtunnel nie, dass er uns nicht wenigstens Achtsamkeit abnötigte. In der That, eine halbe Stunde lang im Innern der Erde dahinzudampfen, mit Bergen und Gletschern von Pilatushöhe über dem Kopf, Flüsse und Seen ungerechnet, das ist wahrlich kein alltägliches Gefühl, – man müsste denn Bahnschaffner sein. Da sich indessen die erhabenste Tunnelnacht in nichts von einer gemeinen Kellernacht unterscheidet, so fällt die Spannung mangels Nahrung sehr bald ab. Man möchte sich etwas denken, fühlt sich sogar in Anbetracht der bedeutenden Gegenwart dazu verpflichtet, weiss jedoch nicht recht was, um so weniger, als das höllische Kreischen des Gesteins alle zarteren Gedankenfäden zerreisst. […]

Ob auch das Denken nicht geraten will, so gelingt doch das Kritisieren, denn zum Kritisieren ist ja das Denken nicht unerlässlich. Den Gotthardtunnel zu kontrollieren, sich tückisch auf die Lauer zu setzen, die Uhr in der Hand, ob er auch halte, was er verspricht, ob er nicht ein paar Minuten eskamotiere, ist eine Lieblingsbeschäftigung der Gotthardfahrer. Nun, die Hoffnung, den Tunnel auf einer Lüge zu ertappen, schlägt fehl. Es sind richtig wohlgezählte zwanzig Minuten mit dem Schnellzug (nächstens werden es einige Minuten weniger sein), fünfundzwanzig mit gewöhnlichen Zügen. […]

## Rodi-Fiesso–Faido–Lavorgo

In der Thal sind wir vor der ersten der beiden gewaltigen Sturztreppen angelangt, welche die Leventina (oder verdeutscht: das Livinenthal) in drei Stockwerke scheiden. Nämlich nicht in stetiger Flucht, wie das Reussthal, sondern mittelst jäher Treppen von je zweihundert Metern sinkt die Leventina in die Tiefe, zwischen den Treppen weite, geräumige, scheinbar völlig ebene, in Wirklichkeit sanft geneigte Kammern eröffnend. Die höchste Kammer der obern Leventina, also das Plateau zwischen Airolo und Rodi, haben wir zurückgelegt; jetzt jagen wir durch zwei labyrinthische Spiraltunnels, wo selbst das aufgeweckteste Spürauge den Kompass nicht mehr findet, bald unter den diesseitigen, bald unter den jenseitigen Bergen die erste Treppe, den sogenannten Dazio Grande, hinab.

Gleich zu Anfang hinter der Felspforte spritzt uns wilder Wassergischt in hohen Sprüngen entgegen. Weisses Schaumgewoge, jähe Felswände, Schluchten, Thalkessel, Brücken, Strassen und Schienenlinien, letztere vermutlich unserer Bahn angehörend, erscheinen und verschwinden in verwirrender Schnelligkeit. Einmal grüsst tief unten mit längerm Blick ein grosses, stimmungsvolles Flussthal; die Regel aber bildet dicke Tunnelnacht, durchwirkt mit Landschaftsträumen, die in fieberhafter Hast einander verfolgen. Nicht das begeisterte Entzücken wie jenseits bei den Reussschluchten von Inschi, wo zwar die Bilder ebenfalls blitzschnell vorübergleiten, aber sich dabei, wenn auch nur für einen Augenblick, klar entfalten; hier im Dazio Grande ist es ein grossartiges Chaos, in welchem die Natur kunterbunt durcheinander wirbelt, so dass man nicht mehr weiss, was unten und oben, vorn und hinten ist. Der Dazio Grande will zu Fuss durchwandert werden und soll es auch. Denn er ist ein Glanzpunkt des Gotthardgebirges und die grossartigste Partie des Tessinthales.

## André Gide

### *«Der Sankt Gotthard hat mich gelangweilt»*

Mit 25 Jahren fuhr der französische Dichter André Gide (1869–1951) von Como über die Gotthardstrecke nach Luzern und von hier weiter nach Neuenburg. Obwohl ihm das Reisen zeit seines Lebens viel bedeutete, gefiel ihm diese Bahnfahrt von 1894 trotz Natur und Dampflokomotiven und wegen der Mitreisenden gar nicht. Entsprechend unverhohlen äussert er sich in einem Brief an seine Mutter.

*Neuchâtel, 23. September 1894*

Liebes Mütterchen,

[...] Ich habe Dir nichts von der Reise von Como nach Neuchâtel erzählt, weil es nichts Bemerkenswertes gab; wenn ich sie in bester Erinnerung bewahrt habe, dann nur, weil ich fast die ganze Zeit geschrieben und gelesen habe. Der Luganersee, den ich nur im Vorbeifahren gesehen habe, hat mir viel weniger gefallen als der Comersee. Man kann ruhig sagen, wenn mich dieser entzückt hat, so fand ich den Erstgenannten kaum betörend: Er ist voll Unerwartetem, voller Überraschungen, voller Felswände, zu hoher Berge – lauter unnötigem Gepränge. Zudem liegt er in der Schweiz. Der Sankt Gotthard hat mich gelangweilt: Wasserfälle, Hütten auf den Abhängen, Geröll, romantische Lärchen, Schluchten und das ganze Drum und Dran – oh, wie langweilig! Die Menschen wären in den Tunnels beinahe erstickt, und das nahm kein Ende. Jeder dachte bei sich: Wenn es noch fünf Minuten dauert, zerplatze ich – und es dauerte noch eine halbe Stunde. Unerträglich langweilig der Vierwaldstättersee. Ausserdem gibt es noch eine Menge anderer Seen, die man nicht einmal in Karten eingezeichnet hat, weil sie sich alle gleichen. Da ich in Italien das Zeitgefühl verloren hatte, bin ich unglücklicherweise an einem Sonntag gereist: überfüllte Züge, Schweizerinnen in Tracht, rosige Kleinkinder und was für ein Geschnatter! Von Como bis Neuchâtel habe ich die Reise ohne Unterbrechung zurückgelegt, aus Angst, in Luzern halten und vielleicht die Rigi sehen zu müssen; zum Glück sah man auf der Durchfahrt statt ihrer nur eine grosse Wolke. Der Abend war dann köstlich; ich war kaum müde, und ich habe in vollen Zügen den Schein des Vollmonds über den windstillen Ufern eines Sees (ich glaube, es war der Bielersee) von der Uferböschung aus geniessen können, da es endlich keine lächerlichen Berge mehr gab. Nach der so lebhaften Reise, nach den scharfen Umrissen und dem Vorbeirauschen der Natur nun dieser Kontrast wie bei Hugo – ruhige Gewässer und in der Ferne, am Horizont, das andere, undeutlich zu erkennende Ufer, sonst nichts, und auf dem Wasser war der Mondschein von unendlicher Zärtlichkeit. Den ganzen Tag hatte ich nachgedacht, gegrübelt, jetzt waren meine Gedanken entspannt, und ich geriet in einen Taumel des Entzückens, den ich in aller Ruhe auskostete. […]

*Dein André*

---

## Franz Kafka

*«Plötzliches Italien, hingeworfene Tische vor den Osterien»*

Mit 28 Jahren fuhr der Prager Versicherungsangestellte Franz Kafka (1883–1924) mit seinem Freund, dem Postbeamten Max Brod (1884–1968), in die Ferien. Die Reise in den Süden im Jahr 1911 führte die künftigen Schriftsteller durch die Schweiz. Beide hielten ihre Erlebnisse in Tagebüchern fest. Die folgenden Eintragungen Franz Kafkas, des Schöpfers von Werken wie «Der Prozess», gelten der Reiseetappe von Luzern bis Lugano.

*Montag 28. August.* Mann in hohen Stiefeln frühstückt an der Wand. Dampfer zweiter Klasse. Luzern am Morgen. Schlechteres Aussehen der Hotels. Ehepaar liest Briefe von zu Hause mit Zeitungsausschnitten über Cholera in Italien. Die schönen Wohnsitze nur sichtbar von einer Seefahrt aus, man fährt auch auf ihrem Niveau. Wechselnde Gestalt der Berge. Vitznau, Rigibahn. See durch Blätter gesehen, südlicher Eindruck. Überraschung durch die plötzliche Ebene des Zuger Sees. Heimatliche Wälder. Bahn fünfundsiebzig erbaut, nachschauen im alten «Über Land und Meer». Historischer englischer Boden, hier gingen sie noch kariert und mit Favoris. Fernrohr. Jungfrau weit, Rotunde des Mönches, schwankende heisse Luft bewegt das Bild. Hingelegte Handfläche des Titlis. Durchschnittener Brotlaib eines Schneefeldes. Von oben wie von unten falsche Beurteilung der Höhen. Unentschiedener Streit über die schräge oder ebene Lage des Bahnhofs von Arth-Goldau. Table d'hôte. Schwarze Frau, ernst, scharfer Mundanfang, schon unten neben dem Waggon gesehen, sitzt in der Halle. Englisches Mädchen bei der Abfahrt, jeder Zahn ringsherum gleich. Kleine Französin steigt in das Nebencoupé, erklärt mit ausgestrecktem Arm unser volles Coupé für nicht «complet» und treibt ihren Vater zum Einsteigen und ihre unschuldig und dirnenhaft aussehende ältere kleine Schwester, die mich mit ihren Ellbogen an den Hüften kitzelt. Mehr mit den Zähnen gesprochenes Englisch der alten Dame rechts von Max, für das man den Namen einer Grafschaft sucht. Fahrt Vitznau–Flüelen, Gersau, Beckenried, Brunnen (lauter Hotels), Schillerstein, Tellplatte, ausgelassenes Rütli, zwei Loggien in der Axenstrasse (Max dachte sich hier mehrere, weil man auf Photographien immer diese zwei sieht), Urner Becken, Flüelen. Hotel Sternen.

*Dienstag 29. August.* Dieses schöne Zimmer mit Balkon. Die Freundlichkeit. Zu sehr eingesperrt von Bergen. Ein Mann und zwei Mädchen, in Wettermänteln, hintereinander, gehen am Abend durch die Halle, mit Bergstöcken; als sie schon alle auf der Treppe sind, werden sie durch eine Frage des Zimmermädchens aufgehalten. Sie danken, sie wissen schon Bescheid. Auf eine weitere Frage über ihre Bergpartie: «Es war auch nicht so leicht, das kann ich Ihnen sagen.» In der Halle schienen sie mir aus «Miss Dudelsack», auf der Treppe Max aus Ibsen, mir dann auch. Vergessener Gucker.

Auf der Bahn erfährt man, dass morgen sogar eine alte Dame nach Genua fährt. Jungen mit Schweizer Fahne. Seebad im Vierwaldstätter See. Ehepaar. Rettungsring. Spaziergänger auf der Axenstrasse. Schönstes Bad, weil man sich selbständig einrichten konnte. Fischerinnen in weissgelbem Kleid. Einsteigen in die Gotthardbahn. Milchgemischtes Wasser unserer Flüsse. Die ungarische Blume. Die dicken Lippen. Exotische Linie vom Rücken zum Hintern. Der schöne Mann dort bei den Ungarn. Bespuckt in Italien den Boden mit Weintraubenschalen, die aber dem Süden zu verschwinden. Jesuitengeneral auf dem Bahnhof in Göschenen. Plötzliches Italien, hingeworfene Tische vor den Osterien, ein junger Mann in allen Farben, der sich nicht halten konnte, Handbewegungen der Abschied nehmenden Frauen (Nachahmung einer Art Zwickens), schwarze hochgekämmte zur Seite eines Bahnhofes, hellrosa Häuser, verwischte Aufschriften. Später verschwindet das Italienische oder der Schweizer Kern tritt vor. Frauen in dem Bahnwärterhäuschen, erinnert an Kampf. Tessinfälle, ruckweise Fälle überall. Deutsches Lugano. Lärmende Palästra. Post neu gebaut. Hotel Belvedere. Konzert im Kurhaus. Kein Obst.

## Francesco Chiesa

*«Ein Duft von berauschender Kraft»*

Kein anderer Autor in diesem Buch hat eine derart lange Epoche der Gotthardbahn miterlebt wie Francesco Chiesa mit seinen 102 Lebensjahren zwischen 1871 und 1973. Als Kind wurde er Zeuge des Baus der ersten Bahnstrecken im Tessin, und in seinen alten Tagen nahm der elegante TEE Express die Gotthardstrecke unter seine Räder. Zum 50. Geburtstag der Gebirgsbahn brachte der Tessiner Lyriker, Erzähler, Wissenschaftler und Pädagoge 1932 unter anderen auch die Erinnerungen an seine erste Bahnreise über die Alpen in den Norden für eine Festschrift der SBB zu Papier.

### Chiasso–Luzern, Luzern–Chiasso

Mehr als einmal bin ich zwischen Wachsein und Traum den Weg wieder gegangen, der von meinem im Süden gelegenen Geburtsort nach Norden führt. Mein Dorf überragt die Ebene von Chiasso, die sich dann bei Balerna in eine weite, sanft hügelige Landschaft verwandelt. Von dort drüben (und das ist eine meiner ältesten Erinnerungen) hörte ich von Zeit zu Zeit ein dumpf-knallendes Geräusch: Minen, sagten die Erwachsenen; Minen, weil sie die Eisenbahnstrecke bauen … Was wusste ich denn schon von Minen und Eisenbahnen? Es war irgendwann zwischen 70 und 80 – eine so weit zurückliegende Zeit, dass es mir unwirklich erscheint, sie erlebt, mit diesen Ohren den Widerhall der Sprengungen gehört zu haben, als dieses Trassee freigelegt wurde, das schon immer da gewesen zu sein scheint, wenn es jetzt befahren wird.

Dann, einige Jahre später, durfte ich zum ersten Mal Zug fahren. Den Bahnhof von Chiasso sehe ich genau vor mir, als stünde ich vor ihm: ein Holzgebäude, ein einziges Stockwerk hoch, doch unendlich lang, bewacht von einem betagten Bahnwärter mit silbernem Bart, der die Türen mit einem grossen silbernen Schlüssel öffnete und schloss. Wenn ich den heiligen Petrus gesehen hätte,

hätte sich sein Bild meinem Gedächtnis nicht fester einprägen können, während mir von jener ersten kurzen Reise nach Maroggia selbst nur wenig in Erinnerung geblieben ist. Ich erinnere mich aber, dass es kein grosses Vergnügen war, da mich eine Furcht bekümmerte, die ich nicht gestehen wollte und die darum immer lästiger und unangenehmer wurde.

Ich war ein armer kleiner Junge vom Land, der vor allem auf Lärm empfindlich reagierte: Und die Glocken, die an jeder Bahnstation laut geläutet wurden, die Pfiffe, das Schreien der Fahrer, das metallene Geräusch der Räder lösten bei mir ein unangenehmes Gefühl aus, das bei weitem den Genuss des Anblicks überstieg. Dagegen gefiel mir der Geruch der Bahn sehr: ein schlechter Geruch, sagen einige, während es ein Duft von berauschender Kraft ist, der die Phantasie anregt und in der Seele eine Begeisterung hervorruft wie bei der Lektüre von Abenteuerromanen. Und so trauere ich den qualmenden Lokomotiven von früher beinahe nach, die jenen Duft in grosser Menge ausstiessen. […]

Ich erinnere mich auch gerne an eine andere Jugendreise: die Reise, die mich zum ersten Mal die Leventina bis zum Fuss des Gotthards hinaufführte. Damals fanden Schulausflüge mit der Bahn viel seltener statt als heute und waren auch nicht mit so vielen Bequemlichkeiten verbunden. Dennoch gelang es, eine nette Gruppe Oberstufenschüler unter der Aufsicht des Naturkundelehrers zusammenzubringen. Es war Anfang Juni: Hochsommersonne in Lugano und im unteren Tessintal; aber je tiefer wir in die Bergwelt eindrangen, desto bedrohlicher wurde das Wetter. Dennoch sangen wir, und zwar immer lauter. Die Ältesten von uns waren achtzehn Jahre alt, und wir schwärmten von unserem kleinen Bienenstock aus; wie es bei den Bienen wirklich ist, weiss ich nicht, aber ein Schwarm Jugendlicher achtet nicht darauf, ob das Wetter gut oder schlecht ist. Im Gegenteil, das trübe Wetter verstärkte die grossartige Faszination, die von dem Schauspiel der Felsen und Flüsse ausging. Das Weiss der Häuser und das Schwarz der Tannen wandelten sich zu aussergewöhnlichen Farben, und das Lärmen und Rasen der Eisenbahn bekam in der Finsternis des heraufziehenden Sturms fast den Charakter einer grossartigen Tragödie.

In Airolo war es so sturmdunkel, dass während unserer kleinen Mahlzeit das Licht angezündet werden musste. [...] Dann fing es stark zu regnen an, wir suchten Zuflucht in einer der Sennereien und sangen, auf dem duftenden Heu liegend, unsere fröhlichsten Lieder.

Ich erinnere mich an das erste Mal, als ich die Alpen überquerte. Wenn ich mich nicht täusche, war ich fünfundzwanzig Jahre alt, also in keinem kindlichen Alter mehr. Aber man kann in jedem Alter Kind sein; und ich brächte die Leute zum Lächeln, wenn ich ihnen erzählte, mit welcher Bangigkeit und Gemütserregung ich mich unmittelbar nach dem Gotthardtunnel aus dem Zug hinauslehnte, um im ersten fahlen Morgenlicht nicht nur jene wundervolle Schrecklichkeit der Berge, jene Stahl- und Silberfronten, jene makellose Reinheit der Gewässer zu erkunden, sondern auch kleine Dinge, die mich sogar noch mehr in Staunen versetzten und mir eine Bestätigung dafür lieferten, dass ich mich in einer anderen Welt befand. Jeden Wiesengrund sog ich mit meinem Blick auf, da ich nicht glauben konnte, dass die Gräser und Blumen wie die meines Heimatdorfes wären, und wenn der Zug mir gehorcht hätte, wäre ich ausgestiegen und hätte ein wenig jener Erde zwischen den Fingern zerrieben, ohne Zweifel eine Materie, von der ich noch nichts wusste und von der ich nicht geglaubt hätte, dass man sie anfassen konnte ... [...]

Als wir am Ufer des Vierwaldstättersees waren, erlebte ich im ersten Augenblick eine Enttäuschung. Man hatte mir gesagt, oder ich hatte es irgendwo in einem Buch gelesen, dass die Berge ihre Gletscher in jenen epischen Gewässern widerspiegeln: Darum erwartete ich einen grossartigen Anblick. Das Wasser des Sees kam mir von einem reichlich verblassten Blau vor, das umgebende Grün monoton und alles von einem matten Schein überzogen. Aber es war eine Blässe, die die Umrisse vergrösserte, der Wirklichkeit etwas von ihrer herben Bestimmtheit nahm und dem Blick eine Art Vision vortäuschte. Wasser und Berge: wirklich wie in Schillers Gedicht und in der Melodie von Rossini. Und bevor sich der Zauber verflüchtigte, verschlang mich ein Tunnel mit seiner lärmenden Dunkelheit. [...]

Dann Küssnacht und Luzern, der Anblick der blühenden Birnbäume. Wer im April per Bahn von Lugano nach Bellinzona reist, sieht kurz vor Giubiasco die darunterliegenden Hänge in wundervollem Rosarot, so dicht bestanden sind sie mit Pfirsichbäumen, die alle zur gleichen Zeit blühen: Daher rührt jene wonnetrunkene Farbe, die sich wie ein Schleier über das zarte Grün des Grases und das Violett der aufgelockerten Erde legt – das ist eine der paradiesischsten Äusserungen unseres Frühlings. Aber das Blühen der Obstgärten hier um die Zentralseen und in der Schweizer Hochebene ist auch ein Wunder, das uns die Augen und die Seele überfliessen lässt. Hinter dem einfachen Sehen zeigt sich uns eine phantastische Welt, als wären wir im Bann einer Musik. […]

Aber dann, von Zeit zu Zeit, rappelt man sich auf, man erinnert sich, man denkt nach. Man sieht nicht nur das, was einen in Staunen versetzt, sondern auch den tiefen menschlichen Sinn einer grossen Strasse zwischen Norden und Süden, die Tag und Nacht von einem schwindelerregenden Strom von Menschen in beiden Richtungen befahren wird. Die zwanzig Minuten zwischen Airolo und Göschenen sind nicht mehr nur zwanzig Minuten anhaltender Dunkelheit und kreischenden Lärms. Man durchlebt von neuem die titanische Anstrengung, die es gekostet hat, den bequemen Durchgang zu öffnen. Man bewundert, man ist begeistert, und man empfindet sogar eine Art Traurigkeit, wenn man die gleichmässige Geschwindigkeit feststellt, mit der man binnen einer Minute Kilometer zurücklegt, und wenn man bedenkt, dass es unendliche Mühe, Leid und Menschenleben gekostet hat, einen Meter dieses Trassees auszuheben.

## Ernst Zahn

*«Wie seltsam, dass Damen sich um Autogramme ebenso mühten wie um Erfrischungen»*

Mit der Gotthardbahn auf ganz spezielle Art verbunden war der einst sehr populäre Volksschriftsteller Ernst Zahn (1867–1952). Denn er führte als Nachfolger seines Vaters rund 20 Jahre lang bis 1917 das Bahnhofrestaurant von Göschenen. Hervorragend organisiert waren die Mittagessen dieses legendären Wirts, die die Bahnpassagiere während ihres 25-minütigen Aufenthalts im Buffet verzehren konnten.

Am 1. Juni 1882 fand die Eröffnung der Gotthardbahn statt. Ich war damals schon wieder auf Schule. Aber die Eltern erzählten, welche Speiseschlacht anlässlich der Eröffnungsfeier im kleinen Bahnhof von Göschenen geschlagen worden. Jener erste Andrang auf die Bahnhofswirtschaft blieb ein Symbol. Bald wurde Alltäglichkeit, was anfänglich erstaunliche Ausnahme geschienen. Ein unerhörter Verkehr setzte ein. Der unzulängliche Bahnhof musste durch einen bedeutend grösseren überbaut werden. Diese Bauzeit war für den Wirt noch eine arge Prüfung, um so gedeihlicher und dankbarer nachher das Wirken im grossen Neubau, dessen Räume freilich selbst dann noch sich oft als zu klein erwiesen. Hundert- und hundertmal, wenn ich jetzt auf Vorlesungsreisen ins Ausland fahre, frägt mich Männlein und Weiblein: «Erinnern Sie sich noch? Ich habe Sie einmal in Göschenen begrüsst.» Zumeist erinnere ich mich nicht. Zu unzählige Menschengesichter sind damals an meinen Augen vorbeigehuscht, und es blieb selten Zeit sich auf den Einzelnen zu besinnen. Von Vielen freilich möchte man wohl auch noch künden, von den Grossen der Erde, den Königen und Fürsten, den Diplomaten, den Künstlern, den Berühmtheiten aller Nationen, die sich an die Göschener Tafel setzten.

Ein paar flüchtige Bilder seien festgehalten:

Der grosse Speisesaal, der Bahnhof, sind festlich, patriotisch geschmückt. Militär hält auf weitem Umkreis das Gebäude umstellt. Detektive haben das Servierpersonal untersucht und bewachen alle Nebenräume. Musikkapellen spielen. Im Saal nehmen die Vertreter des Bundesrates mit ihrem offiziell zu empfangenden Gaste, dem sympathischen jungen König von Italien Platz. Ein grosses, glänzendes Gefolge schliesst sich an. Aber es herrscht eine ernste, um nicht zu sagen gedrückte Stimmung. Eine Erwägung liegt nahe: Im selben Saale wurde vor nicht langer Zeit der Vater des Königs, Umberto, gefeiert, der bald nachher in seiner Heimat einem Attentat zum Opfer fiel. Den Weg eines gekrönten Hauptes zu behüten ist also selbst für den republikanischen Staat keine leichte Aufgabe. Noch ist keine Unterhaltung zwischen den Tischnachbarn, dem König und dem Bundespräsidenten, den schlichten, schwarzgekleideten Schweizern und den im Glanz ihrer Orden und Uniformen strahlenden italienischen Gästen im Gang. Da tritt ein Büblein im Sennengewand, mein Kind, mit einem Blumenstrauss an den König heran, schaut ihn verlegen an und stösst ihm dann eilig die Blumen zu. Durch den stillen, mächtigen, feierlichen Saal aber läutet eine helle kleine Stimme: «Vater, bekomme ich jetzt mein Leckerli?» Die ernsten Schweizer Festherren lächeln über das Belohnung heischende Kind. Es ist, als ob ein Bann sich löse. Wieder einmal ist ein Menschliches über alle Konvention Herr geworden.

Ein anderer Tag: Der düstere, im Grau eines Regenabends erst recht von Schwermut und Öde durchwehte Wartsaal dritter Klasse ist leer. Nur auf einer Wandbank sitzt zwischen zwei Polizisten ein totenbleicher Mensch. Er ist ein bisher angesehener Bürger des Dorfes, Familienvater, der seinen Geschäftsanteilhaber, ebenfalls Oberhaupt einer zahlreichen Familie, mit ihm entzweit, in der Nacht an einer der Brücken über die Reuss meuchlings erstochen hat. Neugierige Gesichter erscheinen an den Scheiben und huschen hinweg. Ein Zug fährt ein. Die drei Einsamen erheben sich. Eine Tragödie rollt ihrem Ende zu.

Episoden nur! Ausschnitte aus einem Bilderbuche des Bahnhoflebens, das leicht auf tausend Seiten zu bringen wäre.

Nicht umsonst war die Bahn, an der dieser Rasthof stand, ein Weltweg. Nicht umsonst führten, ausstrahlend, Strassen und Strässlein von ihm hinweg in die Berge, wo die Jäger, Hirten, Gletscherwanderer und Felsenkletterer ziehen. Schicksal trieb mit hunderttausenden vorüber.

Was war da in den Jahren der grossen kirchlichen Feste in Rom für eine Völkerwanderung! Ein Zug um den andern brachte die Pilger aus aller Herren Ländern. Sardinenbüchsenenge herrschte in den geräumigen Sälen. Und wenn auch diese nicht mehr Platz boten, dann musste Proviant in Körben und Körben an neu einrollende Züge getragen werden. [...]

Aus dem Wirtssohn von damals ist ein alter Mann geworden, der sich gern in die Stille eines kleinen Hauses am See verbirgt. Aus dessen Fenstern geht der Blick nach den Bergen der Gotthardbahn, und wie die Zugvögel vom Süden kommen ihm die Tage der Jugend zurück. Wie seltsam das war, als da oben seine Gäste ihm zu danken begannen! Nicht mehr für Speise und Trank und gute Bedienung! Sondern für Bücher. Wie seltsam damals, dass ein Kauz den Schinkenbrotverkäufer und den Geschichtenerzähler nicht zu trennen vermochte und laut durch den vollen Speisesaal rief: «Sie! Bringen Sie mir Ihr neuestes Buch. Ich will es Ihnen abkaufen.» Wie seltsam, dass Damen sich um Autogramme ebenso wie um Erfrischungen mühten! Apostrophierte doch eine eines Tages den Restaurateur: «Sie, drehen Sie mir doch einmal das Gesicht zu, damit ich Sie Wunder ansehen kann.»

## Josef Viktor Widmann

*«Gar zu sehr in Gottes Hand»*

Josef Viktor Widmann (1842–1911) schrieb Schauspiele, Dramen, Erzählungen, Novellen, Gedichte, Reisebücher, ja sogar ein Opernlibretto, und während 30 Jahren als Redaktor beim «Bund» Tausende von Feuilletons. Er war unglaublich produktiv und förderte als begeisterter Literaturfreund noch unbekannte Autoren wie Hermann Hesse und Robert Walser. In seiner freien Zeit reiste er viel, ganz besonders gern ins Tessin und nach Oberitalien. In seinem Buch «Jenseits des Gotthard» von 1888 hielt er die Eindrücke einer Fahrt mit der Gotthardbahn fest.

### Auf der Fahrt nach Mailand

[…] Ein prächtiger Moment ist z. B. – das Mittagessen in Göschenen.

Halte man mich nicht für einen roh sinnlichen Menschen um dieses Geständnisses willen!

Es ist zwar wahr, dass man nach all den Steigungen der Bahn durch die Kehrtunnels von Wasen zuletzt in der frischen Bergluft von Göschenen mit einem Appetit anlangt, als hätte man der Lokomotive schleppen geholfen und dass daher die Aussicht auf das Essen an und für sich einen starken Reiz ausübt. Aber feinere, seelische Reize kommen hinzu.

Der Zug hält dicht vor dem finstern Tor, das aus deutsch sprechenden Landen direkt in italienische Gauen führt (in die italienische Schweiz, die ich, landschaftlich, für das schönste Land der Welt halte). Unmittelbar gegenüber der Station türmen sich die im Mai noch winterlich beschneiten gewaltigen Bergesgipfel. Und in dieser rauhen Gebirgseinsamkeit entsteigt plötzlich der langen Wagenreihe, in der wir sicher und gut über den Abgründen der tobenden Reuss empor gefahren, eine bunte Menge, wohl mehr als hundertfünfzig Personen, die allen möglichen europäischen Ländern angehören, unter ihnen Weltreisende, die über Brindisi nach Indien fahren, Kaufleute, Maler, die in Rom studiren wollen, Vergnügungsreisende, denen der Wunsch, alles von der heitern Seite zu nehmen, aus dem belebten Gesichte lacht, feine englische Damen, schwarzäugige Italienerinnen, die mit Ungeduld den Moment ersehnen, wo wieder die sanfte Sprache der Heimat an ihr Ohr klingt, einfache, brave Arbeiter, die in ihr Vaterland zurückkehren, Grossstädter aus allen Residenzen Europas, kurz, ein wunderbares Gewirr.

Und nun eilen sie und setzen sich zu einem vorzüglich bereiteten Mittagessen und sowohl dieses Essen mit all seinem Komfort wie die Leute selbst, die dasselbe zu sich nehmen, bilden mit der Tatsache, dass wir auf einem winterlich wilden Berge uns befinden, einen jener Kontraste, die der Phantasie den angenehmsten Eindruck machen.

Dann, wenn wir nach beendigter Mahlzeit wieder eingestiegen sind, – horch! da tönt aus dem tiefen nachtdunklen Schlunde des Berges wie aus fernster Ferne ein gedämpfter und doch deutlicher Ton, das Pfeifen einer noch unterirdisch daherrollenden Lokomotive, und ein Zittern, ein Donnern kommt näher. Plötzlich, da bricht es mit Rauch und Dampf hervor aus der schwarzen Pforte. Es ist der direkte Zug aus Italien, der in demselben Moment in den Bahnhof von Göschenen einfährt, als sich unsere Waggons in Bewegung setzen, um wegzufahren. Noch einen kurzen Augenblick sehen wir, wie die Passagiere auch dieses Zuges gleich uns auf den Perron und zu dem ihrer wartenden Mittagsmahle eilen. Dann wird es Nacht um uns; wir sind hineingefahren in den Tunnel, der sich in einer Länge von zwei geographischen Meilen durch die Felsenmassen des Gotthard hindurchzieht.

Wie wenn über ein Vogelbauer voll zwitschernder Kanarienvögel plötzlich ein Tuch gebreitet wird, so dass alle verstummen, so ruft auch die Dunkelheit und dazu das Bewusstsein, dass sie lange, lange andauern werde, im Waggon gewöhnlich tiefe Stille hervor. Es mag auch Reisende geben, denen es hier ein wenig unheimlich zu Mute ist. Mit Unrecht fürchten sie sich gerade hier. Zwar die Nacht ist niemands Freund. Aber – abgesehen von der Dunkelheit – im Tunnel ist man gewiss sicherer als auf irgend einem andern Punkte der ganzen Gotthardbahn. Denn obschon die Bahn mit erstaunlicher Vorsicht angelegt und namentlich gegen Wildwasser und Lawinen vortrefflich geschützt ist, gibt es doch Stellen, wo man sich fragen kann, ob nicht dieser oder jener mächtige Felsblock gelegentlich einmal – sehr ungelegentlich für die just davon Betroffenen! – herunterrollen werde. Wie denn ein Mecklenburger Pastor den denkwürdigen Ausspruch getan haben soll, er werde nicht ein zweites Mal mit der Gotthardbahn fahren, da man sich auf derselben *«doch gar zu sehr in Gottes Hand befinde»*. Die Wahrheit ist die, dass es eben auch auf der Gotthardbahn wie anderwärts eine *force majeure* gibt, gegen welche menschliche Vorkehrungen nichts ausrichten, und dass allerdings speziell auf dieser Bahn ein Unglück leicht grössere Dimensionen annehmen kann, als auf Bahnen, die in der Ebene sich hinziehen. Dagegen ist mit einiger Genugtuung auf die Annalen des bisherigen Betriebes hinzuweisen; sie wissen von keinem bedeutenden Unfalle. […]

---

## Boris Pasternak

### *«Die einzige Nacht meines Lebens, in der ich nicht hätte schlafen sollen»*

In einem Nachtzug durchquerte Boris Pasternak (1890–1960) auf einer Reise von Marburg nach Italien den Gotthard. Diese Fahrt im Jahre 1912 beeindruckte den russischen Dichter tief, wie ein vermutlich bald nach der Reise geschriebener Text zeigt, den er aber erst 1931 als Teil seines «Geleitbriefs», seines «Entwurfs zu einem Selbstbildnis» veröffentlichte. Der Schöpfer des «Doktor Schiwago» verknüpft in seiner Erinnerung Beobachtungen der nächtlichen Reise mit vielerlei Anspielungen und schafft neue, verblüffende Vorstellungsbilder.

In Basel herrschte Sonntagsstille, so dass man hören konnte, wie die Schwalben beim Flug mit den Flügeln die Dachsimse streiften.

Die glühenden Mauern der Häuser rollten ihre Augäpfel unter die Vorsprünge der schwarzkirschfarbenen Ziegeldächer. Die ganze Stadt kniff sie zusammen und riss sie auf wie Augenwimpern. Und mit dem gleichen, töpferfarbenen Feuer, mit dem der wilde Wein an den Einfamilienhäusern brannte, brannte das tönerne Gold der Primitiven im sauberen und kühlen Museum.

«Zwei francs vierzig centimes», sagte in einem Laden mit erstaunlich reiner Aussprache eine Bäuerin in der Tracht des Kantons. Aber der Ort des Zusammenflusses der beiden Sprachbassins ist noch nicht hier, sondern rechts, jenseits des tief herabhängenden Daches, südlich von ihm, längs des warmen, sich frei verschenkenden, föderativen Azurblaus, immerzu bergan. Irgendwo am Gotthard und – tief in der Nacht.

Und einen solchen Ort verschlief ich, ermüdet von den Nachtwachen meiner zweitägigen Reise. Die einzige Nacht meines Lebens, in der ich nicht hätte schlafen sollen – geradezu ein «Simon, du schläfst?» – möge mir das verziehen werden. Und doch wachte ich ein paarmal für Momente auf, stand am Fenster, während schändlich kurzer Minuten, «denn ihre Augen waren schwer geworden». Und dann …

Ringsum lärmte die Dorfgemeindeversammlung der sich reglos drängenden Gipfel. Aha, das bedeutet also, dass, während ich schlief, wir uns, unablässig Pfeifsignale gebend, von Tunnel zu Tunnel in kaltem Rauch emporgeschraubt hatten und uns nun ein Lufthauch umgab, der den üblichen um dreitausend Meter überstieg?

Ringsum herrschte eine undurchdringliche Finsternis, aber das Echo füllte sie an mit einer Reliefskulptur von Klängen. Ungehemmt laut plauderten die Abgründe miteinander über die Erde, wie Klatschbasen, kein gutes Haar an ihr lassend. Überall, überall, überall klatschten, tratschten und tropften Bäche. Es war leicht, sich vorzustellen, wie sie über die Steilwände gehängt und gezwirnten Fäden gleich hinunter gelassen waren. Von oben her sprangen Steilhänge auf den Zug, liessen sich auf den Waggondächern nieder, suchten einander zu überbrüllen und baumelten, die Gratisfahrt geniessend, mit den Beinen.

Doch der Schlaf übermannte mich, und ich verfiel in unzulässigen Schlummer an der Schwelle des Schneelands, unter dem blinden Ödipus-Augenweiss der Alpen, auf dem Gipfel der dämonischen Vollendung des Planeten. Auf der Höhe jenes Kusses, den er, gleich der Nacht von Michelangelo in sich selbst verliebt, auf die eigene Schulter presst.

Als ich erwachte, blickte ein reiner Alpenmorgen durchs Fenster. Irgendein Hindernis, eine Art Lawine, hatte den Zug zum Halten gebracht. Man forderte uns auf, in einen anderen umzusteigen. Wir schritten den Schienen der Bergstrecke entlang. Der Schienenstrang wand sich in zerstückelten Panoramen dahin, als habe man die Strasse, wie Diebesgut, jeweils hinter einer Ecke verstecken wollen.

---

## Hermann Hesse

### *«Selten bin ich mit so gespannter Aufmerksamkeit die wundervolle Gotthardbahn hinauf gefahren»*

Der Schriftsteller Hermann Hesse (1877–1962) muss die Gotthardbahn besser gekannt haben als viele seiner berühmten Kollegen. Von 1919 bis zu seinem Tode lebte er in Montagnola im Tessin. Berufliche und private Gründe führten ihn, der nie ein Auto besass, immer wieder im Zug durch den Gotthard in den Norden. Mit der Gotthardbahn reiste Hesse schon vor dem Umzug ins Tessin. Und dies mit Begeisterung, wie ein Text von 1905 belegt.

**Am Gotthard**

[…] Kürzlich war ich eine Woche in Zürich, um den langen Winter zu unterbrechen und einmal wieder Kultur zu atmen, Menschen zu sehen und mich als Zeitgenossen zu fühlen. Es waren schöne, ausgefüllte Tage; ich sah neue Bilder von Welti, hörte Beethoven, Mozart und Hugo Wolff, verkehrte mit befreundeten Malern,

Dichtern, Redakteuren, sah bevölkerte Strassen, rasche Wagen und schön gekleidete Frauen, trank nachts meinen Wein bei lebhaften Gesprächen. Ich genoss das Vergnügen, in guten Läden gut bedient zu werden (obwohl ich höflichere Kaufleute kenne als die Züricher), liess mich wieder einmal bequem und fein rasieren, nahm ein köstliches Dampfbad und sass gegen Abend in einem vielbesuchten Café, wo es französische und italienische Journale, elegante Gäste, eifrige Kellner und gute Billards gab. Zugleich war ich mir mit Vergnügen bewusst, das alles herzlich und innig zu geniessen, was den Stadtleuten längst schal und alltäglich war, und wahrscheinlich bin ich in diesen Tagen der zufriedenste Mensch in der ganzen Stadt gewesen.

[...] Aber nun hatte ich acht Tage lang über den Zürichsee hinweg die bleichen, stillen Alpen gesehen, und mit dem allmählichen Müdewerden und Sattwerden war das lange nicht mehr gehörte Lied vom Steinadler und von der Winternacht im Hochgebirge mächtig in mir aufgewacht. Mein Reisegeld reichte noch für zwei, drei Tage aus, und ich beschloss, noch eine rasche Fahrt an den Gotthard zu tun, den ich im Winter noch nie gesehen hatte, ausser im eiligen Durchreisen. Schneegamaschen und das übrige Winterzeug hatte ich bei mir, so brauchte ich nur noch ein Billett zu kaufen und einzusteigen.

Es war ein grauer Tag, vom Wagenfenster aus konnte man ausser den zunächst stehenden Bäumen, Hügeln und Häusern nichts unterscheiden, alles zerrann in blassem Nebelbrodem, der nur durch den noch frischen reinen Schnee Licht erhielt. Der Zugersee wollte sich zu meinem Erstaunen nicht zeigen, bis ich entdeckte, dass er gefroren und eingeschneit war. Mit Ungeduld wartete ich auf ein Zeichen von Sonne und auf das Reissen der Nebel. In Arth, in Brunnen, in Flüelen erwartete ich es, und als wir Erstfeld passiert hatten – es ging schon gegen Mittag – und noch immer in Wolken und Dämmerung dahinfuhren, begann ich den Glauben zu verlieren und machte mich enttäuscht darauf gefasst, oben Schneefall und Trübe anzutreffen. Selten bin ich mit so gespannter Aufmerksamkeit die wundervolle Gotthardbahn hinauf gefahren, aber Amsteg lag im Nebel, Gurtnellen lag im Nebel, die kühnen Reussbrücken lagen im Nebel und als ich durch Wassen fuhr und auch dort noch keine Sonne antraf, gab ich die Hoffnung auf und sank in die Bank zurück. Die Berge sind ja immer schön und auch den Nebel geniesse ich zuzeiten gern, aber wenn man weiss, wie ein Sonnentag in den Alpen aussieht, und wenn man nur zwei bis drei Tage übrig hat, fällt es immerhin schwer, vergebens auf blauen Himmel zu warten.

Während ich schon anfing zu überlegen, ob mein Ausflug nicht eine recht übereilte Geldvergeudung sei, fuhr der Zug oberhalb Wassen aus dem Kehrtunnel, und in dem Dunst und grauweissen Schneelicht glaubte ich plötzlich eine Ahnung von Bläue und Sonne zu spüren. Eilig sprang ich auf, öffnete das Fenster und spähte himmelwärts. Da drang langsam und unsicher eine hohe Felsenschroffe mit schrägen Schneeritzen rötlich aus dem Gewölk und wurde klarer und kam näher, und hinter ihr noch eine und darüber eine dritte; ein schwerer Windstoss fegte aus der Höhe herab, Wolkenfetzen zerstoben dünn und geisterhaft, und in wenigen Augenblicken entschleierte sich das ganze Bergland, lag lachend und sonneglänzend in einer durchsichtigen milden Luft und hatte einen reinen, stillen, fast veilchenblauen Himmel über sich. Ein tiefes Lustgefühl kam über mich, hundert ähnliche Bergwintertage wachten in meiner Erinnerung auf, golden und strahlend und jeder ein Kleinod. Nun dachte ich nicht an den Adler und nicht an die Mondnacht mehr; leicht wie ein Knabe sprang ich in Göschenen aus dem Wagen und lief in die blaue Herrlichkeit hinein.

Alle Grate und Gipfel standen so wunderlich klar und nah, wie man sie nur an auserlesenen Wintertagen sehen kann, mit langen violetten Schatten und gleissenden Schneefeldern. Es ging ein mässiger Föhn und die durchsonnte Luft war frühlingshaft warm. Wieder wie an manchen früheren Wandertagen stand ich häufig still und hatte im Umherblicken ein Gefühl, als sei alles ein Zauber und könnte plötzlich verschwinden. Und wieder hatte ich das seltsam selige, fast bange Wandergefühl: So verklärt siehst du die Erde nicht wieder! […]

## Cécile Lauber

*«Wir standen festgeklammert, die Wangen erhitzt im brausenden Luftzug»*

Hermann Dietler war der erste Direktor der Gotthardbahn. 1882, im Jahre ihrer Eröffnung, liess er sich in Luzern nieder. Hier brachte seine Frau als achtes Kind ihrer Ehe 1887 die Tochter Cécile zur Welt. Mit seiner grossen Familie pflegte Bauingenieur Dietler jeweils für die Sommerferien ins Tessin zu reisen. Jahrzehnte später hielt die inzwischen zur Schriftstellerin avancierte Cécile Lauber (1887–1981) ihre Erinnerungen an diese abenteuerlichen Bahnfahrten für die Nachwelt fest.

### Erinnerungen an Fahrten in das Tessin

Mein Vater, Gotthardbahndirektor Dietler, hat seine Familie zwölf Sommer hindurch nach Faido in die Ferien geführt.

Im August fing meine Mutter an zu packen. Dann reisten wir mit unserer, mit Vaters Bahn. Ein Erstklassabteil stand bereit. Wir wurden lächelnd die steilen Treppenstufen hinaufgehoben von hilfefrohen Armen. Und ganz am Schluss, nach sieben Geschwistern, wurde ich, das Jüngste, meiner Mutter gereicht.

Damals, in den Jahren achtundachtzig und neunundachtzig, gab es noch die Wagen mit dem offenen Balkon, schönem, schmiedeisernem Geländer, schwarzberusst. Wir standen festgeklammert, die Wangen erhitzt im brausenden Luftzug, der scharfen Kohlenstaub wie Hagelspiesse mitführte. Und jedes Haus kannte uns schon und zwinkerte uns zu mit Fensteraugen. Tannen über den Abgrund gebeugt, Fels im Sprung aufgehalten, Milch des Bergbachs und die wunderbaren, schmalen Brücken, im Bogen über eine Tiefe gespannt, gehörte mit in unser Besitztum.

Manchmal stockte der Atem, wenn wir in der Kurve gegen eine Bergwand sausten, als sollten unsere Stirnen daran zerschmettert werden. Dann grub sich die Maschine ein in den Berg, und es stand eine dicke, warme Nacht rings um uns und hatte die Mutter im Abteil und die Geschwister an der Seite weggestohlen und fortgehoben. Es brüllte die Steinwand, schrie und besprach sich mit dem brausenden Zug, und wir waren wie Kieselsteine in einer harten Mühle gewirbelt und zerrieben. Und über unsern Händen am Geländer lag eine unsichtbare, heisse Hand.

Dann kamen Zeichnungen in die Dunkelheit; Ringe kreisten, und ganz weit vorn drehte sich eine metallig-glänzende Scheibe von Licht. Es stach der Tag mit blitzendem Bohrer tief, bis in den Mittelpunkt des Schachtes und schraubte den Zug ans Licht empor.

Und wir kamen atemlos ins Abteil zur Mutter gestürzt, schön schwarz an Kleidern und Gesicht. Aber Mutter sah nicht auf unsere Kleider, sah nur auf unsere Freude; sie war immer so.

Dann blieben wir wohl eine Zeitlang bei den Eltern sitzen, und es trat etwa der Zugführer herein mit blitzenden Knöpfen und sprach ehrerbietig mit meinem Vater. An den Haltestellen eilte der Vorstand unters Fenster, ihn zu grüssen, und Vater wusste von jedem etwas Genaues und trug seine Eigenschaften und Fähigkeiten bei sich in der Tasche, und die Reise glich der Fahrt eines kleinen Fürsten durch sein eigenes Reich.

Jedoch, wenn der grosse, der endlose Tunnel herankam, durch den man zweiundzwanzig Minuten fuhr, schmiegten wir uns eng zusammen, bekamen bange Herzen und stellten unser ganzes Zutrauen auf den Vater, dass er uns aus diesem Loch wieder herausführen werde.

Dann wurde wohl, damit wir geduldig blieben, ein Fragespiel von Lippe zu Lippe gereicht.

«Woher kommst du?»

«Wer bist du?»

«Wohin gehst du?»

Und es kam vor, dass an Stelle des andern der Berg antwortete, rasselte oder jauchzte:

«– in den Mittelpunkt der Erde, wo es heiss und furchtbar ist.»

Oder: «– ins helle, beseligende Ferienland! Ins Ferienland!»

In spätern Jahren verschwanden die abenteuerlichen Terrassen. Es tauchten immer besser ausgebaute Wagen auf; es kamen die Vierachser an ihre Stelle, die wir auf Bildern zu Hause bewundert hatten, lange schon bevor Vater sie für seine Bahn durchsetzte. Mit den Wagen wechselten auch die Maschinen. Sie wurden lang, mit niedrigen Kaminen und vielen herrlichen Rädern. Sie waren glänzend schwarz (England hatte zu jener Zeit grüngestrichene), und es ging nicht mehr an, dass meine grossen Brüder oberhalb der Station Faido knapp vor Durchfahrt des «Blitzzuges» meinen Gummiball zwischen die Schienen legten, um ihn mir nach Durchfahrt des Zuges unversehrt zurückzureichen. Einmal haben sie sogar das Kunststück mit meiner Puppe versucht; der Schreck sitzt mir heute noch in den Gliedern.

Die Bahn, unsere Bahn, wuchs sich aus zu einer Weltangelegenheit. Es kam die Zeit, als das zweite Geleise ausgebaut wurde (und der ganze Zug war jetzt zu einem einzigen Korridor geworden, durch den man sich fortbewegen konnte, von Gemach zu Gemach), wo die Bahn an den Bund fiel, wo der elektrische Betrieb einsetzte.

Mein Vater war alt geworden. Er hatte sie ausbauen helfen; er hatte seine Kräfte eingesetzt, um sie auf die Höhe zu bringen; er hatte, als letzter Direktor, die Bahn als glänzendes Unternehmen dem Bund übergeben – und war zurückgetreten.

Aber er reiste immer noch jeden Frühling hinunter nach Lugano zur Erholung.

Und als ich die geliebte Strecke zum letztenmal mit ihm zusammen fuhr, war er ein Greis von vierundachtzig Jahren geworden. Das Personal hatte gewechselt und kannte ihn nicht mehr. Der Zug raste mit einer Schnelligkeit von neunzig Kilometern. Die Wagen federten auf fliegenden Gleisen; sie tanzten über den singenden Achsen; sie waren ungestüm und heissblütig geworden und rüttelten ihre Menschen hin und her. Sie fassten den Greis, als er aus dem Speisewagen trat, und schleuderten ihn gedankenlos gegen eine Wand. Ich fing meinen Vater auf mit meinen Schultern. Ich hielt ihn lange und trug ihn beinahe zu einer Bank. Es kam uns keiner mehr zu Hilfe; es kannte uns keiner mehr. […]

## Ernst Krenek

*«Wie auf einem fliegenden Teppich»*

Als Ernst Krenek (1900–1991) zwischen 1923 und 1925 erstmals die Gotthardstrecke bereiste, zog bereits eine elektrische Lokomotive seinen Zug. Zufrieden registrierte der in Wien geborene und 1938 wegen des Einmarsches der Nazis in die USA emigrierte Komponist die Sauberkeit der russfreien Wagen und die unverminderte Geschwindigkeit auf der Bergstrecke. Auch die späteren Fahrten haben den vor allem durch sein Werk «Jonny spielt auf» bekannt gewordenen Musiker in Bann gezogen, wie die folgende Passage aus seinen Erinnerungen zeigt.

Zum ersten Mal überquerte ich die Alpen auf der berühmten Gotthardstrecke, und ich fand diese Fahrt unglaublich faszinierend. Obgleich ich diese Strecke später viele Male fuhr, ist sie für mich immer eine Sensation geblieben. Der elektrisch angetriebene, schmucke und saubere Zug fuhr mit unverminderter Geschwindigkeit den Nordhang des Gotthardpasses hinauf, vorbei an der berühmten, majestätischen Landschaft des Vierwaldstätter Sees, der geheiligten Wiege der Schweizer Eidgenossenschaft. In Göschenen, dem höchsten Punkt nördlich der Wasserscheide, gab es einen kurzen Aufenthalt, der einen Besuch des verschwenderisch ausgestatteten Büfetts erlaubte. Meterhohe Schneemassen bedeckten das enge Tal, das von ungeheuren Bergen umgeben war, deren Gipfel sich in dichtem, drückendem Nebel verloren. Dann grub sich der Zug in den etwa fünfzehn Kilometer langen Gotthardtunnel hinein, und als wir aus der scheinbar endlosen Röhre herauskamen, grüsste uns der erste italienische Name, Airolo. Wir waren im Kanton Ticino angekommen, dem italienischen Teil der Schweiz. Wir befanden uns etwa auf der gleichen Höhe mit Göschenen, etwa sechzehnhundert Meter hoch, und auf den Dächern lag noch viel Schnee, aber er begann schon zu schmelzen, und der schwere Nebel, der die Gipfel im Norden verhüllte, schien sich in der Gegenrichtung aufzulösen.

Dann fuhr der Zug in schnellem Tempo das Ticinotal hinunter, an steilen Abhängen entlang und durch schwindelerregende Haarnadelkurven und verblüffende Spiralen, und praktisch jede Minute der raschen Fahrt bot einen neuen aufregenden Ausblick auf das Land des ewigen Frühlings, in das wir wie auf einem fliegenden Teppich getragen wurden. Bald waren auf den Feldern des breiter werdenden Tals nur noch Schneeflecken übrig, jetzt war gar kein Schnee mehr da, jetzt sahen wir die ersten Kastanienbäume, und jetzt brach die Sonne durch den dahinschwindenden Dunst, wir öffneten die Wagenfenster und atmeten die balsamische Luft eines vollkommenen Frühlingstages, kaum eine Stunde, nachdem wir mühsam über die Schneewälle auf dem düsteren und frostigen Bahnsteig von Göschenen gestapft waren. Bald erreichte der Zug Bellinzona und Lugano, die Traumstadt mit Palmen am Ufer des tiefblauen Sees, der von hohen, schneebedeckten Bergen mit sanften, klassischen Konturen umgeben war, gekrönt vom Kegel des Monte San Salvatore, der dem Zuckerhut von Rio de Janeiro so sehr ähnelt. Auf der anderen Seite des Sees erschien das beherrschende Massiv des Monte Generoso, das im tief purpurfarbenen Licht des Winterabends magisch leuchtete, ein Anblick, den ich nie vergessen werde. Ich war damals ganz sicher, dass die Schweiz dem Paradies auf Erden am nächsten kam, und ich glaube immer noch, dass sie das auf mehr als eine Art ist.

## Mona Blatter

*«Dass ich in eine absolute Männerdomäne eingebrochen bin»*

Der Kreis des I. Kapitels schliesst sich: 117 Jahre nachdem sich Joseph Wipfli in den «Bauch des Berges» begeben hatte, ging 1999 Mona Blatter (1948–2005) zu Fuss durch den grossen Tunnel – vermutlich als erste Frau der Welt! Ebenso tief beeindruckt wie einst der Erstfelder brachte auch die Künstlerin ihre Erlebnisse zu Papier. Mona Blatters Aussage, «Im Tunnel ist alles intensiv», hätte Joseph Wipfli sicher zugestimmt. Und ebenso ihrer Feststellung, sich nach dem überstandenen Abenteuer «erleichtert» gefühlt zu haben – und «glücklich».

### È la prima – Zu Fuss durch den Gotthardbahntunnel, 21. Juli 1999

Vorabend Übernachten in Airolo, da kein Zug aus Zürich vor 8.30 in Airolo hält. Ich bin vorgewarnt: Die Durchquerung zu Fuss wird 8 Stunden dauern, bei 30° und einer Luftfeuchtigkeit von 100%. Dabei werde ich ziemlich viel zu tun haben: Fotografieren der Kilometerlampen, Deponieren des Sandes bei jedem Kilometer (Sand, vom gleichen Kilometer senkrecht darüber im Gelände), Mitnehmen eines Steines, Fotografieren der Arbeiter beim Kontrollgang, Protokoll schreiben während des Gehens, Gesprächsfetzen aufschreiben. Der 21. Juli wird ein ereignisreicher Tag werden: Meine Tochter Lisa fliegt auf die andere Seite der Erde, ich durchquere den Tunnel und habe 1800 Meter Gestein über mir, es ist Hemingways hundertster Geburtstag, und vor 30 Jahren ist der erste Mensch auf dem Mond gelandet.

***km 15, Tunneleingang Airolo, 1141 m***

(Die Kilometer werden von Göschenen her nummeriert.)

*7.45* – Frischer Sommermorgen, leicht bewölkt. Ich folge zwei Streckenwärtern aus Airolo auf ihrem wöchentlichen Kontrollgang.

Ein Oberzugführer begleitet mich als Dolmetscher. Mit orangen Westen und Handlampen betreten wir den Tunnel auf dem rechten Plattenband. Die beiden Arbeiter gehen je in der Mitte eines Gleises. An Kontrolltagen fahren die Züge nur auf der rechten Seite (von Göschenen aus gesehen). Weichen werden kontrolliert. Wenn Wasser auf die Schienen tropft, muss besonders genau geschaut werden, da die Eisenteile sehr schnell rosten. Man hört unsere Schritte, das Klicken der Schottersteine, manchmal das Tropfen des Wassers auf die Steine. Ein kleiner Wasserfall. Es wird dunkel. Der Tunnel hat ausser wenigen Signalen kein Licht. Mein Skizzenbuch wird vertropft.

*«Un treno di Göschenen.»*

Streckenwärter merken vom Luftdruck her, wann ein Zug in den Tunnel fährt und von welcher Seite. Wir warten in einer Nische (alle 100 Meter), bis der Zug mit 125 Stundenkilometern vorbeigebraust ist. Der Eingangsteil von Airolo her ist der gefährlichste, weil er mit einer Kurve beginnt. Nachher ist der Tunnel schnurgerade, und die Züge sind kilometerweit sichtbar.

### *km 14, Stuei, 1660 m*

(Name und Höhe des Geländes senkrecht über dem Bahnkilometerpunkt)

*«È un treno. Aspetti.»*

Zwei Züge. Ich wäre beinahe auf der falschen Seite weitergelaufen, da wir die Nische auf der gegenüberliegenden Seite benutzt haben. Ein Brunnen ist in die Tunnelwand gehauen.

*«... la macchina ... la linea ... fa niente ... mille problemi ...»*

Eine gebrochene Bremsscheibe, sie wird zur Seite geräumt. Ich bekomme eine Stirnlampe, da ich keine Hand frei habe. Ich bin locker.

### *km 13, Scimfuss, 2660 m*

*8.37* – Einer der Männer pfeift. Er trägt ein Stück Eisenrohr auf die Seite. Es lösen sich immer wieder Teile von den Güterwagen. Stille. Räuspern. Schritte. Meine Skizzenblätter werden langsam feucht.

*«È un sacco di automobilclub.»*

Ein Zug fährt auf unserer Nischenseite vorbei. Die Schockwelle ist sehr stark. Ich habe keine Zeit, Angst zu haben. Es geht einfach vorwärts. Allmählich wird es wärmer.

*«È molto pericoloso ... i treni ...»*

***km 12, Laghetti delle Ovi, 2360 m***

*9.00* – Zwei Züge. Mein Block wird fortgeweht. Russspuren und Eselsohren. Achtung, vorstehende Eisen an der Wand. Langsame Schritte. Meine Schutzbrille beschlägt sich. Ich bin schon ziemlich schwarz, voller Eisenstaub.

*«È Lucerna.»*

Der Arbeiter auf der linken Spur ist sehr schweigsam. Die andern beiden reden. Es ist windstill. An der Wand eine Tafel: 82 km von Immensee. (Bei Immensee ist der Nullpunkt.) Ich bin konzentriert auf den Moment. Wo setze ich meine Füsse hin. Ich nehme nur meine unmittelbare Umgebung wahr. Die schwankende Lampe meines Vordermannes, die tanzenden Schatten, kurzes Aufblitzen der Schienenstränge, die regelmässigen Schwellenabstände, sonst Schwärze. Die Arbeiter bücken sich immer wieder, um genauer sehen zu können. (Risse, lockere Schrauben.) Tropfsteine über dem Plattenweg.

***km 11, Lago della Sella, 2221 m***

*9.20* – Heftiger Gegenwind. Ich stosse dauernd an die Tunnelwand mit meiner Fototasche. Die Platten sind zu schmal, ich muss leicht zur Seite geknickt laufen. Schwüler und wärmer. Eine Strecke mit neuem hellem Schotter.

*«... controllo ...»*

Ein Drittel ist abgelaufen. Die nächsten 200 Meter sind mit Neonröhren beleuchtet. Weichen. Aus einem Schrank in einer Nische wird Öl in ein Kännchen gefüllt und die Weichenmechanik geölt. Vorbeidonnernde Züge: Lang, laut, dunkel, das sind die Güterzüge. Kurz, hell, die Personenzüge. Telefon nach Airolo, dass ein Drittel kontrolliert ist und die Züge auf dieser Strecke wieder auf beiden Seiten fahren können. Einstellen des Hydrometers. Noch 600 Meter bis zum Kanton Uri.

*«Una tavola grande ...»* wird die Kantonsgrenze anzeigen. Ölkannen versorgen. Auf der Kastentür WC-Kritzeleien. Wir reden über WC-Zeichnungen und Kunst. Sieben Männer teilen sich die Streckenbegehungen im Tunnel, so dass jeder im Schnitt alle drei Wochen durch den Tunnel geht.

*«Pronto.»*

Um 10 Uhr ist alles geölt. Weitermarsch. Die Luft ist heiss und schwül, aber es stinkt nicht wie befürchtet. Ein leicht erdiger, nach Eisenstaub und feuchtem Gestein riechender, etwas kellerhafter Geruch. Aber nicht unangenehm. Ich spüre etwas Beklemmung. Schuhe schlagen gegen Schienenschrauben. Mein Blick ist immer auf die vordere Person gerichtet. Etwas traumwandlerisch. Lange kein Zug.

***km 10, Gloggentürmli, 2620 m***

Den Sand, den ich bei den Kilometertafeln streue, verweht es im starken Tunnelwind als Staubwolke. Grenztafeln Uri–Ticino. Wir werden noch bis km 7,4 weitergehen, dann gibt es Mittagspause. Ganz still, nur Tritte auf Schotter. Keine Tropfgeräusche mehr. Aber sehr feucht. Wind. An einem Haken hängen geblieben. Ich bin ganz am Ort. Immer zwei Schritte hinter dem Lokführer, das gibt ein beschauliches Gehen: schwach beleuchtete Beine, tanzender Boden, sonst feuchtwarme Dunkelheit. Trocken – feucht – glitschig – steinig – glatt. Klickgeräusche. Das Hüpfen der Lichtkegel. Spurwechsel nach links. Eine kleine Maus. Das Laufen auf den Schwellen zwingt zu einem kurzen Takt.

*«Una colomba viva.»*

***km 9, Chrummegg Guspital, 2400 m***

*10.37* – Einer pfeift. Schritte auf Schotter.

*«Sì sì. La domenica e tutta la settimana.»*

Der Plattenweg ist noch schmaler geworden. Ich stosse oft an die Tunnelwand. Windstill. Wie wenn die Zeit stillstehen würde. Ich frage, warum es diese vielen Wechsel von Windstille, Südwind und Nordwind gebe. Wenn zwei Züge aus beiden Richtungen in den Tunnel fahren, wird die Luft im Innern gestaut. Sie steht.

Wenn kein Zug im Tunnel ist, ist ebenfalls Windstille. Sonst weht der Wind je nach Richtung des Zuges, entgegengesetzt.

Wir vier sind absolut auf uns selber gestellt, quasi eine Schicksalsgemeinschaft. Eingehüllt in unseren Lichtkokon. Mir ist ein bisschen schlecht. Es wird immer heisser. Schweiss tropft. Die Rucksackträger drücken. Wir nähern uns dem Tunnelscheitel. Höchster Punkt im Tunnel bei km 8,315. Schweissgebadet. Knacken der Platten. Tunnelmaus. Sie hat die Farbe der Schottersteine. Ein Stein in Bewegung.

***km 8, Bei den Seen, 2640 m***

*11.00* – Ich sehe den Ausgang als stecknadelgrosse Öffnung. Aus der Lokomotive sieht man ihn schon früher, weil der Lokführer zwei Meter höher sitzt. Wir gehen wieder auf den Schwellen. Kurzer Tritt. Der Plattenweg ist zu schmal geworden. Es ist alles klar geordnet: Richtung, Zeit (Tempo), Takt (Schrittlänge), Rhythmus.

*«I treni … incontrario.»*

Zwei Züge gleichzeitig. Was wohl so eine Tunnelmaus frisst? Es gibt ja in den Zügen fast keine Fenster mehr, die sich öffnen lassen. Wieder eine Maus. Klein, kurzer Schwanz. Ein karges Leben. Angeregte Diskussion über die Maus.

*«Una settimana … Europa … subito … la prima …»*

Um 11.30 beim Hotel 7,4. Eine Raststätte mit Wasser. Zwei weissgestrichene, hohe Räume mit einem gelben Tisch und Bänken. Sexheftchen auf dem Tisch. In der Höhe, an einem Haken, ein künstlicher Christbaum in einem Plastiksack. Über dem Tisch, an einem riesigen Haken, ein kleines Foto eines Göschener Aufsehers, der vor 5 Jahren gestorben ist, allerdings nicht im Tunnel. Der Boden ist ockergelb geplättelt wie eine Küche. Aircondition kühlt den Raum. Das Kondenswasser wird in einem Tank aufgefangen und zum Händewaschen gebraucht. Auf einem Tisch ein Knäuel Lumpen zum Trocknen der Hände.

*«È la prima.»*

Ich bin die erste Frau, die diesen Tunnel durchwandert. Eine Männerdomäne. Man merkt es überall: Der Tunnel an sich (der Gedanke, ein Loch durch den Berg zu bohren), das Handwerkliche und Technische, die schwere körperliche Arbeit, die da verrichtet wurde und immer noch wird. Die Züge, die wie Geschosse durch den Tunnel rasen. Die Nischen (bei jedem Kilometer eine grosse), die alle Spuren menschlichen Lebens zeigen, die Klokritzeleien an Türen, die karge Einrichtung des Hotels. Auf meine schüchterne Frage, ob dieses Hotel auch ein WC habe, haben die Männer nur gelacht und den Kopf geschüttelt. Taschenlampe und Tunnel. Von den hellen, weissen und kühlen Räumen in den schwarzen, heissschwülen Gang. Zurück am Tisch. Der schweigsame Arbeiter stützt den Kopf in die Hände, er beteiligt sich nicht am Gespräch. Ich verstehe nur einzelne Worte des Airoloer Dialekts.

*«La Coca-Cola … la macchina … per la partenza … sessanta, ottanta … sforza … la gravità …»*

Wenn man bedenkt, wie viel Gesteinsmasse über uns drückt (ca. 1800 Meter).

*«Le mie macchine … in principio … l'automatismo … Sputnik … categoria … il Pendolino …»*

Start vom Hotel 7,4 um 12.45. Ich muss mich wieder an den Kurzschrittgang auf den Schwellen gewöhnen. Alles ist intensiv im Tunnel. Die Geräusche: Schuhe auf Schotter, Schuhe auf Platten, Schuhe gegen Schrauben, Tropfgeräusche, donnernde Zugsdurchfahrten. Die Lichtbänder, die Züge in die Schwärze schneiden. Dann wieder Dunkelheit, nur wir vier in den schwankenden Lichtkegeln der Handlampen. Wechselnde Winde, manchmal windstill. Das Gefühl der Zeitverlangsamung, fast der Zeitaufhebung. Oder eine Komprimierung der Zeit. Ein Raum ohne Ort. Die dichte Mitte: geballt, feucht, heiss, eine geheimnisvolle Dunkelheit, die sehr kompakt ist. Wie im Kern einer riesigen Frucht. Eine andere Energie. Darin diese kühlen, weissen Räume wie eine Parallelwelt. Es gefällt mir immer besser. Das Lichtloch am Ausgang wird grösser.

***km 7, St.-Anna-Firn, 2680 m***

*12.50* – Maus Nummer vier. Wenn der Zug auf unserer Nischenseite kommt, vibriert der ganze Körper. Ohren zuhalten, den flatternden Block unter den Arm klemmen, Bleistift nicht verlieren, Augen zu, Fototasche halten und abwarten. Gut, dass man den Ausgang sieht, der ganz langsam grösser wird. Zugsdurchfahrt, und wir sind nicht in der Nische. Druckwelle und Wind gehen hart an den Körper. Man spürt die eigene Körperlichkeit. Die ungleichen Kräfte. Gegendruck geben, Gleichgewicht stabilisieren. Lärm ohrenbetäubend. Schwellenlaufen. Wäre es möglich, dass ich da auf Scheisse gehe? Immer die gleichen Schwellenabstände, aber jede Schwelle eine andere Form. Ist meine Schrittlänge schon so angepasst, dass ich während des Schreibens die Schwellenbalken treffe?

***km 6, St.-Anna-Bach (Felsental), 2220 m***

*13.15* – Maus Nummer fünf. Ich frage mich, ob die Mäuse gerne Licht haben, da wir oft eine bei den beleuchteten Kilometerlampen sehen. Um den Ausgang verbreitet sich ein bläulichvioletter Schimmer. Blick am Boden, Schwellenstreifen. Durchfahrende Züge haben eine ganz eigene Geräuschschleppe, besonders die langen Güterzüge. An- und abschwellende Rhythmen, ein eisernes Trommelfeuer. Gegenwind. Einer pfeift leise vor sich hin. Ich werde ganz locker. Die beiden Männer haben ihre Aufmerksamkeit ganz auf die Schienen gerichtet. Eine kontemplative Arbeit.

***km 5, Giggenflüe, 2100 m***

*13.36* – Allmählich eine gewisse Müdigkeit. Niemand spricht. Die Schritte sind etwas bedächtiger.

*«Un po …»*

Wir haben zwei Drittel geschafft. Spurwechsel. Weichenmechanik ölen.

*«Gottardo nord è libero.»*

Telefon nach Göschenen. Die Männer machen ein heisses Spiel mit mir: Vom gegenüberliegenden Geleise aus könne ich einen nahenden Zug fotografieren, der knapp vor mir die Spur wechsle. Ich habe ein wenig gezögert, aber nachdem zwei der Männer mit mir gekommen sind, habe ich ihnen vertraut. Es ist ein unheimliches Erlebnis, der gewaltigen Wucht einer Lokomotive ausgesetzt zu sein, die mit 125 Stundenkilometern auf dich zukommt. Körper und Seele erschüttert. Ich stehe wie gebannt. Dann knapp vor uns das Ausweichen und die Erlösung.

### *km 4, Tristel (Gemsstock), 1680 m*

*14.25* – Starkes Summen der Stromleitung. Es wird etwas kühler, frischer. Man spürt den kommenden Ausgang. Grosse gewölbte Nische bei km 3,8. Die Seitenwände sind mit wabenförmigen tellergrossen Steinen gebaut, mit einer Sorgfalt, die erstaunt, da dieser Raum kaum je gesehen wird und fast immer im Dunkeln liegt. Diese ornamentale Struktur gibt dem Raum etwas von einer Kirche. Beim Weiterlaufen kommen wieder Gespräche auf. Die Schritte etwas schneller. Ich spüre den Stalldrang auch. Beim Zurückschauen spüre ich nochmals diese seltsamen Zeitzonen, die wir durchschritten haben. Von der Morgenkühle Airolos zur gestauten tropischen Schwüle in der Mitte zum wieder kühleren Göschenen. Ein Stauen der Zeit, und jetzt der Sog von draussen. Der Druck auf der Brust wird leichter, aber die Schultern schmerzen.

### *km 3, Chalet in Andermatt, 1436 m*

*14.46* – Je heller das Loch wird, desto fröhlicher werde ich, aber auch umso mehr steigt der Blasendruck. Männer, die jahrzehntelang diesen Gang auf den Schwellen machen, bekommen Probleme mit den Gelenken. Weil ihre Schritte immer zu kurz sind. Pfeifen.

*«Acqua.»*

Bei km 2,7 führt ein schmaler Gang auf der rechten Tunnelseite in eine wunderschöne Tropfsteinhöhle, rechteckig gebaut, aber von der Natur wieder zurückerobert. Über ein rechteckiges niedriges Wasserbecken, dessen Wasser vom Rost ganz rot ist, kommt man in einen gewölbten Raum, von dessen Decke tausende von nadelförmigen, langen Stalaktiten hängen. Von den Wänden rinnt Wasser, das Gestein rot und schwarz färbend. Ein paar bizarr verlaufende Wasserleitungen, eingepackt und verformt von den Ablagerungen des Wassers. Geheimnisvolle Nischen, aus denen Wasserrinnsale laufen. Maus Nummer sechs. Nach diesem beschaulichen, stillen Ort müssen wir einen Zug passieren lassen, ohne Nische. Man braucht guten Stand, und Ohren zu. Staubsplitter im Gesicht. Zum Glück haben wir Schutzbrillen. Mir kommt wieder in den Sinn, dass ich in eine absolute Männerdomäne eingebrochen bin. Das gefällt mir. Ich wundere mich, dass ich während des Schreibens und Gehens noch nie gestolpert bin.

***km 2, Urnerloch, 1430 m***
*15.15* – Züge ohne Nischen. Ausgesetzt, nahe an dieser Wucht. Luftdruck und Wind haben die entgegengesetzte Richtung wie der Zug. Der Blasendruck, schmerzhaft. Es ist nicht ganz einfach mit drei Männern, sich da abzusondern und in einer Nische zu verschwinden. Das Aufschreiben dieses Protokolls hat eine zusätzliche Struktur in diesen Durchgang gebracht. Die Öffnung ist jetzt ziemlich gross und von einer hellblauen Farbe.

***km 1, Schöllenen Heuegg, 1620 m***
*15.31* – Zugsdurchfahrt. Kilometersand in alle Richtungen geblasen. Ich bin ziemlich schmutzig, aber glücklich. Weiter vorn im Tunnel Menschen. Sich bewegende Lichter, eine stehende Maschine. Die Öffnung wird strahlend. Sonne.

***km 0, Göschenen, 1106 m***
*15.50* – Ausgang. Während dieser Durchquerung sind 64 Züge an uns vorbeigefahren, die Hälfte davon Personenzüge.

Wir stehen geblendet am Tunnelportal. Wärme und Sonne. Foto und Händedruck. Die drei Männer fahren gleich mit einer Maschine zurück. Ich bin erleichtert und glücklich.

II. KAPITEL

# *«Wir durchbohren den Gotthard»*

# Der Bau der Bahn und Louis Favre

Wer an den Gotthardtunnel denkt, verbindet damit unweigerlich den Namen von Louis Favre (1826–1879). Der Ingenieur steht als Symbol für den bis zur Eröffnung des Simplondurchstichs von 1906 längsten Tunnel der Welt. Doch der Erbauer des Jahrhundertwerks polarisiert bis heute. Sehen die einen in ihm ein Genie und einen Pionier, so andere einen Glücksritter und wenig verantwortungsbewussten Unternehmer.

Die literarischen Texte, die auf ihn zu sprechen kommen, belegen die Widersprüchlichkeit in seiner Einschätzung. Die vorgestellten Zeugnisse – darunter auffälligerweise einige Theaterstücke – selbst sind ein Spiegel der Epochen, in denen sie entstanden sind.

In der Zeit der Bedrohung der Schweiz durch Faschismus und Nationalsozialismus etwa galt Louis Favre als Symbol der geistigen Landesverteidigung. So erhebt ihn Paul Bühler zu einem zweiten Wilhelm Tell. Guido Calgari sieht in ihm einen Helden im Kampf gegen skrupellose Gegner und legt ihm die bezeichnenden Worte in den Mund: «Ich glaubte gegen den Berg anzukämpfen … aber die Menschen sind viel schlimmer.» Wie anders da das Urteil von Felix Moeschlin nur wenige Jahre später, kurz nach dem Zweiten Weltkrieg. Mit beissender Ironie kommentiert der Schriftsteller etwa eine schriftliche Stellungnahme Louis Favres, in der er erklärt hatte, «die grösste Verantwortung» für die zahlreichen schweren und tödlichen Unfälle der Bauarbeiter trage niemand anderes als die Natur!

Das Los der Arbeiter nimmt in den literarischen Texten breiten Raum ein. Kein Autor beschönigt ihre Lage. Doch nur wenige wie Felix Moeschlin und Alain Marendaz nennen die Schuldigen beim Namen und machen mit unterschiedlicher Gewichtung Louis Favre, die Behörden, Gotthardbahn-Gesellschaft und Finanzinvestoren für die gesundheitlich und sicherheitsmässig teils skandalösen Arbeitsbedingungen verantwortlich.

Zahlreiche andere Aspekte der komplexen Baugeschichte, wie Aussen-, Innen- und Verkehrspolitik, Finanzierung und öffentliche Meinung, Geologie und Technik, und ebenso Favres Gegenspieler Alfred Escher finden sich in literarischer Form praktisch nur von Felix Moeschlin thematisiert. Von den dramatischen Umwälzungen für die einheimische Bevölkerung durch den Bau der Gotthardbahn sprechen Jacques-Edouard Chable und Martin Stadler. Ein grundlegender, zeitkritischer Blick auf die Baugeschichte und die vielfältigen Auswirkungen der Gottharderschliessung bis heute findet sich in der Reportage von Alain Marendaz.

Die Vielfalt der Texte zur Baugeschichte der historischen Gotthardbahn macht jedenfalls neugierig auf die literarischen Spuren, die der zurzeit im Bau befindliche Basistunnel einmal hinterlassen wird.

## Samuel Butler

*«Die Vergangenheit war zu langsam, und die Zukunft wird viel zu schnell sein»*

Der britische Universalgelehrte Samuel Butler (1835–1902) wurde durch satirische Werke berühmt, in denen er Frömmelei und Ungerechtigkeiten des Viktorianischen Zeitalters aufs Korn nahm. Doch er machte sich auch mit «Notizbüchern» zu seinen Reisen einen Namen. 1881 erschien der Band «Alpen und Heiligtümer in Piemont und im Kanton Tessin». Samuel Butler schildert Natur, Ortschaften und Sehenswürdigkeiten, aber auch die Bauarbeiten an der Gotthardbahn, die er auf der Südseite des Gebirges miterlebte.

### Faido

Während einiger der vergangenen Jahre besuchte ich für längere oder kürzere Zeit Faido im Kanton Tessin, das, obwohl politisch zur Schweiz gehörend, in seinem Charakter so sehr italienisch ist wie jeder beliebige Teil Italiens selbst. Ich fühlte mich vom ersten Augenblick an zu diesem Ort hingezogen, da er einer der von England aus am einfachsten erreichbaren auf der italienischen Seite der Alpen ist. Dieser Vorteil wird Faido bald in noch grösserem Masse zuteilwerden. Denn die Eröffnung des St.-Gotthard-Tunnels wird es möglich machen, am Montagmorgen – zum Beispiel – London zu verlassen und am nächsten Abend um 6 oder 7 Uhr in Faido einzutreffen. […]

### Calonico

[…] Wie häufig sass ich nicht schon hier in Calonico im Schattten beim Zeichnen und beobachtete das Blau über den Bergen, das Tizian von seinem Platz unter den Kastanienbäumen von Cadore beobachtet hatte. Kein Geräusch ausser fernem Wasserrauschen oder dem Krächzen eines Raben oder dem Dröhnen der grossen

Kanonen in dieser Schlacht, die in der Biaschina und am Monte Piottino zwischen Natur und Mensch ausgefochten wird. Es freut mich stets zu wissen, dass ich die Leventina noch bestens vor den grossen Umwälzungen kannte, die die Eisenbahn mit sich bringen wird. Und ich hoffe, sie wieder zu sehen, wenn der gegenwärtige Aufruhr vorbei ist. Unsere Nachfahren in 100 Jahren werden sich den unaufhörlichen Lärm nicht als den Kanonendonner vorstellen, mit dem wir so vertraut waren. Nirgendwo beeindruckte er so wie in Calonico, denn nicht eher schwieg der Monte Piottino, bevor das Feuer in der Biaschina eröffnet wurde, und manchmal wurde an beiden Orten gleichzeitig gefeuert.

Die Nachwelt mag daran interessiert sein, von einem anderen und weniger angenehmen Merkmal dieser Zeit zu hören. Von der Menge an Steinen, die herumflogen, selbst an Orten, von denen man dachte, sie lägen ausserhalb ihrer Reichweite. Zwischen Giornico und Lavorgo zum Beispiel fanden ununterbrochen Sprengungen statt, und es war überraschend, zu sehen, welche Höhe die herausgeschleuderten Steine erreichten. Die Bewohner der Häuser in der Nähe der Sprengungen deckten ihre Dächer mit Ästen und Laub, um den Aufprall der Steine zu dämpfen. Einige Menschen wurden verletzt, aber es entstand weit weniger Schaden, als man hätte erwarten können. Ich möchte zum Nutzen der englischen Leser erwähnen, dass die in Spiralen angelegten Tunnels durch den Monte Piottino und die Biaschina Wunder der Ingenieurskunst sind. Ihr Weg beschreibt einen ganzen Kreis und verliert ständig an Höhe, so dass der Ausgang – wenn man von Airolo Richtung Faido geht – auf einem viel tieferen Niveau liegt als der Eingang. […]

Unsere Erfindungen vermehren sich nach mathematischen Gesetzmässigkeiten, doch die zeitlichen Abstände ihrer Ausreifung nehmen nach den gleichen Gesetzmässigkeiten ab. […] Für wie viele Millionen Jahre gab es kein Herannahen an einen Übergang über den Gotthard. […] Die zweite Periode, vom ersten Fusspfad bis zur römischen Militärstrasse, dauerte viele tausend Jahre, die dritte von den Römern bis zum Mittelalter mit den vermehrten Steinbrücken vielleicht tausend Jahre, die vom Mittelalter bis zur Kutschenstrasse Napoleons fünfhundert, die von Napoleon bis zur Eisenbahn fünfzig Jahre. Was als Nächstes kommt, wissen wir nicht, aber es sollte innert zwanzig Jahren geschehen und wird vermutlich etwas mit Elektrizität zu tun haben. [...]

Auf jeden Fall dürfte die heutige Zeit, soweit ich es sehe, für einen Mann die einzige angenehm zu lebende Epoche sein. Die Vergangenheit war zu langsam, und die Zukunft wird viel zu schnell sein.

---

## Alfred Escher

*«Der Gotthard hat mir wenig Dank, aber viel Hass eingetragen»*

Vor dem Hauptbahnhof Zürich erinnert ein Denkmal an den Politiker, Bankier, ETH-Mitbegründer und Eisenbahnpionier Alfred Escher (1819–1882). Der Zürcher war eine herausragende Führungsfigur des 19. Jahrhunderts: Gebildet, vielseitig engagiert, umtriebig, autoritär und machtbewusst verkörpert er den Aufbruch zur modernen Schweiz. Der Gründer der Schweizerischen Kreditanstalt (heute Credit Suisse) war in politischer und finanzieller Hinsicht eine der zentralen Figuren bei der Planung und beim Bau der Gotthardbahn. Turbulenzen um Mehrkosten zwangen ihn 1878 zum Rücktritt als Direktionspräsident der Gotthardbahn-Gesellschaft.

«1863 bewirkte ich die Begründung der Vereinigung schweizerischer Kantone und Eisenbahngesellschaften zur Anstrebung der Gotthardbahn. Die fortgesetzten Anstrengungen dieser ‹Gotthardvereinigung›, wie sie kurzweg genannt wurde, haben schliesslich mit der Handbietung der Bundesbehörden, soweit dieselbe verfassungsgemäss zulässig war, das Zustandekommen der Gotthardbahn herbeigeführt. Ich war Mitglied des engern leitenden Ausschusses der Gotthardvereinigung, und es gibt Leute, die behaupten, ich sei die Seele desselben gewesen.»

«Das Zustandekommen einer schweizerischen Alpenbahn erschien mir von Tag zu Tag wichtiger und dringlicher. Es wurde mir immer klarer, dass die Schweiz ohne eine den Wall ihrer Alpen durchbrechende Eisenbahn zu einem von dem grossen Weltverkehr umgangenen und verlassenen Eilande herabsinken müsste. Und hinwieder erwog ich, welch reichen Gewinn die Gotthardbahn, die, zum Unterschiede von den konkurrirenden Alpenbahnprojekten, inmitten der Eidgenossenschaft liegend und sie auf langer Strecke durchbrechend, zu einer der wichtigsten Handelstrassen für einen bedeutenden Theil der zivilisirten Welt werden muss, und die im fernern dazu angethan ist, die Schweiz auf dem kürzesten Wege mit Italien und dem Oriente zu verbinden, der geistigen und materiellen Entwicklung unsers Landes bringen würde. Also Anstrebung der Gotthardbahn mit Aufbietung aller Kräfte!

Die Gotthardbahn liegt auf dem Gebiete der Schweiz; die Initiative kommt also der Schweiz zu. Der Ausschuss der ‹Gotthardvereinigung› hatte nun in der Gotthardsache alles dasjenige zu thun, was in einem Einheitsstaate der Regierung obgelegen hätte. Der Gotthardausschuss hatte also eine eingehende technische und kommerzielle Denkschrift zu Gunsten der Gotthardbahn ausarbeiten zu lassen. Er hatte im Auslande Propaganda für die Gotthardbahn zu machen und sich um Bundesgenossen für die Ausführung derselben umzusehen. Auch im Innern der Schweiz war schwere Arbeit zu verrichten, vielleicht die schwerste. Hier kamen zu den Schwierigkeiten, die in der Natur der Sache lagen, noch die vielen Kantone, mit denen man zu thun hatte. In jedem wieder eine andere Anschauung, und doch musste alles unter einen Hut gebracht werden. Eine ebenso wichtige als schwierige Aufgabe für den Ausschuss der Gotthardvereinigung bestand sodann in der Aufstellung des Projektes für die Gestaltung der Gesellschaft, welche zur Ausführung der Gotthardbahn ins Leben gerufen werden musste; denn vom Staatsbau konnte ja keine Rede sein. Da es sich um die Beschaffung sehr beträchtlichen Privatkapitals handelte, so musste an die ausländische Finanz gelangt werden, wenn auch vorerst die Betheiligung der schweizerischen Finanz mit einer

Quote des beizubringenden Privatkapitals, um dem Auslande Zutrauen einzuflössen, zu sichern war.

Ein Meer von Schwierigkeiten war zu überwinden, bis es gelang, eine Einigung der verschiedenartigen Elemente zu einem übereinstimmenden Programm herbeizuführen. Nachdem in solcher Weise die Wege und Mittel vorbereitet waren, sah sich der Bundesrath in die Lage gesetzt, eine internationale Konferenz derjenigen Staaten zu veranstalten, welche die Geneigtheit an den Tag gelegt hatten, die Ausführung der Gotthardbahn zu unterstützen. Bei dieser Konferenz war der Ausschuss der Gotthardvereinigung ebenfalls zur Mitwirkung berufen. Nachdem aus der Konferenz der bekannte Staatsvertrag betreffend Ausführung der Gotthardbahn hervorgegangen war, bewirkte der Ausschuss die Konstituirung der Gesellschaft für den Bau und Betrieb der Gotthardbahn.

Ich sollte nun meine Verdienste für das Zustandekommen der Gotthardbahn darlegen; ich muss das andern überlassen. Wenn diejenigen, welche von der Gotthardbahn Nutzen ziehen, diese Verdienste vergessen haben, so frage man die Gegner der Gotthardbahn! Diese werfen das Zustandekommen der Gotthardbahn in erster Linie und eigentlich einzig mir vor. Der Gotthard hat mir wenig Dank, aber viel Hass eingetragen.»

## Felix Moeschlin

*«Sammeln Sie die Aktionäre und kommen Sie in den Tunnel»*

Kein Forscher dürfte die Geschichte des Gotthardtunnels je so eingehend studiert haben wie Felix Moeschlin (1882–1969). Viele Tausende von Dokumenten, Aktennotizen und Artikeln wertete der Schriftsteller aus, bevor er seinen fast 1000 Seiten starken Roman «Wir durchbohren den Gotthard» niederschrieb. In diesem zweibändigen, 1947 und 1949 erschienenen Epos verbindet der Schriftsteller enormes Wissen mit Gestaltungskraft und eigenständiger Formulierungskunst. Und er ergreift Partei, stösst Escher und Favre von ihren Sockeln und bricht für die Tunnelarbeiter eine Lanze.

Rufen Sie Ihre Kollegen, sammeln Sie die Aktionäre und kommen Sie in den Tunnel, damit Sie sich endlich ein Bild von der Wirklichkeit machen können.

Als Aktionär haben Sie ja ein ganz besonderes Interesse an dieser Arbeit. Mit dem definitiven Aktientitel ist ein Genussschein verbunden, «un bon de jouissance», dank dem Ihnen ein Drittel der beim Tunnelbau erzielten Ersparnisse zufliessen wird. Das heisst: Wenn die Kosten je laufenden Meter des Tunnels ohne Mauerung, doch mit doppelspurigem Oberbau niedriger ausfallen als 3733 Franken, so erhalten Sie – und nicht etwa die Subventionskantone und -staaten oder Favre oder die Ingenieure und Arbeiter –, ohne dass Sie Ihren Geist oder Ihre Hände auch nur im geringsten anzustrengen brauchen, ohne überhaupt zu wissen, wo und was der Tunnel ist, einen Drittel der Differenz.

Schaffen Sie ihn aus der Welt, diesen trügerischen Drittel, denn diese Ersparnisse sind ja nichts anderes als die Verluste Favres, verzichten Sie anständigerweise auf diesen fragwürdigen Genussschein. Vielleicht fällt ihnen das Opfer leichter, wenn Sie nun erleben, was ein Tunnel ist und was es heisst, in einem Tunnel zu arbeiten.

Bis m 2600 mit der Lokomotive, ganz wie die Arbeiter, in den Rollwagen kauernd, auf der Kante sitzend. Jetzt müssen wir aussteigen. Wir stehen vor der bekannten Druckpartie. Sie haben vielleicht davon gehört, über uns liegen 300 Meter faules Gestein, das Gewölbe muss erneuert werden, darum das viele Holz, so dass nur noch ein Rollwagen durchkommt. Passen Sie auf, dass Sie nicht den Kopf anschlagen! Rutscht dort nicht ein Balken? Nein, keine Angst, so schlimm ist es nicht. Möglich zwar, dass heute oder morgen die ganze Geschichte zusammenstürzt. Merkwürdig, nicht wahr, dass diese Arbeiter da in der Erweiterung und jene im Sohlenschlitz nicht von einer Panik ergriffen werden. Gott sei Dank, dass es so sorglose Menschen gibt.

Wie kommt Ihnen der Weg vor? Etwas unangenehm, nicht? Löcher, Wasserpfützen, Steine. Und die schwüle Luft, man hat eine gewisse Mühe mit dem Atmen, immer schwieriger wird es, man wird müde, das ist schlimmer als Bergsteigen. Was für eine merkwürdige Beklommenheit. Man darf nicht an die Gesteinsmasse denken, die über einem liegt, nicht an die Druckpartie hinter einem, die den Rückweg verschliessen kann. Sie fragen sich wohl: was hab' ich in diesem Tunnel zu tun, warum liess ich mich verleiten, über diese Schwellen und Steine zu stolpern mit dieser armseligen Rüböllampe in der Hand? Man ist schlaff und benommen, man muss einen Augenblick stehenbleiben, nein, besser noch, sich auf einen Stein setzen, wenn das nicht gefährlich ist. Denn gibt's nicht Steine, an einer Generalversammlung hat man davon gesprochen, die unversehens von oben herunterfallen? Aber trotzdem, man muss sich setzen, wenn man nicht ohnmächtig werden will. Ach, wenn man nur nicht so stark schwitzte, die Kleider sind ganz durchnässt, es ist einem, als wär' man in brühwarmes Wasser getaucht. Begreiflich, dass die Arbeiter die Kleider wegwerfen und nackt in den Stiefeln arbeiten. Sie können ja auch die Kleider wegwerfen und nackt weiter marschieren, nur Schuhe brauchen Sie, alles andere ist überflüssig. Ein Bild für die «Illustrierte Zeitung», die «Gartenlaube» oder «Über Land und Meer»: Zug der nackten Aktionäre, das Bild könnte weltberühmt werden. Aktionäre, die ihre Sache ernst nehmen, ist das überhaupt schon jemals vorgekommen?

Wie fühlen Sie sich? Können wir wieder aufstehen und weitergehen? Ja, gut. Es ist nicht mehr so weit, nur noch 1000 Meter, dann sind wir vor Ort, dann hören wir den Lärm der Bohrmaschinen, dann können wir den beiden Feuerwerkern zusehen, wenn sie die Ladungen in die Löcher packen, dann können wir mit ihnen wieder zurückgehen und das Donnern der Schüsse abwarten und zuschauen, wie sich die Mineure nach vier Stunden Arbeit in einer Erweiterung auf ein paar Planken werfen, um die nächste Attacke abzuwarten, zweimal bohren sie, ehe sie wieder aus dem Tunnel gehen. Und wir gehen wieder nach vorn, um dem Schuttern zuzusehen. Acht Stunden rechnet man je Mann, um einen Kubikmeter Stein in die Wagen zu verladen. Mit schmalen langen Rollwagen sind sie auf einem neben dem Hauptgeleise liegenden Hilfsgeleise von 30 Zentimeter Spurweite nach vorn gefahren, 18 Mann sind an der Arbeit, ein Postenchef und 17 Handlanger, «mariniers», lustiger Name, nicht? Und bei diesen Mariniers unterscheidet man wiederum Sappeurs, die die Körbe füllen, Rouleurs, die die Körbe nehmen, sie auf die Wägelchen setzen und die Last zu den Wagen schieben, die auf dem Hauptgeleise hinter dem Bohrgestell und den Materialwagen stehen, und Chargeurs, die die Rollwagen beladen. Die Temperatur ist noch gestiegen, denn jetzt fehlt der Zustrom der kühlen, durch ihre Ausdehnung Kälte erzeugenden Pressluft, man wird durstig, jetzt sollte man die von dem berühmten Berliner Physiologen du Boys-Reymond für diesen Tunnel empfohlenen Eispillen mit Branntwein haben. Was für ein unangenehmer Rauch, vielleicht ist die Explosion nicht ganz vollkommen gewesen, vielleicht waren die Sprenglöcher zu nass und es hat sich salpetrige Säure gebildet, die Augenlider brennen, man hustet und wird das Husten nicht mehr los, dazu Schwindel und Kopfschmerzen von verstäubtem Nitroglyzerin.

Wollen Sie noch länger zuschauen oder wollen Sie umkehren? Ja, kehren wir um, es ist ja immer das gleiche, und der Rückweg von 3000 Metern wird Ihnen noch genug zu tun geben. Wollen Sie etwas von den Theorien hören, die Stapff in bezug auf die Wärmezunahme unter dem Gebirge aufgestellt hat? Haben Sie Lust, seine Formeln kennenzulernen oder genügt Ihnen die Mitteilung, dass die mittlere Wärmezunahme auf je 100 Meter überlagerndes Gebirge zwei Grad beträgt? Sie nicken, Sie haben kein Bedürfnis, darüber nachzudenken, es ist Ihnen alles gleichgültig. Begreiflich, im Tunnel ist man am Anfang kein normaler Mensch mehr. Nach und nach gewöhnt man sich daran. Der Mensch gewöhnt sich an alles. Ob diese Gewöhnung mit Schädigungen verläuft oder nicht, das weiss man natürlich nicht, aber das braucht weder Favre noch Sie zu kümmern. Also vorwärts, dem Portale zu, da sind schon die Lichter der Druckpartie, wo man wieder ein paar Balken erneuert. Sie hat gehalten, der Fels ist gnädig, wir haben sie glücklich hinter uns, da steht die Lokomotive, da warten die Wagen. Sie haben nichts dagegen, merkwürdig, wie müde man ist. Nur vom Gehen schon. Und die Arbeiter müssen ja nicht nur den gleichen Weg unter die Füsse nehmen, sondern auch noch etwas tun!

Herrlich, die frische Luft! Warum man wohl da drinnen im Tunnel ein unangenehmes Gefühl hat? Die Feuchtigkeit, meine Herren. Ein tropisches Klima. Man sollte die Luft trocknen können. Aber das ist eine komplizierte Geschichte. Immerhin leiden die Arbeiter unter diesem tropischen Klima nicht so stark wie die Besucher. Der Organismus passt sich an. Am stärksten wird man hergenommen, wenn man nach wochenlangen Zwischenpausen die Tunnelarbeiten wieder aufnimmt. Stapff hat das nach seinem Unglücksfall erfahren.

Und nun sehen Sie die Arbeiter im Tageslicht. Bleich sind sie, gelb sind sie, mit einem Stich ins Grüne, Schwindsüchtigen gleichen sie oder Leuten, die am Magenkrebs leiden. Ihre Lebensdauer dürfte verhältnismässig kurz sein. Aber das ist in den meisten Bergwerken der Fall. Die Blutarmut der Grubenarbeiter, «l'anémie des mineurs», ist bekannt, nichts zu machen. Im Gotthardtunnel werden sogar die Pferde und Maultiere blutarm. Dr. Fodéré behauptet es wenigstens, von 42 Pferden auf der Südseite stürben im Monat 8 an Anämie, sagt er. Die Hitze soll dran schuld sein, das fehlende Tageslicht, die Gase des neuen Dynamits. Die Leute sind immer müde. Sie sind schon müde, ehe sie an die Arbeit gehen. Einige klagen, dass ihre Glieder wie gebrochen seien. Die Verdauung ist schlecht, sie haben Bauchschmerzen, erbrechen sich. Und wenn sie gar zu bleich werden, die Lippen entfärbt, die Ohren und Nasenflügel durchschimmernd wie Wachs, wenn sie immer schläfrig sind, ohne gut schlafen zu können, der Puls klein und schnell wird, der Atem beschleunigt und oberflächlich, wenn sie keinen Appetit mehr haben, immer magerer werden, beim Liegen Atemnot und Herzklopfen empfinden, von Ohnmachten überfallen werden, vor Schwäche nicht mehr gehen, sondern nur noch dahinschleichen können, dann legen sie sich ins Spital, bis sie wieder soviel Kraft besitzen, um mit 40 bis 100 Franken Entschädigung nach Hause wandern zu können.

Dass durch diese Blutarmut auch bei den Arbeitern, wo sie nicht in dieser schweren Form auftritt, die Arbeitsleistung geschädigt und herabgesetzt wird, ist klar. Der Unternehmer hätte also das grösste Interesse daran, diese Krankheit zu bekämpfen. Stapff hat vorgeschlagen, hinter den Posten Räume zu schaffen, wo die Arbeiter ausruhen und sich umkleiden könnten. Ihr habt ja gesehen, wie sich die Mineure auf den Brettern ausgestreckt haben, um die nächste Attacke abzuwarten. Man könnte für eine billige gute Ernährung der Mineure und Schutter sorgen, die nun 12 bis 14 Stunden im Tunnel zubringen. Blutarme Arbeiter sind keine vollwertigen Arbeiter. Aber man zuckt die Achseln, man nimmt es hin als eine Tatsache, die nun einmal nicht zu ändern ist. «Anémie des mineurs», man gibt sich mit dem Namen zufrieden, Schicksal!

Und nun müssen Sie noch das Spital besuchen, meine Herren! Sie wissen, dass es im Gotthardtunnel Unglücksfälle gibt. Sachverständige betrachten die Zahl dieser Unglücksfälle als sehr hoch. Wir können das nicht beurteilen. Wir haben uns je Jahr an etwa 30 Unglücksfälle mit tödlichem Ausgang und 50 bis 60 ohne tödlichen Ausgang, also bloss mit Erblindung, Beinamputation und so weiter gewöhnt. Alles, was hier geschieht infolge herabfallender Blöcke, zerbrechender Gerüste, überraschender Zusammenstösse der Rollwagen mit Gewölbesteinen, Anbohrens alter Schüsse, verspäteter Explosion von Minen, geht nie auf Fahrlässigkeit oder Nachlässigkeit der Unternehmung zurück, wie jeweilen von Ingenieur Koller bezeugt wird, ehe er die Meldung der Gotthardbahndirektion säuberlich zu den Akten legen lässt. Gut, wenn der Kopf abgerissen, die Lunge von den eigenen Rippen durchstochen, der Unterleib zu einer breiigen Masse zerquetscht wird, ist es nachträglich sehr schwer, sich ein richtiges Bild des Geschehenen zu machen, um so mehr, da sich das Büro des Unternehmers damit entschuldigt, nicht immer oder wenigstens nicht sofort korrekt über die Unglücksfälle verständigt zu werden.

Wenn wir Sie also zu den Leichen der sieben Feuerwerker und Schutter führen, die gestern infolge einer Dynamitexplosion bei m 5350 ihr Leben lassen mussten, sicherlich wieder nur aus eigenem Leichtsinn und üblicher Nachlässigkeit – denn der Stollen war zu schmal, um neben dem Geleise noch die Aufstellung von zwei in Riemen tragbaren Kupferbüchsen mit zusammen 30 Kilo Dynamit und einer Büchse mit Zündpatronen zu erlauben, und darum die Gefahr einer Explosion durch Zusammenstoss mit einem Materialzug zum vornherein gegeben –, so tun wir es nicht, um Ihnen diese jungen Männer, die vor einem halben Jahr mit fröhlichem Gesang aus der Poebene dem Gotthard entgegenzogen und um die nun bald Bräute und Eltern und Brüder und Schwestern weinen, als Märtyrer hinzustellen oder gar zu glorifizieren. Aber es dünkt uns doch, sehr geehrte Herren Aktionäre, die Sie auf einen Drittel der sogenannten Ersparnisse beim Tunnelbau spekulieren, dass Sie angesichts dieser Leichen – von Amaretti und Gliatti liegen nur noch armselige Reste in einem Korb, während den andern Toten keine Verletzung anzusehen ist, sie wurden durch den Luftdruck getötet und scheinen zu schlafen – sich fragen müssten, ob Sie nicht in einem gewissen Sinne die Opfer einer durch die allzu billige Übernahme des Ausbruchs dem Unternehmer aufgenötigten Sparpolitik vor sich haben. Denn Organisation kostet Geld, Aufseher kosten Geld, soziale Einrichtungen kosten Geld, rein geschäftsmässig gesprochen, während man sich natürlich auch die Möglichkeit denken könnte, dass ein anderer Unternehmer danach trachtete, durch die als nur scheinbarer Mehraufwand erkannte Verbesserung der Organisation und der sozialen Einrichtungen eine Erhöhung der Leistung und damit eine Verbilligung des Tunnelbaus zu erreichen. Und es dünkt uns auch, als ob Sie sich beim Studium der Entschädigungen, die im Laufe von drei

Jahren bei 70 Toten und 180 Verletzten im Gesamtbetrage von 213 000 Franken ausgerichtet worden sind, schämen müssten, dass dieser Betrag nicht höher ist, um so mehr, als 167 000 Franken von den Arbeitern selbst bezahlt worden sind. Was aber das Opfer von 46 000 durch die Unternehmung betrifft, so könnten Sie sich vielleicht fragen, ob es nicht durch die Differenz zwischen dem Preis, den die Arbeiter dem Unternehmer für ihr Lampenöl zahlen, und dem Preis, den der Unternehmer seinem Lieferanten für das gleiche Lampenöl zahlt, wettgemacht wird. Und Sie könnten sich vielleicht zum erstenmal auch überlegen, ob die Rechte der Arbeiter wirklich geschützt sind, dieser Männer, deren Interessen von niemand wahrgenommen werden – weder vom italienischen Gesandten noch vom Schweizerischen Arbeiterbund, denn der hat genug mit den eigenen Schwierigkeiten zu tun – und deren Vertreter in den Kommissionen der Krankenkasse sich gegenüber den Vertretern der Unternehmung in Minderheit befinden. Wenn der in Altdorf wohnende, sehr einflussreiche Urner Advokat, der seit 1873 die Bauunternehmung in Rechtsstreitigkeiten vertritt, damit prahlt, dass bis dahin kein Arbeiter je in die Lage gekommen sei, gegen die Unternehmung eine Klage einzureichen oder eine Beschwerde an die Regierung zu richten, so ist das in unsern Augen nur ein Beweis für die Rechtlosigkeit der Arbeiter und nicht für die Vollkommenheit der Tunnelzustände.

Doch nun genug, sehr verehrte Herren Aktionäre, eilen Sie zurück zur Börse, wo nichts gewiss und alles möglich ist. Der bosnische Kriegsschauplatz beginnt sich verstimmend auszuwirken, und infolge der Mitteilung, dass Edison die allgemeine Verwendbarkeit des elektrischen Lichtes festgestellt habe, sind die Gasaktien von einer Panik ergriffen worden, diese herrlichen und begehrenswerten Papiere, auf deren hohen Kurs man bis dahin unbedingt zählen konnte.

## Paul Steinmann

*«Unsere Geduld ist nur noch ganz, ganz klein»*

Der Bau des grossen Tunnels wird im Jubiläumsjahr 2007 Thema des Volkstheaterstücks «D'Gotthardbahn» von Theaterautor und Regisseur Paul Steinmann (* 1956). Spielort der Produktion des Kulturforums Andermatt Gotthard ist die Geländeaufschüttung in Göschenen, die aus den ausgesprengten Stein- und Geröllmassen des Tunnels entstand. Häuser und Gleise, Postkutsche und Baulokomotiven von damals bilden die Kulisse für die Szenenfolge mit wahren und wahrscheinlichen Geschichten jener Tage. Die drei Schwerpunkte sind der Arbeiteraufstand vom 27./28. Juli 1875, der Tod Louis Favres und der Tunneldurchbruch.

### 1. Teil, 1. Szene

***Personen in der Szene***

| | |
|---|---|
| Luigi Perusso | *Mineur und Rädelsführer* |
| Emil Beck | *Vermessungs-Ingenieur in Göschenen* |
| Barbara Emmenegger | *Wirtin der «Cantina San Gottardo»* |
| Italienische Mineure | |
| Ferdinand Regli | *Göschener Landjäger-Wachtmeister* |
| Pfarrer | |
| Volk aus Göschenen | |

***Ort der Szene***

Die Szene spielt auf dem «Piazza» genannten Platz vor der Baustellen-Kantine «Cantina San Gottardo»

*Auf dem Platz hat die Fronleichnamsprozession haltgemacht. Die Mineure, die vor der Cantina sitzen und Karten spielen, blicken kaum auf.*
*Als der Pfarrer am Altar erneut sein Knie beugt, tritt Ingenieur Beck aus dem Bureau. Ingenieur Beck bekreuzigt sich.*

PFARRER: In nomine patris et filii et spiritus sancti.
ALLE: Amen.

*Sie beginnen – im Wechsel zwischen Frauen und Männern – den freudenreichen Rosenkranz zu beten und gehen ab.*
*Als auch Beck weitergehen will, tritt Luigi Perusso, ein Tunnelarbeiter, auf ihn zu.*

PERUSSO: Buona Domenica, Ingegnere Beck!
INGENIEUR BECK: Perusso, was gibt's?
PERUSSO: Nichts Neues.
INGENIEUR BECK: Wenn Sie sich so vor mich hinstellen, dann gibt's immer etwas.
PERUSSO: Es ist stets dasselbe.
INGENIEUR BECK: Ich habe Ihnen schon hundert Mal gesagt, dass ich der Falsche bin. Sie müssen andere fragen, wenn Sie mehr Geld wollen.

*Er will weiter. Aber Perusso lässt ihn nicht passieren. Die anderen Mineure stehen auf.*

PERUSSO: Unsere Geduld ist nur noch ganz, ganz klein. *Er zeigt die Fingerbeere seines kleinen Fingers.* So klein. Wenn nichts geschieht, dann passiert etwas!

*Die Mineure murmeln eine Bestätigung.*

PERUSSO: Wir haben genug!
INGENIEUR BECK: Wenn es nach mir ginge, dann könntet ihr meinetwegen den doppelten Lohn beziehen. Ich weiss, was ihr wert seid.
PERUSSO: Ingegnere Beck, der Schwätzer. Quakt wie ein Frosch, wenn er Angst hat. *(zu den Mineuren)* L'ingegnere Beck, quanto chiacchiera! Quando ha paura si lamenta come un rospo.

*Die Mineure lachen, aber die Bedrohung wird nicht kleiner.*

*Barbara Emmenegger, die Kantinenwirtin, kommt von der Prozession zurück.*

BARBARA: Was ist denn hier los?

*Die Männer reagieren nicht.*

BARBARA: Perusso stellt wieder mal die Hörner, markiert den wilden Stier! *Sie schiebt ihn von Beck weg.* Ich will keinen Streit in meiner Kantine. Es sei denn, ihr wollt euren Schnaps künftig im Dorf droben saufen. *Sie führt Beck ein wenig von ihren Gästen weg.* Arbeiten können sie ja wie unsereins …

INGENIEUR BECK: Nicht alle!

BARBARA: Emil, das sind arme Hunde. Die gehen im Tunnel drin beinahe drauf: der Staub, der Schmutz, die Hitze … und was tun sie, wenn sie nicht arbeiten?

INGENIEUR BECK: Schlafen!

BARBARA: Ach was! Sie überlegen sich, wie sie zu noch mehr Geld kommen können.

INGENIEUR BECK: … um sich bei dir noch mehr hinter die Binde giessen zu können.

BARBARA: Ich will auch leben.

INGENIEUR BECK: Sie verdienen nirgends auf der Welt so gut wie hier. Aber Angst einjagen, dass können Perusso und seine Männer. Du bist gerade noch rechtzeitig gekommen.

BARBARA: Auf unseren Landjäger hättest du lange warten müssen: Er trägt immer noch den Baldachin für den Pfarrer.

INGENIEUR BECK: Geht der jetzt den Tunnel einsegnen?

BARBARA: Bestimmt nicht. Wenn ihr nicht einmal an einem heiligen Feiertag die Zeit findet, um zur Messe zu kommen, dann will unser geistlicher Herr mit euch nichts zu tun haben.

INGENIEUR BECK: Wir brauchen jeden Tag, Barbara. Jeden. Wenn wir im September 80 nicht fertig sind, kann Favre einpacken. Und wir alle mit ihm.

BARBARA: Das wird schon werden. Noch fünf Jahre. In dieser Zeit bohrt ihr doch durch bis Mailand.

Ingenieur Beck: Nicht mit unseren Maschinen. *Er merkt, dass er mehr ausgeplaudert hat, als er wollte.* So, jetzt muss ich aber nach Hause, meine Frau wartet.

Barbara: Sag ihr einen Gruss von mir.

Ingenieur Beck: Mach ich.

*Geht ab.*

*Barbara Emmenegger nimmt ihren Sonntagshut vom Kopf und betritt energisch ihre Cantina, allerdings nicht, ohne ein paar leere Flaschen und Gläser von den Gartentischchen mit hineinzutragen.*

*Die Leute kehren von der Fronleichnamsprozession in ihre Häuser zurück. Eine Glocke bimmelt.*

*Vier Männer mit dem jetzt nicht mehr feierlich getragenen Baldachin. Unter ihnen Landjäger Regli.*

Landjäger Regli: Wie oft haben wir schon gesagt, im nächsten Jahr gibt's einen neuen Baldachin. Jetzt hat er schon wieder ein neues Loch. An allen Ecken und Enden fällt's auseinander.

*Ende der Szene.*

## Attilia Fiorenza Venturini

*«Im Tunnel war nichts explodiert ausser der Wut von Menschen, die als Menschen behandelt werden wollten»*

Mit 27 Jahren verliess Attilia Fiorenza Venturini (1919–1999) ihre venezianische Heimat. Die Sprachwissenschaftlerin und Schriftstellerin zog erst nach Zürich und später nach Lugano. Die Hauptfigur in ihrem Roman «Die Engel des Dynamits» ist ein junger, mit falschen Versprechungen für den Bau des Gotthardtunnels angeworbener Italiener. Dieser Nicola leidet wie seine Gefährten unter den harten, gefährlichen und ungesunden Arbeitsbedingungen. Eine zentrale Rolle in Attilia Fiorenza Venturinis Buch spielt der Streik in Göschenen vom Juli 1875.

Es ging schon gegen Abend, der Tunnel erzitterte unter den handbetriebenen Bohrmaschinen. Eine entsetzliche Arbeit. Die Körper der Menschen zuckten im Rhythmus mit den Geräten, das Eisen schien das Gehirn zu durchbohren. Der Atem ging immer keuchender, verfluchte Welt, wenn wenigstens die Luft sauber gewesen wäre. Aber nein, noch ein Knall, und der Rauch breitete sich im Tunnel aus. Es war unmöglich, etwas zu sehen, unmöglich, den Gliedmassen zu befehlen, so zu tun, als ob nichts wäre, und mit der furchtbaren Anstrengung fortzufahren. Arme, Brust, Beine waren wie in unsichtbare Ketten gelegt, vor dem Mund hing ein von vergiftetem Rauch feuchter Latz.

Umberto, der älteste Bergmann, liess die Bohrmaschine stehen und tastete nach der Wand. Er liess sich gegen sie sinken, vom Husten geschüttelt. Seine Lungen waren schon seit langem hin. Aber er wollte nicht nachgeben. Chronische Bronchitis, eine Lappalie im Vergleich zu Staublunge und anderen schlimmeren Krankheiten.

Er nahm ein Taschentuch heraus, das vom Staub schwarz war, und spuckte. In einem Augenblick, als der Rauch ein wenig aufgestiegen war, sah er etwas rötlich schimmern.

O Gott, dachte er, von plötzlichem Schrecken gepackt. Herrgott, bloss das nicht. Kein Blut aus dem Mund.

«Was tust du da, schläfst du? Hältst du es für die richtige Zeit zum Ausruhen? Los, los, beweg dich!»

Um seinen Worten grösseres Gewicht zu verleihen, versetzte ihm der Aufseher einen heftigen Stoss. Umberto reagierte nicht. Er war immer der Bescheidenste, Ergebenste und Gutmütigste von allen gewesen. Was war los mit ihm?

«He, bist du taub? Ich spreche gerade mit dir. Willst du die Arbeit wieder aufnehmen, ja oder nein? Verräter, was soll diese Komödie?»

Umberto hustete nicht mehr, hatte aber einen Arm an der Wand hochgehoben und den Kopf dagegen gelehnt. Mit geschlossenen Augen flehte er, es möge nicht wahr sein. Kein Blut aus dem Mund.

Einer der anderen Bergleute wurde aufmerksam, liess die Bohrmaschine stehen, näherte sich Umberto.

«Was ist los, Grossvater?»

Zwei, drei Männer hielten bei der Arbeit an und versuchten mit den Pupillen den Rauch zu durchbohren. Aber sie sahen nichts, sie hörten nur die Stimmen.

«Ich kann nicht», klagte jetzt Umberto. «Es geht mir nicht gut, mir geht der Atem aus. Hier drinnen erstickt man. Wie kann man unter diesen Bedingungen arbeiten? Ich schaffe es nicht mehr ...» Nicht mehr – nicht mehr – nicht mehr, schien ein unterirdisches Echo zu wiederholen, weit weg zu grollen. Aber es war nur das Murmeln der Bergleute, das von Augenblick zu Augenblick immer lauter wurde, bedrohlich wie das Heulen des sturmgepeitschten Meers.

«Wir halten es nicht mehr aus. Gebt uns Luft, Schluss mit diesen verdammten Sprengungen. Wollen Sie uns alle umbringen?»

Einer nach dem anderen hatten die Männer die Geräte losgelassen und standen da mit herunterbaumelnden Armen. Sie wollten die Arbeit nicht wieder aufnehmen, bis sich der Rauch der letzten Sprengladung vollends verflüchtigt hätte.

«Wollt ihr mich anschmieren?», rief der Aufseher aus. «Seit wann unterbricht man die Arbeit wegen einer solchen Lappalie?

Der Lohn geht weiter, jede Minute, die ohne Leistung verstreicht, ist ein grosser Verlust, begreift ihr das wenigstens, oder seid ihr begriffsstutzig?»

«Ein Verlust für wen?»

Aus der Tiefe des Tunnels tauchte ein mit Schweiss und Schlamm bedeckter Mann auf. Der Aufseher konnte ihn nicht erkennen. Aber als er ihm gegenüberstand, so nahe, dass er ihn fast berührt hätte, fing er zu fluchen an.

«Das war zu erwarten. Du kommst immer wie gerufen. Was zum Teufel willst du? Dein Platz ist dort hinten, mit dem anderen Trupp. Scher dich weg, du Schurke!»

Luigi Dissune steckte die Beschimpfung ein, ohne mit der Wimper zu zucken.

«Ich habe gefragt, für wen das ein Verlust ist. Für uns bestimmt nicht. Es ist unser gutes Recht, unsere Haut zu retten. Das Unternehmen soll endlich die Lüftung verbessern. Bis es so weit ist, werden wir uns jedes Mal weigern, die Arbeit fortzusetzen, wenn der Tunnel in solche Rauchschwaden eingehüllt ist.»

Er hatte ruhig gesprochen, der Atem der Kameraden um ihn herum verschmolz mit der düsteren, verseuchten Luft.

Umberto fing wieder zu husten an, diesmal leise, als befürchte er zu stören.

«Du», wandte sich der Aufseher wütend an ihn, «hör endlich auf, dieses Theater zu spielen. Wenn es dir schlechtgeht, verschwinde nach Hause. Und morgen kommst du vorbei und holst dir deinen Lohn ab. Zum letzten Mal, verstanden? Wir brauchen keine Männer aus dem Altersheim wie dich. Dort draussen stehen junge Leute Schlange, die nur darauf warten, eingestellt zu werden», beschimpfte er Umberto, nur um Luigi Dissune auszuweichen.

Aber dieser stellte sich zwischen ihn und den Kameraden.

«Er ist hier drinnen gealtert, Chef. Als er hier ankam, war er schon ein älterer Mann, aber er war stark und gesund. Damals haben Sie ihn amtsärztlich untersuchen lassen. Warum überprüfen Sie seinen Gesundheitszustand nicht jetzt, nach Jahren dieser Hölle? Wenn wir uns nicht mehr auf den Beinen halten können, wenn wir alles von uns gegeben haben, werfen Sie uns weg wie alte Lumpen. Aber wir sind Menschen. Menschen, verdammt noch mal, und nicht Dinge oder Tiere. Wollen Sie das endlich begreifen?»

Die letzten Worte hatte er geschrien.

Der Aufseher fuhr zusammen und bekam es mit der Angst zu tun. Während er in Richtung Ausgang zurückwich, drohte er, dass die Sache ein Nachspiel haben würde.

«Ich lasse euch alle dafür büssen. Eine Meuterei, ihr dreckiger Abschaum? Ich werde es euch zeigen!»

Die Drohung brachte das Fass zum Überlaufen. Auch diejenigen, die bis dahin ruhig geblieben waren, schleuderten Bohrer und Spitzhacken auf den Boden.

«Wir sollen Abschaum sein? Du gekaufter Schuft!»

Sie kämpften gegen den Rauch an, drängten sich zusammen und versuchten, sich einen Weg zum Eingang des Tunnels zu bahnen.

«Was zum Teufel geht hier vor?»

Diejenigen, die dem Streit nicht beigewohnt hatten, erschraken. Wenn die Kameraden wie verrückt rannten, hiess es, dass Gefahr im Verzug war. Eine Explosion? Ja, eine Dynamitkiste habe Feuer gefangen, schrie jemand.

«Das Dynamit! Das Dynamit! Wir fliegen alle in die Luft!»

Schrecken verbreitete sich im Tunnel. Dumpfe Geräusche der Werkzeuge, die auf den Boden oder gegen die Wände geschleudert wurden, Gerassel von führungslosen Loren, Schreie von Menschen und durchgegangenen Maultieren.

«Raus, raus, raus, rette sich, wer kann!»

Man lief Gefahr, überrannt, zertrampelt, zerquetscht zu werden. Die Ersten, die den Ausgang erreichten, sahen aus, als seien sie aus dem Höllenschlund gespien worden. Dreckig, verstört, erschöpft wie sie waren, beschlossen sie, sofort zu einem der grossen Chefs, Ernest De Stockalper, zu gehen.

Sie waren sicher, dass sie Erfolg haben würden, sie waren im Recht, sagten sie sich gegenseitig, um sich Mut zu machen.

Der Mann im schwarzen Anzug und mit pechschwarzem Bart hörte ihnen mit scheinbarem Interesse zu.

«Ihr müsst unter verheerenden Bedingungen arbeiten? Niemand zwingt euch dazu. Ihr könnt euch morgen euer Geld an der Kasse holen.»

Dieselben Worte, die sie schon so oft gehört hatten. Entweder sich fügen oder fristlos entlassen werden.

Der kleine Trupp machte kehrt, mehr denn je entschlossen, Widerstand zu leisten. In der Zwischenzeit hatten sich Menschen um die Bergleute versammelt. Sie wollten alles wissen, alles hören. Es hatte sich also nicht um eine Dynamitkiste gehandelt, die Feuer gefangen hatte. Im Tunnel war nichts explodiert ausser der Wut von Menschen, die als Menschen behandelt werden wollten.

«Ihr habt recht. Tausend Mal recht», lautete der Kommentar derjenigen, die um die Bergleute herumstanden.

Während der Tag zur Neige ging und die Berge von der Dunkelheit verschlungen wurden, verbreitete sich die Nachricht im ganzen Dorf. Die Türen der kleinen Läden wurden verrammelt, man durfte sich eine solche Gelegenheit nicht entgehen lassen.

Seit langem schon frassen die kleinen Geschäftsleute ihren Ärger in sich hinein. Jener Teufel von Favre hatte es sich gut ausgedacht, um sie ums Brot zu bringen. Er hatte einen unternehmenseigenen Laden eingerichtet, wo die Bergleute alles kaufen konnten. Sie waren sogar zum Teil gezwungen, das Geld, das sie verdienten, in diesem Laden auszugeben, da in der Lohntüte Gutscheine waren, die selbstverständlich nur dort eingelöst werden konnten. Eine schmutzige Konkurrenz seitens des verdammten Welschen. «Endlich habt ihr gemerkt, dass man euch ausgenommen hat», sagten der Obsthändler, die Kurzwarenhändlerin, der Bäcker und der Metzger mit kaum verhohlener Genugtuung. «Endlich werdet ihr denen da zeigen, dass sie nicht die Einzigen sind, die hier das Sagen haben. Verdammt, sie haben auch uns zugrunde gerichtet. Sie haben uns Göschenen mit ausländischen Arbeitern überschüttet. Das hätte auch ein Vorteil für uns Geschäftsleute sein können. Aber nein, wir tragen den ganzen Schaden einer solchen Invasion, und das Geld fressen die, die oben sind. Aber nun ist die Zeit gekommen, Klartext zu reden! Bravo, gut so, *bravissimo!*»

Sie klatschten Luigi Dissune Beifall. Als er aus dem Tunnel gekommen war, war er bis zum Fluss hinuntergelaufen, um den Schweiss- und Gasgestank loszuwerden. Und nun stand er da inmitten der Menschenmenge, die immer mehr anschwoll.

Wie viele waren es wohl? Einige hundert, Fremde und Einheimische zusammengenommen, die von allen Seiten herbeigeströmt waren.

Luigi Dissune stieg auf eine leere Kiste, sodass er die Menge der Köpfe überragte, die sich ihm besorgt zuwandten. Sie hatten ihn schon immer ein wenig als ihren Führer betrachtet. Eine Vorstellung, die Luigi sehr gefiel, die ihn stolz machte. Wie hatte er sich so oft beklagen können, dass niemand auf ihn hörte?

«Kameraden …»

Schlagartig verstummte das Gemurmel. Sie erwarteten Grosses von Luigi Dissune. Aber was konnte ein armer Bergmann, ein halber Analphabet, denn schon sagen?

«Kameraden, wir verlangen nichts anderes als eine bessere Lüftung im Tunnel und einen Franken mehr pro Tag. Seid ihr einverstanden?»

Rufe, Händeklatschen, einige Pfiffe.

Ja, sie waren einverstanden. Diese einfachen Worte spiegelten die Gedanken aller wider.

«Aber solange wir nicht das bekommen, was wir fordern, wird kein Bergmann die Arbeit wieder aufnehmen. Nun erteilen wir die Befehle!»

Diese Aussicht erregte sie. Auf einmal fühlten sie sich stark. Noch nie waren sie sich im Klaren gewesen, so viele zu sein.

«Alle zum Eingang des Tunnels!»

Wie trunken folgten sie Luigi. Sie wussten nicht, was danach geschehen würde. Sie wussten nur, dass der Augenblick gekommen war. Der Tunnel befand sich in ihrer Hand. Niemand konnte ihn ohne ihre Erlaubnis betreten.

Als in der Dunkelheit der Nacht die Kirchturmglocken zehn Uhr schlugen, erschienen die Arbeiter der Nachtschicht.

Die Kameraden hielten sie auf.

«Geht nicht rein. Bleibt bei uns. Wir schieben Wache.»

**Rudolf Koller (1828–1905), «Gotthardpost», 2. Fassung 1874**
Öl auf Leinwand, 139 × 117 cm

*Auftragsarbeit des Verwaltungsrats der Nordostbahn als Geschenk für ihren Direktionspräsidenten Alfred Escher (siehe Seite 61). Das rasante Überholmanöver des Personenexpress ist als «‹allégorie réelle› der Beschleunigung der Moderne» (Christian Klemm, 2007) zu lesen.*

**Adolphe Braun (1812–1877), «Pfaffensprung-Tunnel», 1870er Jahre**
Eisenbahnbaustelle (Uri), Albumin-Abzug auf Papier, 38,3 × 30,7 cm

*Die Reportage des Fotografen Adolphe Braun hält beeindruckende Bilder von der «Eroberung der Alpen» durch die Eisenbahnindustrie fest. Die Aufnahmen entstanden mit Unterstützung einer Vielzahl von Mitarbeitern und sind die berühmtesten Gotthardfotografien jener Zeit.*

**Braun & Cie., Dornach, «Stahllochbrücke», um 1880**
Südrampe, Albumin-Abzug auf Papier, 54,5 × 44 cm

*Brauns Gotthard-Reportage diente auch als Vorlage für die Stoffmalereien im Gotthardsaal des damaligen Verwaltungsgebäudes der Gotthardbahn-Gesellschaft in Luzern. Geschaffen hatte sie das Inneneinrichtungshaus A. Ballié, Basel.*

**Henry van Muyden (1860–1936), «Louis Favre»**
Zeichnung

*Louis Favre, der Chefingenieur des Gotthardtunnelbaus, «glich mehr einem Künstler, denn einem erfolgreichen Unternehmer. [...] Ein Selfmademan amerikanischen Zuschnitts. Harmoniebedürftig und streitsüchtig, starrköpfig und leichtsinnig» (Alfred A. Häsler, 1982).*

**Vincenzo Vela (1820–1891), «Vittime del Lavoro», 1882/83**
Bronzerelief, 239 × 323 × 48 cm, hier Gipsentwurf, 255 × 332,5 × 66 cm

*Der Tessiner Vincenzo Vela war ein politisch engagierter Künstler, dessen soziales Engagement sich auch in seinen Skulpturen zeigte. Zeugnis davon ist sein Denkmal für die beim Bau des Gotthardtunnels verunglückten «Märtyrer der Arbeit», das er ohne Bezahlung schuf.*

ALLEMAGNE

**Anonym, «Erinnerungsbild an die Eröffnung des Gotthardtunnels», um 1882**

*Louis Favre stellt den Delegationen der drei am Bau der Gotthardbahn beteiligten Staaten – versinnbildlicht durch die Symbolfiguren Germania, Helvetia und Italia – seine Ingenieure vor.*

**«Programm für die Feier der Eröffnung der Gotthard-Bahn vom 22.–25. Mai 1882», 1882**
Festakt im «Schweizerhof» in Luzern, 18,5 × 14 cm

*Mit Abgesandten des deutschen Kaiserreichs und des Königreichs Italien feierten die Vertreter des Bundesrats und der Kantone, der Gotthardbahn sowie der Unternehmung Louis Favre & Cie. die Eröffnung der Strecke. Die Speisekarte verzeichnete «Filet de bœuf à la Gothard».*

Eine lange, schlaflose Nacht, mit der Ungewissheit des morgigen Tages. So muss es im Krieg sein, dachte mancher. Und um die trüben Gedanken zu verscheuchen, stimmte er ein fröhliches Lied an. Ein Emilianer hatte die Ziehharmonika mitgenommen, Musik macht einem immer Mut, komm, Attilio, was schert es uns, wenn wir alle wecken? Komm, lass uns singen, wie in unseren Tälern, die Nacht vergeht schneller, und man spürt die Müdigkeit weniger.

«Wir waren neunundzwanzig,
nun sind wir nur noch sieben,
und die anderen zweiundzwanzig
sind unter den Schüssen zerrieben.»

Wer war der Unglücksrabe, der das sang?

Im matten Schein einer Öllampe, wie sie im Tunnel benutzt werden, sah Luigi Nicola. Er ging auf ihn zu, dankbar, dass auch er gekommen war.

«Sobald ich gehört habe, was los war, habe ich die Ladung stehen lassen. Auch wenn ich nicht mehr unter Tag arbeite, weiss ich, was es heisst, wenn man glaubt zu ersticken. So betrachte ich mich als einen von euch. Vorausgesetzt aber, dass keine Gewalt angewandt wird.»

«Verdammt sei der Gotthard,
verdammt, verdammt ...»

Die Stimme klang wie ein Schluchzen.

«Wer ist denn das, ein Betrunkener?», fragte Luigi verärgert.

Jemand holte Wein in Strohflaschen und Bier hervor, schrie, lachte wiehernd, versuchte, sich mit Hilfe derber Ausdrücke wachzuhalten. Der schlimmste Augenblick der Nacht ist, wenn der Himmel zu verblassen beginnt. Dann überkommen einen die Müdigkeit und die Angst.

«Nein. Ich habe ihn vorher gesehen. Es ist ein Junge. Blond, klein. Er muss neu sein.»

«Sag ihm, er soll den Mund halten. Ich möchte keinen Trübsinn um mich herum.» Auf einmal war die Stimme verstummt. Nicola fand den Jungen, der in sich zusammengekauert wie ein Häufchen Elend schlief. Auch andere hatten sich allmählich von der Müdigkeit überwältigen lassen.

Der Himmel war jetzt von eisiger Blässe, das Bergmassiv erhob sich in gigantische Höhe und schien alles um sich herum zu erdrücken. Die Luft wurde durchsichtig, färbte sich rötlich, die noch weissen Gipfel erstrahlten im Sonnenlicht. Es wurde Tag.

Fernes Glockengeläut einer Schafherde. Die Berghänge besät mit den weissen Flecken der Schafe.

Nach der langen Wache hatten die Männer Mühe, dem neuen Tag entgegenzutreten. Müdigkeit und Hunger dämpften einen Grossteil ihres Enthusiasmus. Und im Tageslicht kam ihnen die Situation noch ungewisser vor.

Merkwürdig, niemand kam, um eine Erklärung zu verlangen, die Forderungen zurückzuweisen, zu drohen. Die Strasse, die zur Direktion des Unternehmens und zum Dorfzentrum führte, war leer.

Dann ein Stimmengemurmel, das Geräusch schwerer Schritte auf dem Schotter. Angestellte, Steinhauer und Mineure rückten in Gruppen vor. Es war sechs Uhr, und die Tagesschicht begann.

«Halt!»

Unterstützt von einigen Kameraden, pflanzte sich Luigi Dissune vor dem Eingang des Tunnels auf.

«Wir bestimmen hier. Hier geht keiner hinein!»

Doch dann besann er sich anders, die Angestellten und die Steinhauer hatten nichts mit ihren Forderungen zu tun. Er liess sie in den Tunnel, versperrte aber den Mineuren den Weg.

«Entweder mit uns oder gegen uns. Wir müssen alle einig sein, wenn wir den Sieg davontragen wollen. Entweder gehen sie auf unsere Vorschläge ein, oder der Tunnel bleibt so, wie er ist.»

Das war die Ausrufung des Streiks.

«Aber was ist mit der Übereinkunft über den Arbeitsfrieden?», wandte jemand ein.

«Bei Ungerechtigkeit kann es keinen Frieden geben. Sie sollen erst mal unsere Menschenrechte anerkennen. Und wir werden ihre Rechte als Unternehmer anerkennen.»

Bis zu diesem Augenblick hatte niemand die Forderungen der Bergleute abgelehnt. Die Direktion hatte von den Vorkommnissen nur vom Hörensagen erfahren. Nur der Ingenieur De Stockalper hatte gleich am Anfang Kontakt mit den Streikenden gehabt. Doch er hatte sie weggeschickt in der Überzeugung, es handle sich, wie bereits öfter geschehen, nur um eine kleine Provokation.

Aber die Dinge nahmen diesmal eine besorgniserregende Wendung. Die Ingenieure zögerten, sich jenem improvisierten Lager vor dem grossen schwarzen Schlund des Bergs zu nähern. Louis Favre hatte sich zwar blicken lassen, aber nur flüchtig und in gebührender Entfernung. Dann war er nach Altdorf zurückgekehrt.

Der Oberingenieur De Stockalper hatte seinerseits den schweren Fehler begangen, die Gruppe nicht ernst genommen zu haben, die am vergangenen Abend bei ihm vorgesprochen hatte, um den Sachverhalt darzulegen. Nun lag es an ihm, die Sache in Ordnung zu bringen. Aber Diplomatie war nicht seine Stärke, und es widerstrebte ihm, zu verhandeln.

So blieb ihm nur eine einzige Lösung, die ihm von der Unsicherheit und der Angst aufgezwungen wurde: Hilfe zu holen. Starke Hilfe von bewaffneten Kräften.

In Göschenen gab es nur einen Landjäger, unterstützt von zehn Milizionären der Bürgerwehr. Eine sehr kleine Anzahl, um Hunderten von Menschen entgegenzutreten, die zu allem bereit waren.

Ingenieur De Stockalper forderte polizeiliche Unterstützung mit fünfzig Bewaffneten und dreissigtausend Franken an. Geld und Freiwillige sollten dem Hauptsitz des Unternehmens in Altdorf zur Verfügung gestellt werden.

Man musste sich auf einen dramatischen Tag gefasst machen. Die Männer, die sich vor dem Tunnel, der ihnen so viel Schweiss und Blut abverlangt hatte, als Streikposten zusammengefunden hatten, wussten noch nichts davon.

Was sollten denn die leeren Heuwagen im Zentrum von Altdorf? Die Pferde dösten träge in der Sonne. Ein schnurrbärtiger Gendarm, der neben ihnen stand, hielt die Leute an. Aber nur die Männer.

«Wollt ihr mit uns kommen? Wir geben euch zehn Franken pro Tag. Das Essen müsst ihr euch aber selbst besorgen.»

Zehn Franken: eine verlockende Summe in einer Zeit, zu der das Fleisch ein paar Rappen pro hundert Gramm kostete und die Löhne sehr niedrig waren.

«Wofür zehn Franken?», fragte vorsichtig der eine oder andere Passant.

«Das werden wir dir später erklären. Das Wichtigste ist, dass du heute, morgen, vielleicht auch übermorgen frei bist. Was bist du von Beruf? Kannst du mit einem Gewehr umgehen?»

Was den Beruf anging, so war es leicht, eine Antwort zu geben: Ich bin Fuhrmann, ich bin Flickschuster, ich bin Tischler. Aber was hatte das mit dem Gewehr zu tun?

«Vielleicht wird man es nicht brauchen. Aber man weiss ja nie.»

Die Bürger von Altdorf schauten sich an. Was war das für eine Geschichte? Klar konnten sie mit Waffen umgehen, fast alle hatten schliesslich Militärdienst geleistet, und jedes Jahr zogen sie die Uniform an, um die Schulungskurse zu wiederholen, um in der Lage zu sein, einen hypothetischen feindlichen Angriff abzuwehren. Aber ringsherum war alles ruhig. Wo verbarg sich der Feind?

«Nicht hier. Oben in Göschenen. Wer da raufkommen will, soll vortreten.«

Nach langem Zögern meldeten sich nur sieben Männer. Sie hatten offenbar die zehn Franken täglich bitter nötig. Warum hätten sie sonst auf ein so undeutliches Angebot eingehen sollen?

Der Flickschuster, die beiden Fuhrleute, der Tischler oder die anderen machten wirklich keinen kriegerischen Eindruck. Nur ein alter Mann, der seinerzeit Landjäger in der Gendarmerie gewesen war, hatte eine entsprechende düstere Miene. In wenigen Minuten machten sie eine Verwandlung durch. Mit einem Uniformmantel, einer Militärmütze auf dem Kopf und mit Gewehren und Munition in der Hand schienen sie auf den ersten Blick echte

Soldaten zu sein. Aber die Uneinheitlichkeit der Kleidung liess sie eher wie Komparsen auf einer Bühne aussehen.

«Los, steigt auf!»

Die Pferde setzten sich langsam in Bewegung; noch nie hatten sie eine so seltsame Last befördert. Die Männer standen aufrecht im wackelnden Fahrzeug, der eine an den anderen gelehnt, um nicht das Gleichgewicht zu verlieren. Es war noch viel zu viel Platz frei, aber bald hätten sich die Heuwagen gefüllt.

«Wollt ihr mit uns kommen?», fragte immer wieder der schnurrbärtige Polizist, wenn er auf der bereits ansteigenden Strasse Gruppen von anscheinend unbeschäftigten Männern begegnete. Entsprechend den erhaltenen Befehlen wurden weitere Freiwillige gesucht.

Aber die misstrauischen Menschen liessen sich nicht aus dem Stand heraus anwerben. Die soliden, ehrlichen Schweizer Bergbewohner wollten sich nicht in ein Abenteuer stürzen, das Meilen gegen den Wind stank. Wofür die Gewehre, gegen wen? Vielleicht gegen arme Teufel wie sie? *Nei, nei, merci.*

«Zum Teufel, wovor habt ihr Angst?», schnaubte Landjägermeister Trösch. «Ich habe den Befehl, fünfzig Männer zusammenzutrommeln. Je mehr wir sind, umso geringer ist die Gefahr, dass etwas passiert. Die Gewehre sollen nur einschüchtern, die Ordnung wiederherstellen. Ihr solltet stolz darauf sein, uns zu helfen.»

Der Stachel des Stolzes zeitigte nur in Wassen gute Erfolge, etwa dreissig Kilometer vom Ausgangspunkt entfernt, also nach über drei Vierteln der Strecke. Der schnurrbärtige Polizist verdoppelte seine Anstrengungen, es gelang ihm, weitere Männer für sich zu gewinnen. Aber die, welche die Reihen der Freiwilligen verstärkten, waren keine Schweizer. Es waren Fremde, teils aus Liechtenstein, teils aus dem nahen österreichischen Vorarlberg ausgewanderte Bauarbeiter.

Abgesehen von der Eigentümlichkeit der Kleidung wies die Gruppe nun auch eine bunte Mischung von Nationalitäten auf. Das hiess: Jetzt stürzten sich Emigranten auf Emigranten.

«Sobald sie uns sehen, werden sie Angst bekommen, und die Sache wird sich von selbst regeln», sagte aufgeblasen Landjägermeister Trösch und zupfte sich dabei den Schnurrbart. Noch nie waren so viele Männer unter seinem Befehl gewesen. Dass es sich um unausgebildete und darum gefährliche Elemente handelte, liess nicht den leisesten Zweifel in ihm aufkommen. Je mehr sie sich Göschenen näherten, desto übermütiger wurden die improvisierten Miliziönare. Mit den Gewehren in der Hand fühlten sie sich den Streikenden tausendmal überlegen, die zwar zahlreicher, aber unbewaffnet waren.

«Vielleicht werden wir nicht einmal gegen sie vorgehen müssen», unterrichtete sie der Landjäger. «Wir werden uns sofort mit den Behörden in Verbindung setzen, und sie werden einen Weg finden, um einen Zusammenstoss zu vermeiden.»

Die Behörden von Göschenen hatten tatsächlich bereits ein Plakat vorbereitet, das an den wichtigsten Stellen angeschlagen werden sollte. Der Text war auf Italienisch abgefasst und liess eine gewisse Taktik erkennen. Er enthielt keine offenen Drohungen, sondern nur die Aufforderung, den Arbeitsfrieden zu wahren und den für die Aufrechterhaltung der Ordnung zuständigen Kräften den nötigen Respekt zu erweisen.

Unter dem Schutz der Stadtverwaltung und der Direktion des Unternehmens hielten Trösch und seine Männer übermütig Einzug in das Städtchen, als hätten sie die Rebellen bereits besiegt und bezwungen. Aber schon bald mussten sie feststellen, dass die Situation alles andere als unter Kontrolle war. Von ferne hörten sie die Stimme des Bürgermeisters, der die Menge aufforderte, sich zu zerstreuen und den Weg frei zu machen, damit man keine Gewaltmassnahmen anwenden müsse. Aber sie hörten auch die Zwischenrufe und Spötteleien Hunderter von Männern, die sich auf dem Dorfplatz zusammengefunden hatten.

«Vorwärts, wir müssen das Postamt erreichen!»

Die Bewaffneten kamen in den verstopften Strassen kaum vorwärts, Schreie und Pfiffe betäubten sie.

Die Streikenden hatten den Blick vom Balkon des Postamts abgewandt, wo Bürgermeister Arnold sich die Lunge aus dem Leib schrie, und richteten ihn auf Trösch und seinen Trupp.

Schreie und Steine, die nach ihnen geworfen wurden, zwangen die bewaffnete Gruppe zum Rückzug.

«Wir haben gesiegt, wir haben gesiegt! Schaut doch, wie sie davonrennen, wie die Hasen!», riefen triumphierend Luigi Dissune und seine Kameraden. Aus lauter Freude umarmten sie sich, sprangen herum, lachten. «Jetzt haben wir das Sagen!»

«Vorsicht«, mahnte Nicola, der am ruhigsten geblieben war. «Vorsicht, man weiss nicht, was passieren kann.»

In der Nähe der Reussbrücke hatte sich inzwischen eine andere Gruppe bewaffneter Männer versammelt, die in aller Eile vom Bürgermeister selbst zusammengestellt worden war.

Es waren Männer aus dem Umland, aus Altdorf, Baden, Basel, aus dem Thurgau, aus verschiedenen Gegenden der Innerschweiz.

Ein Briefträger, ein Tischler, ein Maler, ein Flickschuster, ein Stallbursche und drei Bauern hatten wie die anderen eine militärähnliche Ausstattung und ein Gewehr bekommen. In diesem Aufzug bahnten sie sich einen Weg durch die Menge, drangen zu den Streikenden vor, traten ihnen entgegen.

«Wer sind denn die, sind sie aus dem Irrenhaus entlaufen? He, schau, der eine sieht wie Harlekin aus!», gab einer der Bergleute spöttisch zum Besten.

«Und der da ist Brighella, und der andere da Doktor Balanzone!», lachte der Jüngere, der Blonde, der während der Nachtwache so wehmütige Lieder gesungen hatte. Nun schien er nicht mehr derselbe zu sein, seine Augen funkelten, sein Gesicht war hochrot.

Als Erster hob er einen Stein hoch und schleuderte ihn. Die anderen machten es ihm nach.

Die Bewaffneten, die vom Steinhagel überrascht wurden, waren zunächst wie gelähmt. Dann, auf einen barschen Befehl hin, zogen sie die Bajonette heraus. Die Klingen blitzten in der sommerlichen Nachmittagssonne.

Luigi Dissune wich zurück.

«Aufhören! Schluss mit dem Steinewerfen. Ziehen wir uns Richtung Hügel zurück!»

«Du wirst dich doch wohl nicht vor den paar Hanswursten fürchten?», schleuderte ihm ein alter Mann mit herausfordernder Miene entgegen und setzte den Steinhagel mit grösserem Eifer fort.

«Weg, weg, weg, zurück!»

Fast alle gehorchten Dissune. Aber der Blondschopf, der Alte und einige andere wollten sich nicht ergeben.

Da hörte man den ersten Gewehrschuss. In die Luft, nur zur Einschüchterung. Dann wieder ein Schuss, und noch einer. Tiefer diesmal. Wer hatte den Befehl zum Schiessen erteilt? Niemand. Aber die Operettentruppe erwies sich als das, was sie war, ein Haufen unvorbereiteter, verängstigter Männer, die mit einer Waffe nicht umzugehen wussten, ausser zum Töten.

Drei, vier Bergleute, die getroffen worden waren, fielen hin. Die anderen räumten das Feld, rannten wie von Sinnen davon, liefen über die Brücke und versteckten sich hinter dem Hügel.

Nicola gab seinem ersten Impuls zu fliehen nicht nach und kehrte zurück. Neben dem Blondschopf kniend, versuchte er, das Blut zu stillen, das diesem von der Stirn rann. Aber es floss in Strömen, und das Gesicht des Jungen war wachsbleich geworden. Er lag in sich zusammengekauert da wie ein Häufchen Elend, in der gleichen Lage, wie er eingeschlafen war, als der Morgen graute.

Nicola wusste nicht einmal, wer er war, wie er hiess. Er drehte sich um, als wolle er jemanden danach fragen, und rundherum sah er andere Häufchen liegen, mit Erde und Blut verschmiert.

«Du kommst mit uns.»

Sie hoben ihn mit Mühe auf, und erst in diesem Augenblick bemerkte Nicola, dass der Blondschopf tot war, dass auch die anderen nie wieder aufstehen würden.

Er liess sich fortziehen, ohne Widerstand zu leisten, bis ins Innerste aufgewühlt von Schmerz und Wut.

## Guido Calgari

*«Ich glaubte, gegen den Berg anzukämpfen ... aber die Menschen sind viel schlimmer!»*

«Sankt Gotthard – nationale Synthese» betitelte Guido Calgari (1905–1969) sein 1937 erschienenes Schauspiel. Darin erweckte der Tessiner Gelehrte und Schriftsteller wichtige Ereignisse rund um den berühmten Pass aus verschiedenen Epochen zu neuem Leben. In einer Zeit der zunehmenden Bedrohung durch den Faschismus sah er das Gotthardmassiv als Symbol nationaler Einheit und Stärke und veranschaulichte dies besonders deutlich in der Szenenfolge «Das Opfer». Guido Calgari erklärt Louis Favre zum Helden, der allen Widrigkeiten und Feinden trotzt und sein Leben zum Wohle der Menschheit opfert.

### Dritte Etappe des Opfergangs

*Favre mit seinen Vertrauensmännern, Ingenieur Stockalper und Ingenieur Bossi; dann inmitten der Arbeiter im Jahre 1878.*

FAVRE: Und nun ist es wieder der Streik! Das hat mir noch gefehlt, um mich fertigzumachen ... Irgendwelche Zwischenfälle, Stockalper?

STOCKALPER: Ein paar Raufereien. Der Kanton Uri mobilisiert dreissig Soldaten. Der Bürgermeister hat mir gesagt, dass er die Anführer festnehmen lassen will.

FAVRE: Es ist nicht nötig. Ich werde mit meinen Männern reden. Auch ich bin ein Arbeiter! Und auf der anderen Seite, Bossi?

BOSSI: In Airolo sind sie noch ruhig. Dort sind zweitausend Arbeiter und ein einziger Polizist. Bis jetzt haben wir ihn nicht bemühen müssen.

FAVRE: *(gerührt)* Menschen aus Italien! Fantastisch! Man muss auch auf dieser Seite unbedingt die Arbeit wieder aufnehmen. Meine ganze Arbeit, meine ungeheuer grosse Arbeit darf nicht in Verzug geraten. Die Ingenieure haben mir schon genug Verzögerungen auferlegt. Wie weit sind wir nun, Stockalper?

STOCKALPER: Nordhang: 5800.

BOSSI: Südhang: 5200.

FAVRE: Richtung?

BOSSI: Die Richtungsbeobachter geben ständig die Gerade an …

FAVRE: Die elektrischen Signale der Linie?

BOSSI: Funktionieren immer gut.

FAVRE: Das Vorankommen?

STOCKALPER: 6,31 am Tag, vor dem Streik.

BOSSI: 21 Kilogramm Dynamit pro Meter.

FAVRE: Hier geht alles schneller und wirtschaftlicher voran als am Mont Cenis. *(Pause)* Und was gibt die Tremola-Schlucht her?

BOSSI: Die Wasserzufuhr ist auf 100 Liter gesunken. Ein Viertel des Bedarfs.

FAVRE: *(bitter)* Die Gesellschaft hatte 800 Liter garantiert. Es ist alles so … *(besorgt)* Und die neue Wasserableitung aus dem Tessin?

BOSSI: Die funktioniert ausgezeichnet. Es ist eine gigantische Arbeit, Herr Direktor, wenn ich es so sagen darf. Wehe, wenn Sie sie nicht gewagt hätten!

FAVRE: Und das Infiltrationswasser?

BOSSI: Immer noch schrecklich, aber man hält durch. Besser noch, man kommt vorwärts.

FAVRE: Kranke?

BOSSI: *(traurig)* Viele. 60 Prozent! Blutarmut! Erzeugt vom Wurm des Zwölffingerdarms!

FAVRE: Schrecklich! *(in einem Ausbruch der Entrüstung)* Wenn man bedenkt, dass Hellwag sich auf der Pariser Weltausstellung mit unseren Zeichnungen gebrüstet hat! Aber diese Arbeiter, die ihr Leben lassen, hat er nicht ausgestellt! Das Wasser, das uns jedes Baugerüst fortreisst, hat er nicht gezeichnet! Die Turbinen, die wegen ihrer Berechnungsfehler stehen bleiben, hat er nicht erwähnt! Dort, eingelullt von den Damen und dem Geschwätz von Paris, hat er kein einziges Wort über die Menschen verloren, die vom Dynamit umgebracht werden. *(entschlossen)* Ich möchte mit den Arbeitern sprechen, wo sind sie?

STOCKALPER: Hier unten, auf dem Rathausplatz!

*(Pause. Favre, der ehemalige Genfer Arbeiter, der aufgrund seiner Arbeit und seiner Energie den Aufstieg zum verantwortlichen Chef und Unternehmer geschafft hat, steigt von der Baracke, die ihm als Büro dient, hinunter auf den Platz, wo sich die Arbeiter, bestürzt und misstrauisch, versammelt haben.)*

ARBEITER: *(Feindseliges Murmeln, einige rufen aus: Hören wir ihn uns an! Ruhe! Lasst ihn reden.)*

FAVRE: ... Hand aufs Herz, Arbeiter, ich gestehe. Mein ganzes Geld ist dahin. Und dennoch halte ich durch, und ihr werdet bis auf den letzten Rappen bezahlt werden. Besser noch, ich teile euch mit, dass Italien bereits die dreizehn Millionen des neuen Zuschusses überwiesen hat. *(Zwischenrufe)* Die alte Gesellschaft wird also dank der neuen Finanzierung überleben. Der Chefingenieur wird ausgetauscht werden. *(Zustimmung)* Nun haltet euch die Situation vor Augen. Als ich dieses Unternehmen übernommen habe, glaubte ich, nur gegen den Berg ankämpfen zu müssen: Ich habe die Arbeit organisiert, und ihr könnt bezeugen, dass sie diszipliniert voranschritt: von der mechanischen Bohrung mit ihrer Wasserspeisung, den siebzehn Turbinen, den Kompressoren, den Bohrmaschinen, den Ateliers bis hin zur Luftzufuhr und zu den Absaugvorrichtungen; vom Sprengstoff bis hin zum Transport und zur Zivil- und medizinischen Verwaltung.
Kann sich jemand von euch über eine Ungerechtigkeit beklagen? *(Schweigen)* Niemand? ... Ich glaubte, gegen den Berg anzukämpfen ... aber die Menschen sind viel schlimmer! *(Einige sagen gerührt: Es stimmt! Bravo!)* Seht dort die sechsundachtzig Bohrmaschinen des Mont Cenis: Ich habe sie kaufen müssen ... und nun rosten sie vor sich hin. Unsere zweihundertachtzig Bohrmaschinen sind von einem andern Typ. Glaubt ihr, dass das ein Geschäft für mich war? *(Lachen)* Für

die Zahlung aller Grundvorrichtungen habe ich zweieinhalb Millionen in den Wind geschrieben! Das sind ungeheure Summen für euch, die ihr fünf Franken am Tag verdient; aber sie zeigen euch, wie gross und ernsthaft die Schwierigkeiten sind, die mir die Menschen in den Weg gelegt haben. Ihr seid Zeugen der Auseinandersetzungen, die ich mit den Ingenieuren der Gesellschaft gehabt habe: Sie haben mir nie verziehen, dass ich kein Akademiker bin und dass ich nicht auf dem Polytechnikum studiert habe. Warum wollt auch ihr mir Schwierigkeiten machen? Auch ich war einmal ein Arbeiter wie ihr, auch ich habe mit meinem Bündel auf dem Rücken auswandern müssen wie ihr.

EINE STIMME: Wir wollen nicht mehr mit dem Dynamit arbeiten.

EINE ANDERE STIMME: Wir haben Angst.

FAVRE: *(gerührt)* Ich weiss. Auch ich denke mit unsagbarem Schmerz an unsere Kameraden, die auf der Arbeit gestorben sind. *(Pause)* Nun, morgen werde ich selbst die Minen anzünden. *(Zwischenrufe)* Ihr werdet sehen, wenn man vorsichtig ist, wird es keine weiteren Opfer geben. *(Pause)* Arbeiter, wollen wir ein Werk nicht zu Ende führen, das der ganze Stolz aller sein wird, aber vor allem von euch, in das ihr euren Schweiss und euer Blut investiert habt? Wollen wir auf den Erfolg, auf den Sieg verzichten? Sagt es mir!

ARBEITER: Nein! Nein!

FAVRE: Wollt ihr, dass wir wieder zur Postkutsche zurückkehren, während alle anderen Staaten Eisenbahnen bauen? Zu der alten Gotthard-Postkutsche? Und werden wir uns für besiegt erklären? Werden wir, angesichts aller auf uns gerichteten Blicke, uns mit der Niederlage abfinden? Ich nicht, Arbeiter; ich werde nicht nachgeben, solange ich lebe!

## Paul Bühler

### *«Die ganze Bergeslast würd' ich dann tragen»*

Mitten im Krieg erschien 1942 das Drama «Der Gotthardtunnel – Die Tragödie Louis Favres». Der Schriftsteller Paul Bühler (1903–1966) stellt darin den aufrechten Favre der raffgierigen Gotthardbahngesellschaft sowie wankelmütigen Politikern gegenüber. Louis Favre trägt die ungeheure Last für den Erfolg des Tunnelbaus. Doch die Tücke seiner Gegner bedrückt ihn noch mehr. Paul Bühlers Verssprache mit ihrem Pathos und Sprichwortcharakter verstärkt den Eindruck, in Louis Favre einen neuen Wilhelm Tell vor sich zu haben.

***Personen des 6. Bildes***
Louis Favre
sein Oberingenieur
Verhandlungsleiter und zwei Herren der Gotthardbahngesellschaft
ein Senn
dessen Sohn Franz

***Ort der Szene***
Der Eingang des im Bau befindlichen Gotthardtunnels

Oberingenieur
Die werten Herren der Gotthardbahngesellschaft
sind eben eingetroffen – und sie wünschen
von Ihnen eine Führung.

Favre
Wie? – Dass ich
die Kreatur nun auch noch führen soll!
Jaja, sie lassen mich nicht wieder los.
Sie wollen seh'n, dass ich den Pakt erfülle.

Wie kann man diese Peiniger besiegen
und sie von unsrem schönen Werke trennen? –
Nun, lassen Sie sie kommen, wenn es sein muss
die fremden grünen, grauen Herrn …

Oberingenieur *(ab).*

Favre *(allein)*
Gefesselt! Der Louis Favre ist gefesselt!
Nicht von der Arbeit, nicht vom Bann der Technik
erdrückt und atemlos. In seiner Freiheit
ist er erstickt. Oh, könnte ich doch sagen:
Es muss nur sein, um den Zusammenbruch
des Werks, wie man mir sagte, zu verhüten.
Die ganze Bergeslast würd' ich dann tragen;
und bei den Mängeln, die entstehn, da träten
vielleicht dann in die Lücken gute Geister.
So aber ist der Zwang, dem ich gehorche,
wie eine Zange in der Hand von Schurken,
die foltern mich, indes im Innern lauter
die Stimme schreit: ich bin doch frei!

Oberingenieur *(wieder hinzutretend)*
Sie keuchen.

Favre
Das sind die Sitzungen von Bern. Das hält
das Herz nicht aus. Ich gäbe viel darum,
dürft' ich jetzt in die Sonnenberge steigen.
Ich brauch' das Licht als Hilfe. O wie gern
spräch' ich mit meinem Sennen, der dort flieht.

Oberingenieur
Er kam sehr oft herab und schaute nach.

Favre
Er prophezeite, dass die Gotthardberge
den falschen Geist des Geldes nicht ertragen.
Jaja, das halten sie auch niemals aus.
Er hatte recht. Und dennoch irrte er.
Der Weg hier durch die Lande musste kommen.
Die Schweiz kann sich dem Weltverkehr nicht sperren.
Wenn mit der Wirtschaft und der Ländernähe
die Menschlichkeit und die Kultur des Geistes
auch wachsen würden, wäre alles gut.
Doch scheint zunächst die Bosheit anzuschwellen.
Wie kriegen wir die fremden Geister los?
Die Arbeit könnte wieder Freude sein.
Wir fühlten uns im Dienst für andre würdig.
An uns liegt's nicht. Wir machten unsre Sache
doch gut, nicht wahr! Ich sehe schon voraus,
die Stollen treffen sich zur Zeit und haargenau.

Oberingenieur
Sie haben heut' so schreckliche Bedenken.

Favre
Es müsst' am Gotthardtor ein Wächter stehen,
der warnt: Schaut nicht nach vorwärts bloss!
Schaut zu den Firnen, schauet in die Herzen!
Übt Menschlichkeit und ehret rings den Geist,
und gebt auch sterbend nie die Freiheit auf!
Das *müsste* diesen Ungeist doch besiegen?

[...]

*(Die drei Herren der Gotthardbahngesellschaft nähern sich.)*

Favre *(eilt, ohne sie zu begrüssen, die Lampe in der Hand, mit grossen Schritten in den Tunnel)*

Favre *(am Eingang aufhorchend)*
Die Berge schrei'n.

Verhandlungsleiter *(den andern erklärend)*
Er meint den Sturz der Reuss.

Favre
Die Berge, sag ich, schrei'n!
Es schreit das Licht der Matten,
der Wahrheit und des Rechts.
Sie klagen an.
Ich halt' zu euch,
durchbrech' die Nacht am Gotthard,
die ich auf mich genommen frei.
Warum denn stiegen wir in sie hinein?
Um uns im Dunkel zu bewähren
und Hunger nach dem Lichte zu erlernen.
Die Freiheit ist das letzte, was wir haben
vom Gotteslichte in der Erdennacht.
Sie ist das erste auch, dem Götter wieder nahen.
*(Er fällt.)*

Franz *(eilt auf den Fallenden zu und legt ihn mit Agnes' und ihres Vaters Hilfe zur Erde.)*

*(Die drei Herren, der Senn und Arbeiter eilen herbei.)*

Favre
Es wird so licht! Du lang entbehrtes Licht!
Lehr' sie im Guten, was die Freiheit ist!

*(Man sieht im Rücken der Favre umstehenden Gruppe den Erzengel* Michael *aus dem Gewölbe herabsteigen und im Innern des Tunnels verschwinden. Nur Favre bemerkt ihn.)*

Favre
Der Durchschlag ist gelungen.
Die Hilfe ist gekommen.
Das kannst du deinem Vater sagen, Franz.
*(Er stirbt.)*

Verhandlungsleiter *(ruft nach rechts)*
Cognac!

Der Senn
In solcher Kraft sah ich noch keinen sterben.

Franz *(seinem Vater die Hand reichend)*
Die Kraft hat er sich hier im Werk errungen.

Der Senn
Das hätt' ich nie geglaubt, dass er dem Licht
bis hier hinab die Brücke schlagen kann.

## Jacques-Edouard Chable

*«Und auf all das, was mit uns geschieht, habt Ihr keine Antwort»*

«Saint-Gothard» heisst der Roman des Waadtländers Jacques-Edouard Chable (1903–1965), der 1940 auf Französisch erschien. Das Buch erzählt die fatale Geschichte eines jungen Mannes, dem der Gotthard zum Verhängnis wird (dazu mehr im V. Kapitel). Geschickt flicht der Autor in die Handlung Momentaufnahmen zum radikalen Umbruch ein, den der Bau der Gotthardbahn für die einheimische Bevölkerung mit sich brachte. So konfrontiert er in einer Szene einen unbedarften Geologen mit den Existenzängsten der örtlichen Fuhrleute.

Der Geologe Peter Abegg aus Zürich, so in den dreissiger Jahren, war gross und schmal, von feinem Äussern und gut angezogen. Weil er schlank und blauäugig war und Pfeife rauchte, hielt man ihn oft für einen Engländer. Heiter von Natur, einem guten Wein und hübschen Frauen zugetan, schuf er sofort um sich herum Sympathie und Herzlichkeit.

Er setzte sich und erregte die Aufmerksamkeit der Fuhrleute. Sie gaben sich über ihn einen Wink und steckten ihre Köpfe näher zusammen, um ihr Gespräch weiterzuführen, nicht ohne gelegentlich einen feindlichen Blick auf den Neuangekommenen zu werfen. […]

«Ich sehe», sagte Peter Abegg lachend, «dass Ihnen meine Gegenwart kaum behagt. Die Leute hier sind mir also immer noch böse. In Altdorf hat man den alten Hader schon lange vergessen. Es ist wahr, sie haften dort weniger am Alten …»

«In Altdorf machen sie sich über die vom Urserental lustig», erwiderte der Postillon, der dem Gespräch gefolgt war.

Abegg wandte sich langsam nach dem Sprecher um und sah ihn streng an:

«Ich hab Euch nicht um Eure Meinung gefragt», und trocken

fügte er hinzu, «ich denke, in Altdorf hat man wohl so viel Verstand wie in Andermatt, und ich werde wohl das Recht haben, zu reden.»

«Man braucht Euch hier nicht», erwiderte ein anderer Fuhrhalter, der schon recht angeheitert war. «Bleibt in Eurem Kanton. Ihr kommt ja doch nur, um das arme Volk auszusaugen wie früher die Vögte.»

«So ist's», bekräftigte ein Dritter mit einem Faustschlag auf den Tisch.

«Nun, Sie Geologe», sagte Michael Danioth herausfordernd, gegen Abegg gekehrt, «sprechen Sie sich ein bisschen aus, sollen wir etwa auswandern? Sollen unsere Familien das Tal verlassen und nach Amerika ziehen? Drei Familien sind schon ausgewandert, die von Peter Christen und die von Felizia Müller und von Karl Simmen. Auch Eduard Bernet, der ‹Welsche›, soll nach Südamerika ausreisen, und Franz Maria Johann Regli, der ‹Fuchs›, wird ihm folgen. Und wir alle sollten fort wegen Eurem Tunnel? Wiese und Haus, Stall und Pferde, Schweine und Geissen verkaufen?» Er schwieg eine Weile, dann legte er beide Hände auf den Tisch und schaute dem Geologen in die Augen. «Nein, Herr Geologe, das können wir nicht. Dieser Pass gehört uns. Den haben nun alle unsere Vorfahren befahren. In all diesen Häusern leben wackere Leute, wie ihre Väter seit Jahrhunderten zwischen Mätteli und Schöllenen gelebt haben. Das begreift Ihr nicht, weil Ihr kein Hiesiger und nicht hier geboren seid und Euch nicht abgerackert habt in diesem schmalen Urserental.»

Peter Abegg senkte den Blick in sein Glas, um seine Erregung zu beherrschen, sah von Zeit zu Zeit auf und beobachtete die bekümmerten Züge Michael Danioths.

«Ich verstehe Euch schon, aber was wollt Ihr? Der Tunnel kommt. Da könnt Ihr nichts dagegen, so wenig wie ich.»

«Und was erwartet uns», sagte Danioth, «wenn man uns diesen Pass verödet und den Verkehr unter dem Berg durchleitet? Das Elend!»

«Oder die Revolte», fuhr Dominik Regli auf, genannt «Riedli», der Postillon.

Er war ein kleiner, dicker Kerl. Seine schwarzen Haare fielen in Strähnen über die Stirn.

«Oder die Revolte», sagte er noch einmal mit kurzem Schnauf, von Wut übernommen, die Faust geballt.

«Seid doch ruhig», erwiderte der Geologe, «ich bin nicht schuld daran. Ich erfülle meine Pflicht, sonst nichts.»

«Niemand will die Verantwortung tragen», sagte Danioth, «und das ist das Traurigste. Alle sagen dasselbe: Ich kann nichts dafür.»

«Aber Ihr sollt doch wissen, wie man hier denkt», sagte Alois Zgraggen, bedächtig und jedes Wort wägend. «Seht, da ist Joseph Anton Meyer und seine Söhne, er hat hundert Pferde, er beschäftigt dreissig Postillone. Er hat zwei Hufschmiede, zwei Sattler, fünf Dienstleute, ohne vom Hotelgesinde zu reden. Und Josef Christen und Peter Regli und Josef Camenzind, was sollen die machen, die den Güterverkehr haben? Und die von Hospental? Damian Furrer, Josef Camenzind von der Mühle? Im Hotel Meyerhof gibt es allein dreissig Pferde für den Reiseverkehr. Und was soll Johann Wolleb machen, der die Strasse unterhält, und Franz Josef Nager, der mit seiner Mannschaft im Winter den Pass wegbar macht? Und was sollen Russi, der Lederhändler, und die Nager, Christen und Furrer machen, die den Wein-, den Korn- und den Viehhandel haben? Und die Postillone? Und auf all das, was mit uns geschieht, habt Ihr keine Antwort. Ihr könnt nur zu Euch selbst sagen, der Tunnel kommt, koste er, was er wolle, und wenn hier Mensch und Vieh zugrunde gehen.»

«Regt Euch doch nicht so auf», beschwichtigte die Tochter des Hoteliers. «Herr Abegg, wollen Sie nicht in den Speisesaal kommen, ich fürchte …»

«So, das wäre mir», fuhr nun dieser auf. «So also wäre es mit der freien Schweiz. Man kommt in einen anderen Kanton und wird als Fremder behandelt. Wir sind doch Eidgenossen mit gleichem Recht, und da bleibe ich nun, und wenn es diesen Herren Miteidgenossen ein Ärger ist. Und es wird wohl noch eine Polizei in Andermatt geben, die anständige Leute beschützt.»

## Martin Stadler

### *«Die goldene Lebensader des Landes ging an fremde Financiers über»*

Über die grossartigen neuen Perspektiven für den Personen- und Güterverkehr durch die Gotthardbahn wurde bei ihrer Eröffnung viel gesprochen und geschrieben. Über die Folgen hingegen machte sich kaum jemand Gedanken. Der Urner Schriftsteller Martin Stadler (* 1944) zeichnet in seinem Buch «Die neuen Postillione» von 1979 ein Bild dieser Auswirkungen für seinen Kanton: Verlust traditionsreicher Arbeitsplätze, wirtschaftlicher Eigenständigkeit und damit eines entscheidenden Teils der Selbstbestimmung.

Kaum war das Festgetöse verklungen, erlebte der einstige «Freystaat Ury» den endgültigen Zusammenbruch der alten Verhältnisse.

Eine Zeit erfüllte sich!

Bisher hatten die Schiffer, Kutscher, Säumer, Postillione, Handwerker, Gewerbler, Wirte eine ziemlich selbständige Tätigkeit ausgeübt, obwohl das Leben hart gewesen war und nicht in erster Linie den eigenen Geldbeutel dick gemacht hatte. Diese Zeiten waren jetzt vorbei: Der Gotthard verwaiste, die goldene Lebensader des Landes ging an fremde Financiers über: Der Pass stieg den Urnern über den Kopf. Die Pferdekutschen spielten fortan nur noch im Ortsverkehr eine Rolle, zwischen Göschenen und dem Urserntal, und auf den unbedeutenden Nebenpässen des Landes. Und meistens beförderten sie Leute, denen die Fahrt mit der knarrenden Kutsche bloss Erholung bedeutete. Die alten Postillione wurden zu servilen Geistern fremder Gäste, und ihre Kutschen belegten sich bald mit dem Staub der Museen.

Wenige Tage nach der Eröffnung der Gotthardbahn bekränzte Alois Zgraggen in Flüelen die letzte Nachtpost. Er bestieg den Bock, lenkte das Fuhrwerk nach Altdorf. Es war an einem Dienstag, neun Uhr abends. Die Leute veranstalteten ein bengalisches

Feuer. Es beleuchtete das Sterben der alten Zeit unwirklich. Am folgenden Tag kam die allerletzte Postkutsche angefahren. Die Urner schauten ihr mit traurigen Augen nach. Sie winkten mit den Händen. Und während sie so gedankenverloren der alten Zeit nachblickten, ertönte plötzlich Pferdegetrampel, Schellengeklirr und Räderkreischen: Eine geschmückte Postkutsche hielt vor dem Altdorfer Postbüro an. Ihre Fahrt diente nicht mehr postalischen, aber musealen Zwecken. Hoch auf dem Bock sass der Flüeler Pferdeposthalter Müller und kutschierte ein allerletztes Mal durch die Strassen der Residenz.

Die letzten Passagiere waren Flüeler Schiffer. Sie kündeten, dass die Stahlrosse auch auf dem See eine Wende gebracht hatten. Trotzdem klatschten die Leute, wie sie fortan alte Zeiten meistens beklatschen sollten und sei es nur, um zahlungskräftigen Touristen eine von den Beschwerlichkeiten der alten Zeit gesäuberte Augenweide zu bieten. Nochmals quietschten die Räder in Altdorfs Strassen, und die Leute feuerwerkten: Es war wie bei einem Begräbnis, wo die Menschen feiern, um das Endgültige zu vergessen.

Jahre später vertrieb das Automobil die Kutschen auch aus der Schöllenen und von den Nebenpässen des Landes. Die beliebten Fuhrwerke wurden in Museen gestellt. Sie spielten nur noch in Heimatbildern eine Rolle, wenn man vom ländlichen Dorftheater absieht, das den Zuschauern nicht das wirkliche Kutscherleben, wohl aber die Tränen vor Augen führt …

Mit den pustenden Dampfloks, die nun täglich das Land durchbrausten, änderten sich auch die Leute. Einst hatten die Hirten des Reusstales den Verkehr auf der kürzesten Strecke zwischen Basel und Mailand mitgestaltet und dadurch eine gewisse Selbständigkeit und Unabhängigkeit erlangt. Jetzt zogen stählerne Rosse durchs Tal, deren Lenker in Bern, Basel, Zürich, Mailand, Rom, Berlin wohnten, nur nicht mehr am Gotthard selbst. Der Pass hatte seine Bedeutung seit je aus der günstigen geografischen Lage zwischen den Ballungsräumen des Nordens und Südens hergeleitet. Nun glitt er den Anwohnern, die ihm ihre geschichtliche Stellung verdankten, aus den Händen. Er wuchs ihnen über den Kopf.

Die neuen Wirtschaftsführer, die ihren Einfluss auf die Technik, das Kapital und weiträumige Märkte stützten, rissen den alten Fuhrunternehmern des Gotthards das Heft aus den Händen. Sie wiesen ihnen einen Platz am Rande der Schienen zu, am Rande der neuen Zeit.

Für die kleinen Urner begann eine harte Zeit.

Ihre Lage hatte sich schon immer vom Leben der führenden Familien unterschieden, deren Stimmen an den Landsgemeinden noch immer am lautesten erschallten. Es setzte eine Auswanderung ein, die erst Jahrzehnte später gestoppt werden konnte. Neben den fremden Arbeitern, die in den letzten zehn Jahren ihre Familien verlassen und den Bauherrn des neuen Gotthardweges als billige Arbeitskräfte gedient hatten, packten auch zahlreiche Urner ihre Bündel. Sie zogen freilich nicht mehr, wie ihre Ahnen, auf fremde Schlachtfelder, um ausländischen Königen Macht und einheimischen Patriziern Geld zu verschaffen, sondern schifften sich nach Amerika ein.

Noch heute erzählen viele Urner von ihren Verwandten in Amerika.

Besonders hart betroffen wurde das Urserntal, das sein wirtschaftliches Fundament verlor, weil der Verkehr durch den neuen Tunnel geleitet wurde. Die Zahl der Hospentaler sank um die Hälfte. Und Zumdorf musste gar als selbständige Siedlung aufgegeben werden. Schlecht erging es auch dem Hafenort Flüelen, dessen alte Wirtschaft gänzlich zusammenkrachte. Dafür erlebte Erstfeld, bisher ein unbedeutendes Bauerndorf, einen gewaltigen Aufschwung, weil die Werkstätte der Bahn neue Arbeit brachte. Wohnhäuser schossen aus dem Boden. Innert zehn Jahren besass das Dorf doppelt so viele Einwohner als früher. Aber die alten Pferdewechselstellen des Landes verlotterten. Mancher Handwerker gab auf, und viele Gastwirte starrten mit düsterem Blick in das grosse Loch in ihrer Kasse.

Kein Zweifel, die neuen Postillione krempelten die Wirtschaft des Landes um, teilten den Bewohnern neue Rollen zu, drückten dem Uristier einen stählernen Stempel aufs brummige Haupt, wiesen ihm einen Randplatz zu in der neuen Zeit. Diese brachte, wie der Schriftsteller Eduard Renner im Jahre 1941 betonte, «keine politischen Fragen vom früheren Ausmasse mehr in den Landsgemeindering, desto mehr kleines Gezänke».

Und so blieb es bis auf den heutigen Tag.

## Ernst Zahn

*«Wie vom Gifthauch eines feuerspeienden Ungeheuers entzündet»*

Was gibt es Schöneres, begeistern sich viele heutige Bahnfreunde, als eine Reise in einem Dampfzug über die imposante Gotthardstrecke. Als die Dampfrösser allerdings noch zum Alltagsbild gehörten, empfanden viele Rauch und Russ auf dem so tunnelreichen Gleisstrang als arge Belästigung. Ernst Zahn (mehr zu seiner Person im I. Kapitel) führte 1922 noch schwerwiegendere Gründe gegen die Dampflokomotiven auf. Entsprechend begrüsste er die Einführung des elektrischen Betriebs, und auch das breite Publikum schätzte diesen Fortschritt sehr.

### Die elektrische Gotthardbahn

Ich sass noch lange oben in meinem Göschenen, dem Neste, das wie ein verwunschener Ort schlafen und von der Welt nichts wissen würde, wenn nicht immer wieder die Ströme des Lebens durch seine Felstüren brechen und es aus seinen Träumen schrecken würden, ich sass noch viele Jahre in meinem Dorf am Gotthardtunnel, als man davon zu sprechen begann, dass der Dampfbetrieb der Weltbahn, an der es lag, in einen elektrischen umgewandelt werden würde. Täglich hörte ich die Klagen der Reisenden über den Zwang, die Fenster im Zug geschlossen halten oder angesichts der zahlreichen Tunnel immer wieder schliessen zu müssen, den Jammer über den Rauch, der die Augen schmerzte und aus dem saubersten, hübschesten Reisedämchen manchmal einen Kaminfeger machte. Ich sah von den Wärtern, die der harte Dienst in das grosse Loch, den 14 984 m langen Gotthardtunnel führte, gar manchen an der sogenannten Tunnelkrankheit, einer rasch verlaufenden Schwindsucht sterben. Die Mauerbauten längs der Bahnlinie schwärzten sich, und manches Bauernhaus, manche Scheune, die in den Matten standen, ging, vom Funkenwurf der schweren und schwerarbeitenden Maschine wie vom Gifthauch eines feuerspeienden Ungeheuers entzündet, in stiller Winternacht oder beim hellen Jauchzen des Föhnwinds in Flammen auf.

Und nun ist Wort Wirklichkeit geworden, Rauch, Feuersgefahr und Stickluft sind auf der Gotthardbahn verschwunden. Zwischen Erstfeld und Bellinzona verkehren die elektrischen Lokomotiven, und es wird nicht lange mehr dauern, dann werden mit einem Kostenaufwand von 185 Millionen Franken das ganze gewaltige Werk der Elektrifizierung des Bundesbahnteils zwischen Luzern und Chiasso vollendet und die Teilstrecken Zug–Luzern und Goldau–Zürich ihm angeschlossen sein.

Zwei Werke speisen die gewaltige Anlage, deren System der Einphasen-Wechselstrom mit einer Spannung von 15 000 Volt und 16 ⅔ Perioden ist. Am Pfaffensprung, jener sagenhaften Verengung der Reussfelsen, oberhalb Gurtnellen, wo einst ein mit seiner Geliebten flüchtender Priester sich vor dem Zorn seiner in ihm getäuschten und ihn verfolgenden Gemeindekinder durch einen mächtigen Sprung gerettet haben soll, haben sie einen noch wilderen Gesellen, die tosende Reuss, eingefangen und leiten ihre Wasser in das Werk von Amsteg, das während des Sommers allein imstande ist, die Kraft, die der ganze Betrieb erfordert, aufzubringen, während die Ritomanlage, ein Akkumulierwerk, indessen die Wasser des einsamen, gentianenumblühten Sees im hochgelegenen Pioratal sammelt, um sie im Winter der Bahn zuzuführen.

Wohl sind die Kosten der ganzen Anlage gewaltige, für die kleine Schweiz unerhörte und selbst in unserer Zeit, die mit Märchenzahlen zu rechnen gelernt hat, ins Ohr klingende, aber das Werk geschweigt nicht nur die Klagen und Nöte, von denen zu Eingang die Rede war, es steuert auch der Gefahr einer längeren Betriebsunterbrechung, die bei der Schwierigkeit und der ungeheuren Verteuerung der Kohlenbeschaffung während des grossen Krieges das Land vor eine Katastrophe zu stellen drohte. […]

Wohl sind die Masten und Drähte der elektrischen Leitung störendes Menschenbeiwerk am gewaltigen Körper des Gebirgs, der Natur überhaupt, wie der schrille Pfiff der Dampflokomotive und ihr Russ- und Rauchwurf vordem die Einsamkeit und Unberührtheit entweiht haben. Allein die Reise im ruhig und rasch gleitenden elektrischen Zuge ist um vieles angenehmer als früher, da noch die grobe, ruckweise sich bergan mühende, stampfende und zischende Dampfmaschine die Wagen zog. […]

## Alain Marendaz

*«Durchschnittlich alle 85 m hatte es einen ‹vertwitscht›, damals beim Bau des Tunnels»*

1989 durchschritt Alain Marendaz (* 1955) den Gotthardtunnel. Seine nachdenklichen Überlegungen hielt er in einem 1989 publizierten Beitrag fest. Die Eindrücke der Begehung bilden den roten Faden seines Textes. Doch häufig weitet der freie Journalist den Blick über den Tunnel hinaus: Er vergleicht die Arbeitsbedingungen beim Bau des Bahn- und des Autotunnels; er warnt vor dem ständig anwachsenden Transitverkehr; und er hinterfragt den Aktivdienst, die Sage der Teufelsbrücke, die Verkehrspolitik und die Gotthardsymbolik.

### Der Gotthard-Korridor

***km 15,00246***

Portal. Diese so minutiös kilometrierte Stelle kennzeichnet nicht einfach das Tor, die südliche Einfahrt zum Gotthard-Eisenbahntunnel, sondern dessen «Portal». Ein solches pflegte man weiland zu durchschreiten, um die massiven Häuser mächtiger Herren zu betreten. Hier öffnet es ein mächtiges Massiv, für Jahrtausende der höchste Berg Westeuropas, den Gotthard, mons elvelinus, mons tremolans, furchteinflössend und grossartig, standesgemässe Residenz der Götter und traditioneller Hort von Geistern und Dämonen.

Und als man im 18. Jahrhundert an seiner Hoheit zu kratzen begann, als gar ein gewisser M. de Plantade sich erfrechte, den Canigou in den Pyrenäen höher als den Gotthard einzuschätzen, wehrte sich der keltomane Baron de Zur-Lauben indigniert für das Supremat des zentralhelvetischen Götzenklotzes, hatten doch schon die Römer – die solches schliesslich wissen mussten – den Gotthard «summae alpes», den höchsten der Alpen genannt. Diesen Disput führte der ideologisch verblendete Baron nota bene anno domini 1782, zu einer Zeit also, als Naturforscher wie der Genfer Horace Bénédicte de Saussure und viele andere mit Bleibarometern, Stöcken und Leitern – siehe 20er Note – die Alpen emporkrabbelten, Abhänge, «so gut sie konnten, herunterrollten» und der Gotthard schon längst wissenschaftlich geköpft war.

Hermenegild Pini, ein Zeitgenosse besagter verschiedenartig gelehrter Männer, beschreibt ausführlich die Techniken, die den Schrumpfungsprozess des Gotthards einleiteten und dessen Höhe radikal halbierten. […]

Pini versteht unter dem nun zurechtgestutzten Gotthard «jenen bergichten Abhang, der sich mit allen umliegenden Spitzen zusammen genommen von Airolo bis zu dem Spitale des Schweizerlandes, welches, das beiläufig eine halbe Stunde des Weeges von Urseler entfernt ist, erstrecket». Immerhin belässt er dem Massiv, vor dessen Portal wir stehen, noch das Prädikat «bergicht».

Portal. Durch dieses betritt man das Bauwerk eines Mächtigen – oder aber ein mächtiges Bauwerk: Eines, das Pinis enge Begrenzung erweitert, den Gotthard verlängert, von Airolo bis Göschenen, von Flüelen bis Bellinzona, von Chiasso bis Basel, von Dover bis Suez. Es ist das Portal eines Bauwerks, das den einstigen König der Berge entthronte und ihn zur Bedeutungslosigkeit schrumpfen liess.

*km 15,00264 + 210 m*
In Airolo, 210 m vor dem Portal, feiern in- und ausländische Persönlichkeiten den 50. Jahrestag der Eröffnung der Gotthardbahn. Bundespräsident Giuseppe Motta beschwört, vor einem grossen verhüllten Quader, mit bewegter Stimme den 19. Juli 1879 herauf, als Louis Favre, Leiter des Tunnel-Bauunternehmens – und nun wird Motta laut –, «sul campo del suo martirio» (auf dem Ehrenfelde seines Martyriums) vom Schlage getroffen tot zusammenbrach. «Onore a Luigi Favre!» ruft der Bundespräsident aus, und seine Stimme überschlägt sich, als er jenen als den Würdigsten aller «vittime del lavoro e del dovere» (Opfer von Arbeit und Pflicht) zum Symbol des «sacrificio di tutti, umili e tanti» erhebt. Er begleitet seine emphatische Rede mit lebhafter Gestik, hebt die Arme und lässt zum Schluss beide Fäuste niederfahren, während er sein zu solchen Zwecken untaugliches Kinn himmelwärts mussoliniert. Nach dieser Apotheose Louis Favres wird also ein Symbol für die Opferbereitschaft aller, der Demütigen wie der Bedeutenden, enthüllt.

«Le Vittime del Lavoro» hatte der berühmte Tessiner Bildhauer und Garibaldist Vincenzo Vela sein Werk genannt, das er aus eigenem Antrieb und eigener Anschauung noch während der Bauarbeiten in Gips realisierte. 1883 war dieses eindrückliche und bedrückende Relief an der Landesausstellung in Zürich zu sehen. Und beeindruckt waren sie ganz offensichtlich, die Herren des gehobenen Bürgertums, allen voran der am Tunnelbau beteiligte Physiker Colladon. Stärker noch bedrückte sie allerdings die beklemmende Wirkung, welche die dargestellte Szene auf das gemeine Volk ausüben könnte, so dass sie alles daran setzten, deren Zurschaustellung fürderhin zu unterdrücken. «Le Vittime del Lavoro» fanden für beinahe ein halbes Jahrhundert Asyl in der «Galleria d'arte Moderna», weitab vom Schuss, in Rom. Erst zum 50. Jubiläum liessen die SBB das Werk in Bronze giessen, und so fand es, unter dem unverfänglichen Titel: «Traforo del Gottardo», in Airolo, 210 m vor dem Portal, seinen endgültigen Standort. 1932, «lavoro» war rar, viele nahmen dafür ein grosses «sacrificio» auf sich, und «dovere» war kein leeres Wort.

Bundespräsident Mottas Rede steht an der Schwelle einer Zeitperiode, die den Gotthard vorübergehend wieder gross machen wird ... – wenn auch keinen Zentimeter höher.

***km 14,9995***

DIE Schwelle des Portals, die erste von zehntausenden in diesem Tunnel. Beim Betreten eines Hauses bildet sie die Schranke zwischen den Fährnissen der Aussenwelt und der Sicherheit des trauten Heims. Doch wie verhält es sich hier? Da sich die mannigfaltigsten Kulturen aller Epochen bisher nicht darauf einigen konnten, ob eine Schwelle mit dem rechten Fuss zu überschreiten, mit dem linken Fuss zu betreten oder vice versa sei, löse ich das Dilemma – als nüchtern denkender Mensch der Moderne –, indem ich sie, auf dem linken Kabelkanal balancierend, umgehe.

Ausgestattet mit Warnweste, Handlampe und durch Unterschrift beglaubigtes eigenes Risiko lasse ich um sieben Uhr die eiskalte Morgendämmerung hinter mir und mache mich daran, die zwei Streckenwärter der Rotte 6/3, Göschenen, bei ihrem achtstündigen Routinegang zu begleiten. Meinrad, aus dem hintersten Meiental stammend, seit 1953 bei der Bahn, nachdenklich, bedächtig, aber auch aufbrausend und eindringlich wie ein «Harschthoorä», wenn das Thema Verkehr und Natur zur Sprache kommt, wie auch Sepp, der jüngere, unbeschwertere, ein Zugezogener, der aber, wenn er auch nicht «üürnerät», kompromisslos «üürnerisch» fühlt, sie beide schreiten, jeder auf seinem Geleise, im gleichen Trott von Schwelle zu Schwelle. Deren Abstand von lediglich 56 cm zwingt sie zum «Hühnerschritt», einer an affektiertes Trippeln erinnernden Gangart, um den beschwerlicher zu begehenden Schotter zu vermeiden. Reine Gewohnheitssache sei dies – nur mir will die Anpassung partout nicht gelingen. So setzt im eigentümlichen Klanggebilde des Tunnelhalls mein Schottergeknirsche den Kontrapunkt zum dumpfen Doppelplopp der Routiniers, während wir die ersten 100 Meter des «achten Weltwunders», zu welchem der Luzerner Magistrat und Volksschriftsteller Anton Wapf 1882 den Tunnel zu promovieren beliebte, hinter uns bringen. Das anfängliche Zwielicht verdüstert sich, es wird finster, stockfinster, rabenschwarz ... – bis jede Steigerung versagt, ausser vielleicht: lichtlos.

Die Hängenden Gärten der Semiramis, der Tempel Dianas zu Ephesos, die Pyramiden von Gizeh – und hier also unser «achtes Weltwunder, das grösste und bedeutungsvollste von allen», «das Erzeugnis freiwilliger Arbeit und nicht sklavischen Zwanges». Mein Gott, Wapf! [...]

***km 14,6***

Gefieder, weit verstreut, ein lebloser Körper neben der Schiene. Ich drehe ihn mit dem Fuss um: eine Eule, Leichenhuhn, dem Reich der Finsternis zugehörig, ein toter Totenvogel.

«Mier miesse id Nische-n-inne!» Der Zug, der noch so weit weg schien, ist bereits bedrohlich nahe. Wir drücken uns in die nächste Rückzugsnische, eine dieser kleinen, in den rohen Fels gesprengten Höhlen, die dank reflektierender Markierung mit der Handlampe leicht zu orten sind. In diese Gramper-Réduits muss man sich zurückziehen, auch wenn nur ein Zug naht, «da git's nyyt ander's, du chasch nyyt raatlos da aifach läüfe-n-und fertig». Es könnte etwas von einem Güterwagen fliegen oder ein Zug ohne Licht kommen, und dann «chad's di dä vertwitschä».

Alle 100 m bestehen solche Nischen, in der Nähe der Portale gar alle 50 m. Durchschnittlich alle 85 m hatte es einen «vertwischt», damals, beim Bau des Tunnels, pro Doppelnische gerade etwa einen, und wenn man die heimlich Verscharrten und die Folgetoten hinzuzählt, ihre Gebeine würden wohl sämtliche Rettungskammern füllen. Die Katakomben von Palermo und das achte Weltwunder ... – die Eule liegt immer noch da. [...]

III. KAPITEL

# *«Der bewunderungswürdigste aller europäischen Schienenwege»*

# Die Gotthardbahn in den Reisebüchern

Zehn eng beschriebene Seiten widmete «der Baedeker» 1883, im Jahr ihrer Eröffnung, der Gotthardbahn. Im aktuellen «Baedeker Allianz Reiseführer» finden sich zu ihr noch drei Sätze. Dafür wird in ihm der künftige Basistunnel eingehender beschrieben. Der Hauptgrund für diesen Wandel mag darin liegen, dass es in den früheren «Handbüchern für Reisende» die Eisenbahnstrecken waren, die als roter Orientierungsfaden für die Ferienplanung dienten. Heute hingegen richtet sich ihr Aufbau durchwegs nach dem Verlauf der Autostrassen. Eisenbahnen werden nur in Ausnahmefällen erwähnt oder finden sich in Spezialführern.

Zum andern galt die Gotthardbahn während Jahrzehnten als Sehenswürdigkeit ersten Ranges, als Musterbeispiel menschlichen und technischen Fortschritts, das mindestens so viel Aufmerksamkeit verdiente wie etwa die Berner Altstadt. In vielen heutigen Reiseführern hingegen werden die historischen Zeugnisse der Industriekultur oft eher stiefmütterlich behandelt.

So stammen die Texte zur Gotthardbahn auf den folgenden Seiten alle aus historischen Reiseführern und Reisebüchern. Exakten Angaben, wie sie sich exemplarisch bei Baedeker finden, stehen pauschale Beobachtungen wie bei Victor Tissot gegenüber. In jedem Text aber wird die Bewunderung für das Meisterwerk spürbar, ganz speziell beim Amerikaner George Catlin.

Heute hingegen ist Kürze angesagt. Rekordverdächtig ist dabei der aktuelle Schweiz-Führer aus der Reihe «Reise Know-How». Hier reduziert sich die Aussage zur Gotthardbahn auf fünf Wörter: «1882 fuhren die ersten Züge.» Da ist der eine Satz über sie im neusten «lonely planet»-Handbuch «Switzerland» schon länger. Übersetzt lautet er: «Der stündliche Zug von Bellinzona nach Airolo (sFr. 20.80/52 Minuten) führt bis nach Zürich und fährt durch die Talstädte.»

Auf das Thema «Arbeiter» beschränkt sich der an Abbildungen überreiche Schweiz-Führer aus der Reihe «DK Eyewitness Travel Guides». An einer Stelle finden sich unter einem kleinen Bild zur Eröffnungsfeier [sic!] die Worte: «Italienische Arbeiter, die eingestellt worden waren, um den Tunnel zu bohren, führten 1875 einen Streik durch. Die Intervention der Armee brachte schliesslich die Rückkehr zur Arbeit.» Und die Fotografie des Arbeiterdenkmals am Südportal in Airolo wird mit den Worten kommentiert: «Eine Tafel in der Ortschaft erinnert an die 177 Personen, die während des Tunnelbaus in den 1880er-Jahren starben.»

Auch der eingangs erwähnte «Baedeker Allianz Führer» erinnert in seinen Kurzinfos an die Toten: «Das Gotthardmassiv wird vom knapp 15 km langen Eisenbahntunnel (maximale Steigung 2,6%) zwischen Göschenen und Airolo unterquert, eine überragende technische Leistung, die 177 Arbeitern das Leben kostete.» Der Verfasser des Baedeker-Artikels über die Gotthardbahn von 1883 dürfte sich ob der falschen Angabe zur Steigung im Tunnel im Grab drehen: Denn er hatte die 2,6% bzw. 26‰ als höchsten Wert auf der gesamten Bahnstrecke angegeben, während sein Nachfolger irrtümlich diese Steigung als Wert für das Gefälle im grossen Tunnel anführt. Dort aber beträgt es – so der Baedeker von 1883 korrekt – maximal gerade mal 6‰. Um umfassendere Informationen zu erhalten, greifen wir also mit Vorteil auf die historischen Führer zurück.

## K. Baedeker

### *«Die Gotthardbahn kürzt die Linie London–Brindisi gegen die Route über den Mont-Cenis um circa 190 km»*

Karl Baedeker (1801–1859) war längst gestorben, als die Gotthardbahn 1883 in der 20. Auflage seines Führers zur Schweiz Aufnahme fand. Vielleicht hat noch einer seiner drei Söhne über sie geschrieben, vielleicht bereits ein anderer Autor. Den Prinzipien, die Karl Baedeker in seinen neuartigen Reiseführern anwandte, blieben die Nachfolger jedenfalls treu. So überzeugen die Texte und Pläne zur Gotthardbahn durch Aktualität, Übersichtlichkeit und vor allem Genauigkeit.

**Die **Gotthardbahn,** nach zehnjähriger Bauzeit am 22. Mai 1882 eröffnet, gehört zu den grossartigsten Bauwerken unserer Zeit. [...] Der höchste Punkt der Bahn in der Mitte des grossen Tunnels liegt 1154 m ü. M. (Meter über Meer); das Steigungsmaximum ist 26‰, der geringste Kurvenradius 300 m. Die Steigungen wurden zum Theil durch grosse Kehrtunnel überwunden (auf der Nordseite des Gotthard 3, auf der Südseite 4); im Ganzen hat die Bahn 56 Tunnel (Gesammtlänge 41 km oder über ⅙ der ganzen Bahnlänge), 32 Brücken, darunter eine Anzahl grossartiger Eisenkonstruktionen, 10 Viadukte und 24 Übergänge.

Die Gotthardbahn kürzt die Linie London–Brindisi gegen die Route über den Mont-Cenis um circa 190 km; sie erleichtert namentlich aus der West- und Central-Schweiz den Besuch der oberitalienischen Seen, der jetzt von Luzern in 2–3 Tagen hin und zurück bequem auszuführen ist.

Um den hochinteressanten Bahnbau selbst näher kennen zu lernen, ist es rathsam die Strecken Amsteg–Göschenen und Airolo–Bodio auf der Gotthardstrasse zu Fuss oder im offenen Wagen zurückzulegen. Von Luzern bis Flüelen ist für nicht eilige Reisende die Dampfbootfahrt über den Vierwaldstättersee [...] nach Flüelen vorzuziehen. [...]

Südlich das Dorf **Amsteg** [...]. Hier beginnt die interessanteste Strecke der Bahn. Sie durchbricht oberhalb des Dörfchens Amsteg ein vortretendes Felsriff mittelst des 172 m langen *Windgelle-Tunnels* (575 m ü. M.), überschreitet darauf den *Kärstelenbach* auf einer grossartigen, 134 m langen, 54 m hohen, eisernen Fachwerkbrücke (schöner Blick links in das tief eingeschnittene Maderanerthal mit der *Grossen Windgelle,* rechts in das Reussthal), durchbohrt den lauinengefährlichen Abhang des *Bristenstocks* mittelst der beiden *Bristenlauitunnels* (397 und 213 m lang) und setzt auf kühner, 75 m langer, 78 m hoher Gitterbrücke über die tosende Reuss. Weiter auf der linken Seite des malerischen Reussthals (links sitzen!) durch den *Inschi-Tunnel* (88 m), über den *Inschialpbach* und das *Zgraggenthal* (Viaduct mit 3 Öffnungen zu 30 m), dann durch drei weitere Tunnels *(Zgraggen-, Breiten- und Meitschlinger Tunnel),* einen langen Felseinschnitt und über einen Viaduct am Berge entlang nach Station **Gurtnellen** (741 m).

Oberhalb Gurtnellen ist eine der merkwürdigsten Stellen der Bahn, die hier, um die Höhe von Göschenen zu gewinnen, mittels dreier Kehrtunnels und einer gewaltigen Schleife bergansteigt. Sie überschreitet den *Gorneren-* und den *Hägrigenbach* (rechts schöner Wasserfall), tritt vor der Pfaffensprungbrücke in den 1487 m langen *Pfaffensprung-Kehrtunnel,* der sie um 35 m emporhebt (Durchfahrt 3 Minuten), führt durch den kurzen *Mühletunnel,* gleich darauf zum zweitenmal über den Hägrigenbach (links unten die Pfaffensprungbrücke), weiter vor Wasen durch den 85 m langen *Mührentunnel* (860 m ü. M.)

Unmittelbar darauf überschreitet sie auf schöner Brücke die aus tiefer Schlucht rechts hervorstürzende *Meienreuss,* durchbohrt den *Wasener Kirchhügel* mittelst des 300 m langen *Kirchberg-Tunnels,* wendet sich oberhalb links über die Reuss, tritt in den *Wattinger Kehrtunnel* (1090 m lang, 23 m Steigung) und wendet sich zurück über die Reuss und durch den *Rohrbachtunnel* (220 m) zur Station Wasen (931 m ü. M.), oberhalb des ansehnlichen gleichnamigen Dorfs (**Hôtel des Alpes; Ochs,* bürgerlich; **Krone,* nicht theuer), mit hochgelegner, aussichtreicher Kirche. (...)

Station **Göschenen** (1109 m; *Bahnrestaurant, Mahlzeit mit Wein 3 ½ fr.; *Hôtel Göschenen, Zimmer 2 ½ fr; *Rössli*). [...] Unmittelbar jenseits der Station überschreitet die Bahn die Gotthardreuss auf 32 m hoher Brücke und tritt in den grossen ***St. Gotthard-Tunnel.** Derselbe ist 14,912 m lang (2679 m länger als der Mont-Cenis-Tunnel); von der Mitte aus, 1154 m ü. M., fällt er nach beiden Seiten, nach Göschenen mit circa 6‰, nach Airolo mit 2‰. [...] Der Tunnel ist 8 m breit und 6,5 m hoch, für zwei Geleise angelegt und durchweg ausgemauert; die Luft im Innern ist durch die fortwährende starke Luftströmung gut und rauchfrei, Schliessen der Waggonfenster daher unnöthig. Die Bahn liegt 330 m unter Andermatt, 1852 m unter dem Kastelhorn (ungefähr Mitte des Tunnels), 1082 m unter dem Sella-See. Die Durchfahrt erfordert für Schnellzüge 20–23, für Personenzüge 27–30 Minuten; von 1000 zu 1000 m sind auf der rechten Seite Laternen mit den Zahlen I–XIV angebracht.

Beim Austritt aus dem Tunnel beschreibt die Bahn eine Kurve von 145 m Länge (mit 300 m Radius) und erreicht **Airolo** (1145 m; **Post* bei *Motta,* Zimmer 2 ½, Mahlzeit 3 ½ fr.; **Hôtel Airolo*), im obern Tessinthal *(Valle Leventina),* den ersten Ort italienischer Zunge, nach dem Brande von 1877 grossentheils neu aufgebaut. Die Landschaft hat hier noch vollständigen Hochgebirgscharakter; erst bei Faido machte sich der Einfluss des italienischen Klimas bemerklich.

## George L. Catlin

*«Der grösste Triumph der Ingenieurskunst der modernen Zeit»*

Die Gotthardbahn, die bis 1909 eine private Gesellschaft war, bewarb gut betuchte Reisegäste mit einer reich bebilderten Reisebroschüre in Illustriertengrösse. Der Verfasser der englischsprachigen Ausgabe war George L. Catlin, ein amerikanischer Geschäftsmann, Hobbyschriftsteller und genauer Kenner der Schweiz. Seine Bewunderung für die Ingenieurskunst, die Naturschönheiten sowie die Technik und den Luxus der Erstklasswagen der Gotthardbahn hielt er in seinem 1890 erschienenen Text überschwänglich fest.

Obwohl erst acht Jahre verstrichen sind, seit diese grosse internationale Ader des öffentlichen Verkehrs und des Reisetourismus ihren Betrieb aufnahm, gewann sie in dieser kurzen Zeit den Ruf einer unentbehrlichen Strecke für den Handel und die Verbindungen Europas und gilt als eine der besten unter den gut geführten und wichtigen Eisenbahnen der Welt.

Sie verbindet die Bahnnetze von Westdeutschland, Holland, Belgien, den Niederlanden und Ostfrankreich (und über diese Länder auch den enormen Schiffsverkehr von England und Amerika) mit dem Streckennetz von Italien auf einer direkten, stählernen, schotterbedeckten Linie. Sie durchquert eine Region unübertrefflicher Naturschönheiten. Sie eröffnet ganz neue Handelsmöglichkeiten zwischen Teilen Europas, die weit voneinander entfernt liegen. Ist es da ein Wunder, dass sie so rasch populär und der Name «Gotthardbahn» in der gesamten zivilisierten Welt zu einem bekannten Begriff geworden ist? Dank ihr kann Kohle, die aus dem Erdinnern Belgiens oder der rheinischen Pfalz ans Tageslicht gefördert wird, wagenweise zu Häfen am Mittelmeer transportiert werden. Und umgekehrt kann eine Ladung ägyptischer Baumwolle aus einem Schiffsrumpf in Livorno oder Genua gehievt und in

Bahnwagen verstaut werden, in denen sich die Fracht bis zu den Toren von Baumwollspinnereien in Norddeutschland oder Holland führen lässt. Dank der Gotthardbahn kann ein Reisender an einem beliebigen Morgen London verlassen und am folgenden Abend in Mailand dinieren, oder umgekehrt in Mailand frühstücken und einen Morgen später in Paris sein. Dies sind einige der wunderbaren Möglichkeiten, die durch die Gotthardbahn Wirklichkeit geworden sind. […]

Die Nutzung des Gotthards als Verkehrsweg zwischen den Tälern der Schweiz und den fruchtbaren Ebenen der Lombardei bestätigte in der Mitte des 13. Jahrhunderts Albert von Stade, ein Benediktinermönch, der einen Bericht veröffentlichte und darin feststellte, dass es möglich sei, in drei Tagen von Bellinzona nach Luzern zu reisen. […] Ursprünglich bestand der Passübergang aus einem einfachen Fusspfad, der wahrscheinlich sehr schwierig zu begehen war. Ende des 13. Jahrhunderts konnte er als Saumpfad mit Lasttieren benutzt werden, was einen gewissen, begrenzten Warenhandel ermöglichte. Nach und nach wurde der Passweg verbessert, aber so langsam, dass es bis 1775 dauerte, bis ihn die erste Kutsche befahren konnte, und zwar zwischen Altdorf und Giornico. Während der ersten Hälfte dieses Jahrhunderts gab es rasche Fortschritte. 1820 begann die Bundesregierung mit dem Bau einer Poststrasse erster Klasse auf der nördlichen Seite des Massivs, und im nächsten Jahrzehnt wurde die Strasse von den angrenzenden Kantonen von Göschenen bis Airolo ausgebaut.

Dann, ein halbes Jahrhundert später, entstand die Gotthardbahn, wurden Berge durchbohrt, Abgründe überwunden, reissende Flüsse überbrückt und Höhen bezwungen – in ihrer Gesamtheit der grösste Triumph der Ingenieurskunst der modernen Zeit. In der langsamen, aber steten Entwicklung vom schwindelerregenden, einsamen Fusspfad bis zur solide gebauten, auf Steinfundamenten verankerten Eisenbahn zeigt sich uns die gesamte Entwicklung des Wachstums und des Fortschritts der Wissenschaft und der Zivilisation. So wie die Quellwasser der Berge die Bäche speisen, die ihrerseits zu wilden Flüssen werden, die wiederum zu Strömen anschwellen, die tief und ruhig zum Meer fliessen, so hat sich der schmale, gefährliche Pfad entfaltet, auf dem wagehalsige Kundschafter erstmals den Weg über die Alpen fanden: Erst war er ein Fussweg, dann ein Saumpfad, dann ein Weg für Fuhrwerke, dann eine Strasse für Postkutschen, und schliesslich entstand die grossartige «Strasse» für den Eisenbahnverkehr, die neue und wunderbare Möglichkeiten für den Handel und das Reisen in ganz Zentraleuropa eröffnet. [...]

Wenn wir von den Vorzügen der Gotthardbahn für die Touristen sprechen, darf der erlesene Komfort ihrer Wagen nicht vergessen werden. Jede Verbesserung, deren moderne Technik und Entwicklung fähig ist, findet sich in ihnen verwirklicht, damit der Fahrgast komfortabel reisen kann. Sie sind mit der berühmten Westinghouse-Bremse ausgestattet sowie mit einer speziell konstruierten Federung, die jedes Rütteln unterbindet und ihre Bewegung kaum spüren lässt. Die Wagen werden durch Gasbeleuchtung erhellt, durch Dampfheizung erwärmt, verfügen über Wasch- und Toilettenräume und sind so ausgestattet, dass jeder Sitz – so man das wünscht – in ein Bett oder einen Ruhesessel umgewandelt werden kann. Die Innenausstattung samt Polsterung ist auf das Luxuriöseste ausgeführt, und jeder Wagen verfügt über eine offene Galerie, eine überdachte Promenade. Von ihr aus kann der Fahrgast, selbst bei ungünstigstem Wetter geschützt, entlang der Strecke zu seinem Vergnügen die grossartige Landschaft über, unter und um ihn herum beobachten. Keine Schauspielbühne, nicht einmal irgendein altes Amphitheater der Römer, hat je ein Spektakel geboten, das auch nur die halbe Faszination aufwies wie dasjenige, das man für die bescheidenen Kosten eines Billetts für die Bahnreise von Luzern oder Zürich nach Mailand erleben kann.

Und die Art, wie der Betrieb auf dieser phantastischen Bahn abgewickelt wird, vermittelt ein vollkommenes Gefühl der Sicherheit und Bewunderung. Er gleicht einer einzigen, grossen Maschine, die mit der Präzision und der Regelmässigkeit eines komplexen Uhrwerks funktioniert. Jeder Mann, selbst der geringste Bahnwärter am abgelegensten Ort der Bahnstrecke, ist auf seinem Posten, jeder Tunnel wird laufend von Beamten kontrolliert, jede Brücke und jeder Damm befindet sich unter ständiger Beobachtung, und überall herrscht höchste Disziplin wie bei einer militärischen Organisation. Es ist nicht übertrieben, beizufügen, dass die Restaurants und Buffets, die sich an etlichen Orten finden, bewundernswert geführt werden, voll und ganz dem Standard von Erstklass-Restaurants anderswo entsprechen und mit Menus aufwarten, in denen die Produkte des kälteren Nordens mit denen des freundlichen Südens um die Gunst des hungrigen Reisenden wetteifern. […]

Es ist ein angenehmer Sommermorgen in Luzern, und aus der Ferne lockt uns der alte Geist, von dem es heisst, er schwebe über dem höchsten Gipfel des Gotthardmassivs. Er raunt uns in kühlender Brise zu, diesen Tag für eine Reise durch sein altehrwürdiges Reich zu nutzen. «Komm mit», sagt seine von südlichen Winden getragene Stimme. «Ich will dir meine Welt zeigen: enge Taleinschnitte und Wildwasserwirbel und Schneegipfel und Chalets und Höhen, die für eines Menschen Fuss unerreichbar sind; wildere Schluchten, als sie je ein Künstler auf Leinwand zu malen vermochte; friedliche, dicht besiedelte, fruchtbare Täler, die im Schatten gigantischer Felswände liegen; Abhänge, auf denen Tausende Kühe grasen; Tunnels, in die du eintauchst, um danach noch gleissenderen Sonnenschein zu erreichen; Seen noch dunkler als jedes Azurblau, gesäumt von immergrüner Vegetation – all dies und mehr sollst du sehen aus deinem gepolsterten Wagen, und ich werde dich sicher durch und über mein ganzes, mein wunderbares Reich tragen und dich sicher und lange vor Einfall der Dunkelheit zum malerischen Ufer eines oberitalienisches Sees bringen oder in die ferne Stadt Mailand.»

Die Einladung ist zu verlockend, um ihr widerstehen zu können.

## Victor Tissot

*«Was herrschte da für eine rastlose, fieberhafte Tätigkeit»*

1893 erschien in Paris das Buch «Im Lande der Gletscher – Ferien in der Schweiz». Der Autor Victor Tissot (1845–1917), ein Waadtländer Gelehrter, lebte viele Jahre in der Seinestadt. In seinem Werk widmete er der Gotthardbahn ein eigenes Kapitel. Darin schildert er dem französischen Publikum eine Fahrt über die neue Strecke und lässt in bildreicher Sprache die Bauzeit auferstehen. Leider enthalten seine Ausführungen etliche Allgemeinplätze und Irrtümer. Und bestimmt hat Tissot nie persönlich einen der Tunnelarbeiter zu Gesicht bekommen.

Am Eingang des Gotthardtunnels, dort, wo sich die oberen Schluchten der Reuss, des Urserentals, des Oberalp- und des Furkapasses vereinigen, liegt Göschenen, die friedliche Ruhe des Alters ausstrahlend.

In den neun Jahren während des Baus des Gotthard-Scheiteltunnels, was herrschte da für eine rastlose, fieberhafte Tätigkeit, was für ein Schwung in dieser Gemeinde, die von italienischen, Tessiner, deutschen und französischen Arbeitern aus den Nähten platzte, überlaufen war, überrannt wurde! Man hätte meinen können, dass dieses schwarze, in den Berg gebohrte Loch Goldklumpen barg.

Überall begegnete man Arbeitertrupps mit den für Bergleute typischen Grubenlampen, die an ihren alten Soldatenrucksäcken hingen. Man wusste nicht, wo man sie alle unterbringen sollte. Ein Zweierbett wurde in vierundzwanzig Stunden im Rotationsverfahren von vierundzwanzig Männern belegt. Einige Arbeiter hatten sich in Scheunen häuslich niedergelassen; überall hatte man provisorische Kantinen eingerichtet, schräg an den Berg gebaut, so dass sie kaum hielten; und die Deutschen waren herbeigeeilt, um in zwielichtigen Schuppen ihren gepanschten Schnaps zu verkaufen.

Vor den Haustüren spielten bei Sonnenuntergang Piemontesen in Kordhosen mit einem Gürtel aus rotem Flanell in der Taille, offenem Hemd über einer flachen, gebräunten Brust Mora und stiessen dabei Schreie aus wie kleine Jungen, während andere Italiener Boccia spielten und sich krummlachten, wenn die Kugel zufällig einen Satz machte und in der Reuss verschwand.

Am Abend wurden in den Lokalen auf der Ziehharmonika Heimatlieder gespielt, die, einem Traum ähnlich, in all diesen Emigranten, diesen zur Bergbauarbeit Verurteilten die Erinnerung an die geliebten Landschaften ihrer Heimat wachriefen. Im Geiste sahen sie den heimatlichen Kirchturm, das Haus ihrer alten Eltern, zu dem die Hühner, die Ziegen, die Armen und die Sonne Zutritt hatten, die Weinlauben. Und dann erfasste sie tiefe, quälende Wehmut, und nach und nach machten sie sich davon, wie Feiglinge, wie Deserteure. Nur der Name eines einzigen Arbeiters, der vom Anfang bis zum Ende der Arbeiten dort durchgehalten hat, ist bekannt: Pietro Chirio. Man hat ihm die Ehre zuteil werden lassen, den letzten Spatenstich zu setzen, die Steintür des grossen Tunnels dem Tageslicht zu öffnen, als Erster das Licht, die Sonne, den blauen Himmel Italiens auf der anderen Seite des durchbohrten Bergmassivs zu begrüssen.

Zu wissen, dass man eine Strecke von 14 912 Metern in einem Tunnel zurücklegen muss, ist für viele Reisende alles andere als angenehm.

Der Gotthardtunnel ist zweieinhalb Kilometer länger als der Mont-Cenis-Tunnel und vierdreiviertel Kilometer länger als der Arlbergtunnel.

Während der Zug dumpf durch das düstere Gewölbe rollt, erklären wir, wie dieses gigantische Werk, der Durchbruch der Alpen, vollbracht wurde.

Die mechanischen Bohrarbeiten wurden gleichzeitig von beiden Seiten, vom Norden und vom Süden des Bergmassivs, begonnen; sie strebten demselben Punkt zu, so dass sie sich in der Mitte des Durchbruchs treffen sollten.

Die Gewässer der Reuss und die Quellen des Flusses Tessin lieferten die notwendige Triebkraft, um die Turbinen in Bewegung zu setzen, die mit den Luftkompressionsmaschinen verbunden waren. Wenn die Druckluftbohrmaschinen, die im Felsen den Kolben eines Zylinders rasch drehen liessen, der von der auf ein Zwanzigstel ihres Volumens reduzierten Luft angetrieben wurde, genügend tiefe Löcher gebohrt hatten, wurden die Maschinen zurückgezogen, man liess vor sie ein gusseisernes Blech herunter, man lud die Dynamitminen auf, und sofort nach der Explosion wurden Hähne geöffnet, die frische Luft einströmen liessen und den Rauch vertrieben. Dann entfernte man die durch die Erschütterung gelösten Gesteinsbrocken, und die Druckluftbohrmaschinen nahmen den Betrieb wieder auf. Immer die gleiche Arbeit, Tag und Nacht, neun Jahre hintereinander!

Auf der Seite von Göschenen ging alles gut; aber auf der anderen Seite, am italienischen Südhang, musste man unerwartete Hindernisse und Schwierigkeiten überwinden. Statt auf den harten Felsen zu stossen, traf man auf schwankenden Grund, der aus Gletscherablagerungen bestand und von Wasserläufen durchzogen war. Unter den Spitzhackenhieben brachen Quellen hervor, die die Arbeiter durchnässten und mit der Wucht eines Pumpenstrahls in die Flucht trieben.

Zwölf Monate lang befanden sie sich wie in einem See.

Aber nichts liess den glühenden Eifer des Unternehmers Favre erlahmen.

Seine Enttäuschung war grenzenlos, als die Arbeiter sich im Juli 1875 auflehnten und das Vorhaben mangels Geld zu scheitern drohte und als zwei Jahre später ein Grossbrand die Gemeinde Arola [eigtl. Airolo] zerstörte. Und wie oft stürzte das Mauergewölbe des Tunnels ein!

Einige «schlechte Stellen», wie man sie nannte, haben mehr als fünfundzwanzigtausend Franken pro Meter gekostet!

Im Inneren des Berges zeigte das Thermometer dreissig Grad; aber bis der Tunnel nicht gebohrt war, wurden die Arbeiter von einer Art Fieber angetrieben, und sie verdoppelten ihre Anstrengungen. Sie verloren erst den Mut und begannen, abtrünnig zu werden, als das Ziel fast erreicht war.

## Johann Jakob Hardmeyer

*«Eines der gewaltigsten Werke der Neuzeit»*

Lehrer war Johann Jakob Hardmeyer (1826–1927), in der Schweiz und ausserhalb, zudem Redaktor der «Europäischen Wanderbilder», einer vom Verlag Orell Füssli veröffentlichten Reihe von Reiseführern. 1882 erschien der mit meisterlichen Landschaftsstichen von Johannes Weber ausgestattete Band «Die Gotthardbahn». Wenn Johann Jakob Hardmeyer 2000 Jahre Gotthardgeschichte aus einer etwas verklärten Perspektive referiert oder über den grossen Tunnel schreibt, schwillt Stolz in seiner Brust.

### Überblick

In der Mitte des Gebirgsbogens, der wie ein Wall den Süden Europa's vom Norden scheidet, genau in der Fortsetzung der Längsaxe der italienischen Halbinsel, überschreitet ein vielgenannter, Jahrhunderte alter Pass, der **St. Gotthardpass,** das gewaltige Centralmassiv der Alpen, welches, wenn auch nicht die höchsten Gipfel, so doch die relativ höchste Bodenerhebung Europa's aufweist. Wer kennt den Namen St. Gotthard nicht? [...]

Wie zur Zeit der römischen Weltherrschaft Eroberungssucht und Ländergier die Cohorten aus Italien über die Alpen nach Helvetien und Germanien führten, so trieb in der Periode der Völkerwanderung das Verlangen nach dem Besitze des reichen Italien die deutschen Stämme hinüber über den trennenden Alpenwall; das Mittelalter hindurch zogen die Kriegerschaaren der deutschen Kaiser in sich stets wiederholenden Zügen nach dem üppigen Lande im Süden der Berge, welches diese als Cäsaren beanspruchten, das ihnen aber von den Italienern sowohl als von Andern, die auch darnach gelüsteten, stetsfort streitig gemacht wurde. Auch lockte frühe schon der Handelsgewinn Welsche und Deutsche über die Berge, und eine nie gestillte Sehnsucht nach dem Lande des milden Himmels und der heitern Kunst geleitete Tausende von Nordländern durch die Einöden des Gebirges, das sie vom Ziele ihrer Wünsche trennte. Beschwerde, Mühseligkeit und Gefahren machten in früheren Tagen die Reise über die Alpen zu einem Wagnis; zu gewissen Zeiten des Jahres war sie gar verunmöglicht; unserm Jahrhundert blieb es vorbehalten, dem Reisenden auf den bequemen Alpenstrassen eine meist mühelose Fahrt über das Gebirge zu sichern, und jetzt führt uns der Eisenbahnzug in wenigen Stunden an verschiedenen Punkten durch die Alpen hindurch, am schnellsten auf der Gotthardbahn, dem bewunderungswürdigsten aller europäischen Schienenwege. [...]

## Von Flüelen bis Göschenen

[...] Um von der *Station Gurtnellen* (700 *m* über Meer) sich in die Höhe von Göschenen (1109 *m* über Meer) zu erheben und die steile Thalstufe zu überwinden, bedurfte es weiter Krümmungen, sogenannter Schlingen, für welche unter freiem Himmel kein Platz vorhanden war; man musste ihn im Innern des Gebirges zur Rechten und zur Linken suchen, und es wurden drei mächtige Kehrtunnels angelegt, von deren Lage und Richtung wir von dem gewählten Standpunkt aus uns einen Begriff machen können. [...]

Der Reisende, der kein Plänchen zur Hand oder keinen Ingenieur zur Seite hat, verliert in Folge der nach allen Richtungen gehenden Fahrt vollständig den Kompass. Der Wendungen, die der Zug macht, wird er kaum gewahr, da sie drinnen im dunklen Schoosse der Felsen erfolgen. Es scheint ihm, er komme nicht von der Stelle, denn immer wieder sieht er die Wasener Kirche, – über sich, hinter sich, vor sich, neben sich und unter sich. Immer wieder führt ihn der Zug in die wilde Schlucht der Maienreuss hinein; erst dann, wenn er über dem Dorfe Wasen am Bergabhang dahin fährt und alle die Krümmungen der Bahn und die sich hinwindende alte Strasse aus schwindelnder Höhe überschauen kann, findet er sich wieder zurecht. Wie ob einem gewaltigen Siege jubeln oft an dieser bewundernswerthesten Stelle der Bahn die staunenden Insassen des dahinsausenden Zuges auf. [...]

## Der grosse Tunnel

Dieser Felsengang, der unter den unwirtlichen Höhen des Gotthard hindurch das Thal der Reuss mit demjenigen des Tessin verbindet, ist eines der gewaltigsten Werke der Neuzeit. Die Länge des Tunnels beträgt 14 912,4 Meter, also nahezu 15 Kilometer. Er ist 6 ½ Mal so lang, als alle Tunnels der Semmeringbahn zusammengenommen und mehr als 10 Mal so lang als das längste derselben. Seine Länge übertrifft 1 ⅔ Mal die Längssumme aller 38 Tunnels der Schwarzwaldbahn; er ist um mehr als 2 ½ Kilometer länger als der Mont-Cenis-Tunnel und übertrifft um 4 ¾ Kilometer denjenigen des Arlberg. Er repräsentiert ⅛ der Länge des ganzen Netzes der Gotthardbahn und ⅒ der Hauptlinie Immensee–Pino. Unter Andermatt liegt die Bahn 300 Meter tiefer als der Thalgrund des Urserenthales, während sie sich unter den Felshöhen des Gotthard in einer Tiefe von 1500 bis 2000 Metern dahinzieht. Der kleine Sellasee, in einem Seitenthale der Gotthardhöhe, liegt an die 1100 Meter über der Bahnlinie. [...]

## Eugène Rambert

*«Die unvermeidlichen Reibereien zwischen zwei so unterschiedlichen Genies»*

Seine Berufslaufbahn führte den studierten Theologen und Literaten Eugène Rambert (1830–1886) als Professor an die ETH in Zürich und die Académie in Lausanne. Die Leidenschaft des Romand aber galt den Alpen. Er präsidierte 1882–1884 den Schweizerischen Alpenclub (SAC) und hinterliess der Nachwelt das sechsbändige Werk «Alpes suisses». Als interessierter Beobachter des Bahnbaus durch die Alpen übersetzte er Johann Jakob Hardmeyers Reiseführer zur Gotthardbahn von 1882 (siehe Seite 131). Er erweiterte ihn an etlichen Stellen, etwa durch eine eigene Würdigung Louis Favres und einen Vergleich des Tunnelunternehmers mit dessen grossem Gegenspieler, Alfred Escher.

Der traurigste Tag in der neunjährigen Bauzeit war aber der 19. Juli 1879. Herr Favre hatte an diesem Tag eine Inspektion des Tunnels durchgeführt. Als er mit zwei Ingenieuren wieder ans Tageslicht kam, hatte er einen Schlaganfall erlitten und war in die Arme eines seiner Begleiter gesunken. Es herrschte allgemeine Trauer, nicht nur im Kreis seiner Freunde, sondern in der ganzen Schweiz und im Ausland, überall dort, wo man sich für das Unternehmen interessierte, das er so beherzt geleitet hatte.

L. Favre war in Chêne, in der Nähe von Genf, geboren. Schon früh hatte er den Aufstieg zum Unternehmer geschafft und sich durch seine Tüchtigkeit, seine Intelligenz und seine praktische Veranlagung ausgezeichnet. Er hatte die Gabe, die schwierigsten Probleme mit den einfachsten und wirksamsten Mitteln zu lösen. Lange Zeit arbeitete er in Frankreich und erwarb sich dort einen guten Ruf, vor allem mit dem Credotunnel, dessen Durchstich unter seiner Leitung erfolgte. Das hatte ihm Erfolg und Vermögen eingebracht, und er wollte sich zur Ruhe setzen, als er der Versuchung der Durchtunnelung des Gotthardmassivs nicht widerstehen konnte. Dieses letzte Unternehmen sollte sein Lebenswerk krönen. Favre war ein Künstler, der die Kunst um der Kunst willen liebte, ein Genie auf seinem Gebiet, zudem war er ein sanfter, menschlicher und bei all seinen Untergebenen beliebter Vorgesetzter, angefangen bei den einfachsten Bergleuten bis hin zu den qualifiziertesten Fachingenieuren, die ihm unterstellt waren. Kein einziger Arbeiter blieb der letzten Ehrung fern, die ihm in Göschenen am Tag nach seinem Tod erwiesen wurde; und in Genf, wohin sein Leichnam übergeführt wurde, nahm die ganze Stadt an seiner Beisetzung teil. […]

Favre hatte alles darangesetzt, damit der Durchstich des Gotthardtunnels zu einem Zeichen des Fortschritts wurde. Er hatte nie ein Geheimnis daraus gemacht, immer offen über alles gesprochen, jede Anregung dankbar aufgegriffen und zur Diskussion gestellt: Er war ein grosser Befürworter des freien Wettbewerbs. Er war ein aufgeschlossener, zuversichtlicher Geist, wusste, dass die Künste unbegrenzt vervollkommnungsfähig sind, und vertraute auf die Zukunft. So hat er der Ingenieurskunst gedient, was ihm die Dankbarkeit all seiner Nachfolger einbrachte. Aber in zwei Punkten hat er sich geirrt. Er hat keinen Handlungsspielraum eingebaut, um unvorhersehbaren Schwierigkeiten zu begegnen. Er nahm an, dass die Bauarbeiten teils schwieriger als am Mont Cenis, teils leichter zu bewältigen wären und dass sich beides aufs Ganze gesehen die Waage halten würde. Man durfte dies hoffen, aber die Ereignisse haben gezeigt, dass man darauf nicht zählen durfte. Es hat sich herausgestellt, dass der Gotthard für den Durchbruch eine wesentlich schlechtere geologische Beschaffenheit aufwies als der Mont Cenis.

Zudem war Favre bis zu diesem Zeitpunkt immer für Unternehmen tätig gewesen, die sich auf ihre Fahne geschrieben hatten, einen fähigen, gewissenhaften Bauunternehmer voll zu unterstützen. Er war davon ausgegangen, dass er es auch diesmal mit einer solchen Firma zu tun hätte. Als williger, edelmütiger und entschlussfreudiger, keineswegs pedantischer oder kleinlicher Mann hatte er geglaubt, dass er mit seinesgleichen zu tun haben werde. Nie hat er sich gründlicher geirrt. Es genügten ihm einige Monate, um diese Erfahrung zu machen. Über diesen heiklen Punkt werden wir uns allerdings nicht weiter auslassen. Wir beschränken uns, darauf hinzuweisen, dass die Schwierigkeiten, die ihn in den letzten Jahren seines Lebens verbittert hatten, nicht ausschliesslich irgendeinem bösen Willen zuzuschreiben waren. Für ein Projekt dieser Bedeutung sind das Zusammentreffen und die unvermeidlichen Reibereien zwischen zwei so unterschiedlichen Genies, von denen der eine die Interessen der Baugesellschaft, der andere das Vorhaben an sich vertrat, immer misslich. Der französische und der deutsche Geist eignen sich nicht, sich einander unterzuordnen. – Am Nordeingang des Tunnels wird L. Favre ein bescheidenes Denkmal errichtet werden.

---

## Walter Kessler

### *«Beim geheimnisumwobenen Riesenspielzeug am Sankt Gotthard»*

Von seiner Grossmutter her, die in Zürich «als Bahnwärterin Barrieren schob und die rote Fahne schwenkte oder ins Alarmhörnchen tutete», erbte Walter Kessler seine Vorliebe für alles, was mit Lokomotiven zusammenhing. Der Verfasser einiger kleiner «Ferien-, Wander- und Reisebücher» zwischen 1949 und 1968 reiste mit dem Zug – häufig ins Tessin. Dies bezeugt sein kurzes, aber inniges Loblied auf die Gotthardbahn aus «Wonne des Wanderns – Ein Landstreicherbuch».

Rasch räkelt sich die Bahn empor. Schlau wie ein Einheimischer, der alle Schliche und Schründe kennt, und vorsichtig wie der Jäger, der den Gemsen nachsteigt. Das Riesenspielzeug am Sankt Gotthard. Ein Kehrtunnel öffnet den Berg. Wie im Lift werden beträchtliche Höhendifferenzen überwunden, während im Innern der Erde die Schiene sich windet und dreht. Die Bahn wirft ihre Stahlschlingen um Bergkuppen, rutscht durch granitene Kamine, spannt kühnbogige Brücken, um plötzlich aus der Vogelschau zu betrachten, was eben noch zu ihren Füssen kauerte. Höher, immer höher. Hinauf zu den Berggeistern, die mit dem Schneetuch winken. Empor zu den Wolken, die von der Eiswand zur grünen Matte gleiten. Hinüber zu den Häusern und Hütten, die zur Kurzweil des Dorfes oder zur Einsamkeit der Alp versammelt sind. Aufwärts mit eiserner Energie. Mit einem Atem und Rhythmus, der das Lob der Elektrizität pfeift und mit Wasser, Wind und Wolken um die Wette rennt. Ein zauberhaftes Spiel, das, und wenn es tausendmal gespielt und geschaut, immer wieder des Menschen Staunen weckt und mit in den Märchentaumel der Technik reisst. Das Wunder der Technik: Von schöpferischem Geist geboren, von schwieliger Hand ans Licht getragen und durch vereinte Kräfte lebendig erhalten. Wo offenbart es sich schöner als bei der Gotthardbahn, beim geheimnisumwobenen Riesenspielzeug am Sankt Gotthard?

IV. KAPITEL

# *«Dass die unheimliche Vergiftung nicht bis ins Herz Europas dringen kann»*

## Die Gotthardbahn und die Zeitgeschichte

Endlich Frieden! Das war die grösste Erwartung der meisten Menschen im Europa des 19. Jahrhunderts an die Erfindung und den Bau der Eisenbahn. Anton Wapf (1824–1884) sprach in einem «Gedenkblatt» von 1882 zur Eröffnung der Gotthardbahn diese Hoffnung deutlich aus. Gott möge «das Riesenwerk» schützen, schrieb der Luzerner Stadt- und Nationalrat, «damit es wirke zum Wohle und Gedeihen der Menschheit, dass es die Völker und die Nationen näher zusammenführe, auf dass sie sich besser kennen lernen und achten, und dass es dazu beitrage, einst die blutigen Schlachtschwerter in den Scheiden einrosten und alle Kanonen umgiessen zu lassen».

Doch das 20. Jahrhundert lehrte uns, dass die Eisenbahn – im Gegenteil – dazu missbraucht wurde, Kriege in nie gekanntem Ausmass und mit bis anhin unvorstellbarer Verheerung zu führen. In der Schweiz war in beiden Weltkriegen die Bewachung des Gotthards aus strategischen, wirtschaftlichen und symbolischen Gründen ausserordentlich wichtig. Die Bahnstrecke mit ihren zahlreichen Brücken und Tunnels zählte mit dazu.

Etliche eindrückliche literarische Texte erinnern an diese Jahre am Gotthard. Robert Faesis Roman spielt im Ersten Weltkrieg zwischen 1914 und 1918 und wurde während der erneuten Bedrohung nach 1933 ein Symbol der geistigen Landesverteidigung. In der Zeit des Aktivdienstes zwischen 1939 und 1945 sind die beiden Erzählungen von Meinrad Inglin und Fritz Meyer angesiedelt. Nelo Risi schildert seine Erfahrungen als geflohener, italienischer Soldat in der Schweiz. Alberto Nessi erinnert an die Folgen des

Kriegs in Chiasso. Der Jugendroman Adolf Hallers steht für einen etwas verklärenden, das berühmte «Palaver» über eine «Schweiz ohne Armee» von Max Frisch für einen kritischen Rückblick auf die Jahre des Zweiten Weltkriegs in unserem Land.

Zur Zeitgeschichte auf der Gotthardbahn nach 1945 gibt es nur wenige literarische Zeugnisse. So findet sich die Epoche des Kalten Kriegs in einem Thriller von Colin Forbes thematisiert, wenn auch fernab jeder realistischen Schilderung der Bergwelt des Gotthards (siehe V. Kapitel). Und Attilia Fiorenza Venturini schreibt über die Lage der italienischen «Gastarbeiter», die die erste Begegnung mit einem fremden Land häufig im Zug über den Gotthard erlebten. Keine Texte mit Bezug zur Gebirgsbahn fanden sich leider im Zusammenhang mit Asylbewerbern und ebenso wenig mit den heutigen Flüchtlingen, den Sans-Papiers aus der Dritten Welt. Dabei sind unter diesen verzweifelten Menschen immer wieder solche, die hoffen, in einem Gotthardzug Richtung Norden einer besseren Zukunft entgegenfahren zu können.

## Robert Faesi

*«Dies Felsentor wollen wir offen halten»*

Populäre Schauspieler wie Paul Hubschmid und Elsie Attenhofer verhalfen dem 1938 uraufgeführten Spielfilm «Füsilier Wipf» zum Grosserfolg. Dankbar nahm das politisch besorgte Publikum diesen humorig-anrührenden Beitrag zur geistigen Landesverteidigung auf. Das Drehbuch basierte auf dem gleichnamigen Roman des Literaturprofessors Robert Faesi (1883–1972). Zur Zeit des Ersten Weltkriegs entstanden, plädiert die Geschichte für die Verteidigung der nationalen Selbständigkeit, um Humanität und Solidarität in einer Welt der Zerstörung zu bewahren.

### Weihnachtswache am Gotthard

Wie lange dauert's wohl noch? Drei Viertelstunden. Es ist schon fast dunkel. Eine langwierige Wache. Prrr! In zwei Paar Socken und Fusslappen, in ein Leibchen und drei wollene Hemden einkapselt, und immer noch kalt wie ein Eiszapfen.

Saubere Bescherung an einem Weihnachtsabend: Schneestampfen und in den Nebel glotzen. Genau vor der Verpflegung hat's mich getroffen, während die Kameraden mit dem Oberleutnant im Blockhaus das Fest mit Glühwein begiessen und qualmen wie die Türken und mir die heissen Schüblige vor der Nase wegschnappen.

Schlafen möcht' ich! So ein ellenlanger Murmeltierwinterschlaf, das wäre jetzt der wahre Jakob. Teufelsdonner, Wipf! Du stehst ja Wache. Faultier, erbärmliches! Das geht dich gar nichts an, ob du müde bist. Punktum. […]

Und da drunten, in meinem Rücken, sitzen sie in den Familienstuben und lassen sich von den Kerzen anscheinen und kramen in ihren Geschenken und schwimmen im Behagen wie die Goldfische im Wasser. In ein paar Dutzend Städten, in ein paar tausend Dörfern ein paar Millionen Menschengeschöpfe, die sich Schweizer heissen. Und von denen keiner einen Hochschein hat, dass da oben ein dunkler Fleck im Schnee ist, der Füsilier Wipf heisst, und einen unbarmherzig eiskalten Schiessprügel unterm Arm hält, damit sie ungestört ihre Kerzen anzünden können. Eigentlich sitzen sie nur so gemütlich an der Wärme, weil ich für sie hier in der Kälte stehe.

Na, schenkt euch nur ruhig ein und schöpft euch tüchtig heraus, ihr könnt euch auf mich verlassen. Ich sorge dafür, dass euch niemand mit Pulver und Blei den Weihnachtskuchen verpfeffert.

Die Ohren läuten mir, besonders das rechte. Wer mag von mir reden? Denkt wohl jemand an mich in diesem Augenblick, auf dem Bänklein zwischen dem grünen Kachelofen und dem gewürfelten Tischtuch. Guckt Vreneli die Photographie an, die ich ihr von Göschenen geschickt habe, und summt vor sich hin:

«Wer's glauben tut, ach der ist weit von hier.
Er ist am Gotthard, er ist in Andermatt,
Er ist Soldat und bleibt Soldat!»

Dass ich das hoffe, das wärmt ein bisschen. Es ist ein geheimer Faden in das Menschengewimmel hinunter. Und meine paar Leutchen kennen wieder hundert andere, und jeder von den hundert wieder ebensoviele, und so weiter, dass alle die drei oder vier Millionen miteinander verschlungen oder verknüpft sind wie ein solides Gewebe.

Für sie alle stehe ich da, für Grosse und Kleine, Waadtländer und Kellenländer, Bürstenbinder und Fabrikherren, Kirchenlichter und Nachtlichter, Gerechte und Ungerechte, und sie brauchen es gar nicht zu wissen; ich mache mir dennoch eine Ehre daraus. […]

Warten, wachen – nichts zu machen. Wie in einem Wartzimmer kommen wir Schweizer uns vor, und der Kuckuck weiss, ob uns der Doktor, wenn er endlich die Türe aufmacht, Krieg oder Frieden zum Bescheid gibt.

Prrr! Wie einem der Wind durch die Wollkappe in die Ohrränder kneift. Warum noch keiner eine elektrische Personalheizung erfunden hat? Ein kleiner Akkumulator, oder wie man das heisst, in den Absätzen, und Drähte und Röhren am ganzen Körper empor … […]

Dreinschlagen möcht ich jetzt, das gäbe warme Glieder. Und überhaupt mal zeigen, was man gelernt hat, was man wert ist!

Sieh da! Die Arve wird deutlich. Der Nebel zerreisst … Ah, wie sich das weitet! Stahlblauer Himmel und Sterne, Sterne, rein gespült vom kaltklaren Äther, scharf glitzernd wie Diamanten.

Herrgott, ist das schön! Und das Nebelmeer; wie es wogt und sich schiebt und drängt, gleich da steil unten in den Schründen. Und draussen diese feste, dichte Schicht, als ob man drauf spazieren könnte bis ans Ende der Welt, ohne nur an die Knöchel drin einzusinken … Dass da drunten Menschen leben können in diesem grauen schweren Brei. Wie das auf die Stirn drücken und sich um die Brust legen muss!

Der ganze Krieg ist mit einem Mantel zugedeckt, als ob sich die Erde seiner zu schämen hätte. Hat sie aber auch! Und da red' ich noch von Dreinschlagen? Statt mich selig zu preisen, dass Europa hier sozusagen den Kopf aus dem Elend streckt, darin es bis an den Hals eingesunken ist …

Eine krautige Weihnachtsbescherung da unten in den Schützengräben, wo einem die Schrapnells auf den ungedeckten Tisch spucken. Da werden heut Nacht mehr Lichter ausgeblasen als angezündet. Der Vetter Fritz, der nistet dort auch irgendwo als Marder. «Unser Kaiser führt uns von Sieg zu Siegen. Wir haben viel Hunger, aber noch mehr Disziplin», hat er mir geschrieben. Wenn's bei uns nur wenigstens nicht umgekehrt ist! Den Kaiser schenk ich ihm, aber Disziplin, unbedingte, das ist mein Glaubensbekenntnis als Soldat.

Wenn der Fritz wüsste, dass ich seine Ansichtskarte hier oben im Dienstbüchlein trage, zusammen mit der vom Jean. Das ist doch mein liebster Freund gewesen, alleweil voll guter Laune und Humor, und jetzt meint er noch immer, dass er seine roten Hosen nach Berlin spazieren führen kann.

Aber beide können doch nicht diesen hirnwütigen Krieg gewinnen. Die Erde sollte noch ein wenig ihre Brust ausweiten, damit alle drauf Raum haben; aber sie scheint schon erwachsen zu sein. Auch für uns …

Eine Sternschnuppe! – Was hab ich mir denn dabei gewünscht? Suppe! Wahrhaftig: warme Suppe. Schämen sollte ich mich. Kann ich denn heute nacht kein vernünftiges Selbstgespräch abspulen, ohne dass der Magen gleich dreinknurrt? Ein unverschämtes Gewohnheitstier ist der Mensch.

Wenn wieder eine solche Sternenrakete durch den Himmel kutschiert, während ich noch da Wache stehe, da nenn' ich was Besseres aus meinem Wunschzettel. Und dann soll's ein Zeichen sein dafür, dass es sich noch erfüllt vor der nächsten Weihnacht. Frieden wünsch ich dann. – –

Wie gut und anständig und tapfer seid ihr alle, ihr Waffenbrüder da draussen. Aber ist es nicht grausig, dass ihr einander um so grimmiger das Blut aussaugt, je kühner euer Herz schlägt? Ihr tut, was ihr müsst. Ich grüsse euch alle von meinem hohen Posten. Ich darf nicht reden; ich grüsse euch schweigend! –

Wenn ich denke, dass sie heute Nacht tot in den Drahtverhauen liegen und wie der Verwesungsgeruch in die Schützengräben niederschlägt!

Jetzt weiss ich wie gut ich's habe. Keine Bescherung brauch' ich mir mehr auszudenken, um glücklich zu sein. Ich lebe! Ich atme, ich bade in dieser kalten, klaren, reinen Luft.

Halt, was war das? Ein Raubvogel krächzt. Jetzt flattert er in der Krüppeltanne. Aufpassen Wipf, du stehst auf Posten. Eigentlich sollte man den Schildwachen auch das Denken verbieten, nicht bloss das Schlafen, Sitzen und Essen. Freilich bei manchen wär's gar nicht erst nötig.

Was schnauft da tief unten leise herauf? Der Gotthardzug ist's, der kleine schwarze Lichterwurm unsichtbar unter der Nebeldecke. Jetzt pustet es; er wühlt sich in den Tunnel. Wozu haben wir denn die dunkle Felsmasse durchbohrt? Doch nicht bloss, damit die Völker Kohlen und Pomeranzen tauschen, oder gar Ultimatum und Bomben, sondern vor allem ein bisschen Herzenswärme, Schönheit und Brüderlichkeit.

Dies Felsentor wollen wir offen halten, und noch viele Tore durch die Berge, viele Wege über rauhe Pässe und blaue Seen, viele Brücken über die Ströme.

**Anonym, «The World's most Picturesque Route», 1890**
Rückseite des Reiseführers von George L. Catlin mit einem Bild von Wassen, 26,3 × 20 cm

*Der amerikanische Eisenbahnpublizist George L. Catlin war eng mit der Schweiz verbunden. Dies bewog die Gotthardbahn-Gesellschaft, ihm den Auftrag für einen Reiseführer über «die prächtigste Eisenbahnlinie der Welt» zu erteilen (siehe Seite 124).*

**Anonym, «Bellinzona»**
hier aus Prospekt, Druck Orell Füssli Zürich, 1892

*Ansicht der Stadt Bellinzona von Norden. Ein Blick, der die Stadtentwicklung nach dem Anschluss an die Gotthardbahn eindrücklich dokumentiert: Die Wahrzeichen Bellinzonas, die drei Burgen, treten zugunsten der neuen Gleisanlagen in den Hintergrund.*

**Anonym, «Gotthardbahn bei Wassen»**
hier aus Prospekt, Druck Orell Füssli Zürich, 1892

*Viele Ortschaften entlang der Gotthardbahnstrecke erlebten die Einbindung ins nationale und internationale Bahnnetz als starken Eingriff in ihren traditionellen dörflichen Charakter. Dafür gewannen sie die Vernetzung mit der Welt hinzu.*

**Anonym, «Das Loch der Zukunft», um 1870**
Karikatur aus dem Berliner Tagblatt

*Während der internationalen Verhandlungen um den Staatsvertrag für das «Gotthardprojekt» erschien die Karikatur mit folgendem Text: «Die Schweiz selbst, das Land der Pässe, der Brückenkopf Europas würde nur unendlich gewinnen, wenn sie in alleinigen Besitz Deutschlands überginge.»*

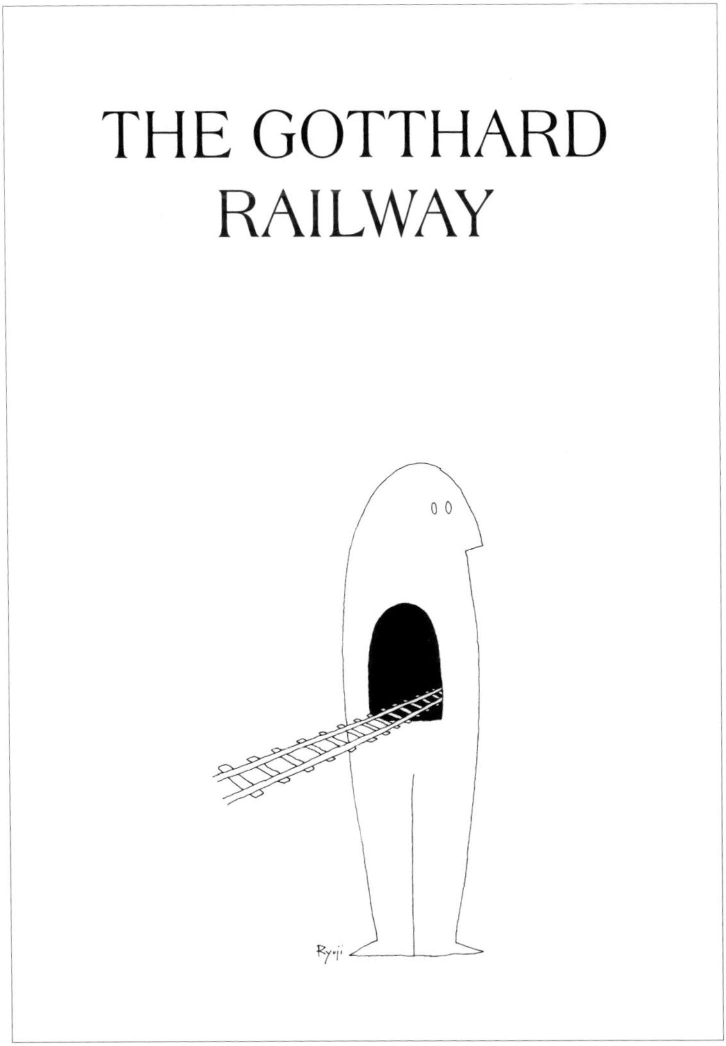


**Ryuji Watanabe, «The Gotthard Railway»**
Illustration im Buch «The Bridgeroom Was a Dog» von Yoko Tawada, 1998

*Die japanische Schriftstellerin Yoko Tawada bereiste in den 1990er Jahren die Schweiz und durchquerte auch den Gotthardtunnel. Aus der Erinnerung an diese Eisenbahnfahrt entstand ihre geheimnisvolle Erzählung «Die Gotthardbahn»* *(siehe Seite 277).*

**Aurelia Markwalder (* 1980), «Ae 6/6», 2005**
Lithografie überarbeitet mit Bleistift und Farbstift, Aceton-Abriebe von Frottagen der Originalschrift der Ae 6/6, 50 × 65 cm, gedruckt in der Steindruckerei Stoob, St. Gallen

*Der Künstlerin Aurelia Markwalder ist die Lokomotive Ae 6/6 der Schweizerischen Bundesbahnen vertraut: Sie bewohnte jahrelang ein Haus beim Abstellgleis für Lokomotiven in St. Gallen. Der Rangieralltag war allgegenwärtig und hinterliess seine Spuren in ihrer Arbeit.*

**Anonym, «50 Jahre Gotthard, 1882–1932»**
Titelblatt der Broschüre zum 50-Jahre-Jubiläum, 1932

*Der Umschlag der Jubiläumsbroschüre von 1932 mit einem Sujet, das auch als Plakat für die 50-Jahr-Feiern der Gotthardbahn warb. Die Broschüre versammelte Texte, Gedichte und Erinnerungen sowie zahlreiche Stiche und Fotos zur Geschichte und Bedeutung der Gotthardbahn.*

**Francesco Milani (* 1937), «Ticino, San Gottardo, 1882–1982», 1982**
Plakatentwurf für das 100-Jahre-Jubiläum der Gotthardbahn
Farboffset, 127 × 90 cm

*Das Plakat des «Ente Ticinese per il Turismo» war mit leicht veränderter Typografie das letzte, das für den Gotthard und seine Bahn warb. Die Schweizerischen Bundesbahnen hatten die streckenbezogene Werbung schon Jahre zuvor beendet.*

Bis dahin stehen wir Wache, dass die unheimliche Vergiftung nicht bis ins Herz Europas dringen kann. Könnten wir doch durch diese blauen Adern hinab, den Rhein, die Rhone, den Tessin hinunter ein Heilelexier und einen zauberhaften Liebestrank in die wunden Glieder Europas strömen lassen.

Wie eine Insel schwimmt jetzt der Gotthard überm Nebelmeer, über der Sintflut – der Blutflut. Da hinauf kann sich das bisschen übrig gebliebene Vernunft, Verträglichkeit, Völkerliebe und Glauben flüchten, wie eine Arche Noah. Wir wollen es aufheben und auf unserm Felsen ruhen lassen, bis die Taube mit dem Ölblatt geflogen kommt, die Wasser sich verziehen und der grüne Teppich Europas ringsumher aus den Fluten steigt. Und der Regenbogen der Versöhnung wird sich mit mächtigem Schwung quer überm Schweizerland hinspannen.

Ich bewache und bewahre also auch ein klein bisschen das grosse Europa, nicht bloss die drei, vier Milliönchen Landesbrüder. Donnerwetter, ich komme mir immer wichtiger vor.

Das ist eigentlich herrlich, dass wir das dürfen; dass wir einen dürfen, wo die andern trennen, schützen, wo die andern zerstören, säen, wo die andern zerstampfen, segnen, wo die andern fluchen, lieben, wo die andern hassen.

Nun weiss ich, was wir zu tun haben. Wir müssen unsern Verstand zusammennehmen und unser Herz ausweiten, um das gute Beispiel zu geben; sonst glaubt kein Mensch mehr zwischen der italienischen Stiefelsohle und der russischen Pelzmütze, dass es möglich ist, auf «guten Tag» mit einem manierlichen und herzlichen «bon jour» oder «buon giorno» zu antworten.

Herrgott, das wäre der Mühe wert, dies Beispiel zum Gelingen zu bringen wie einen Gewehrgriff, der sauber klappt; dafür wollt ich hier gern zehn Stunden lang hintereinander Wache stehen, und, wenn es sein müsste, die Nase abfrieren.

Aber was ist denn das? Es ist mir ja gar nicht mehr kalt; ich habe mich warm gedacht! – Doch! man soll den Schildwachen das Denken erlauben!

Wutsch! Eine Sternschnuppe! Friede! – Diesmal kam mein Wunsch just zur Zeit – aber war's auch wirklich ein richtiger und ordentlicher Meteor? Etwas schüchtern und fern flog die Friedenstaube jedenfalls am Himmel vorüber …

Ein Schritt?

«Halt! … Halt, wer da …?»

Die Ablösung ist's. Schade, jetzt fing's eben an, schön zu werden.

---

## Meinrad Inglin

### *«Da kamen sie überein, das Ereignis als ungeheures Zeichen anzusehen»*

Während der beiden Weltkriege leistete der bekannte Schwyzer Schriftsteller Meinrad Inglin (1893–1971) häufig Militärdienst. In der Zeit des Aktivdienstes von 1939 bis 1945 spielt denn auch die folgende Erzählung. Soldaten und Offiziere bewachen Tag und Nacht die Strecke der Gotthardbahn, so auch die namentlich nicht erwähnte, aber unschwer erkennbare Intschireuss-Brücke. Vor dieser Kulisse zur Winterzeit spielt Meinrad Inglins dramatische Geschichte um Liebe, Schuld und Schicksal.

### Die Lawine

Auf der Eisenbahnbrücke, die das Doppelgeleise über die tiefste Schlucht der Bergstrecke hinwegführt, brüllte eines stürmischen Winterabends die Schildwache «Halt!» und ging mit schussfertig erhobenem Gewehr durch das Schneegestöber auf eine vermummte Gestalt zu, die sich der Brücke näherte. Die Gestalt blieb stehen, schob das verschneite Kopftuch beiseite und blickte mit einem blühend geröteten jungen Bäuerinnengesicht der Schildwache lächelnd entgegen. «Erschiesst mich nur nicht!» rief sie.

«Jaso!» sagte der Soldat erfreut und nahm das Gewehr aus dem Anschlag. «Hab Euch nicht gleich erkannt.»

Die stattlich gewachsene, aber noch mädchenhaft wirkende Bauernfrau, die auf dem Weg vom Dorf zu ihrem Heimwesen hier auf einem hohen Steg den Bahndamm überschreiten musste, und der Soldat, der zu bestimmten Stunden hier die Brücke bewachte, hatten bei jeder Begegnung freundliche oder scherzhafte Worte gewechselt und einander jedesmal besser gefallen. Der Soldat, ein lustiger lediger Bauernbursche, hätte sie zu seinem Vergnügen gern einmal besucht, aber da sie den Ehering trug, fand er sich nicht genügend dazu ermutigt.

«Seid Ihr auf dem Heimweg?» fragte er.

«Ja. Ich bin im Dorf unten gewesen. Aber hab Euch nur sagen wollen, dass man hier jetzt nicht mehr sicher ist.»

«Wegen der Laui, meint Ihr? Ja, auf dem Posten reden sie auch davon, aber unser Leutnant gibt nicht viel darum …»

«Der wird es ja wissen. Aber gelt, Euch hab ich es jetzt gesagt …»

«Halt!» rief der Soldat in diesem Augenblick einer zweiten Gestalt zu, die durch das Schneetreiben daherkam, dann schlug er, da nun diese Gestalt erstaunlicherweise nicht stehenblieb, mit einem erneuten brüllenden «Halt!» das Gewehr noch einmal an und wollte schon abdrücken, als ihm die Bäuerin den Gewehrlauf beiseite lenkte.

«Das ist doch der Seppetoni!» rief sie erschrocken. «Den werdet Ihr mir doch nicht erschiessen wollen!»

«Der Tölpel, natürlich! Der ist hier schon vorgestern von einer Schildwache fast angeschossen worden … He du, geh heim!»

Der Schwachsinnige kam, vorgebeugt unter der Last eines beladenen Rückenkorbes, noch näher und grinste, unverständliche Worte ausstossend, mit seinem armseligen, stoppelbärtigen Gesichte die Schildwache an. Erst auf den Befehl der Bäuerin ging er zurück und stapfte brummend über den Steg.

«Er hat halt Freude an den Soldaten», erklärte sie. «Ich bin ihm vorausgegangen, aber er hat mich rascher eingeholt als ich dachte. Er ist bei uns Knecht.»

«Knecht? Da habt Ihr Euch einen rechten ausgesucht!»

«Ja, was wollt Ihr, wenn alles Mannenvolk im Militärdienst ist? Ich möchte ihn ja am liebsten wieder fortschicken, er ist ein Dreckfink und nicht immer gutartig, manchmal muss ich fast Angst vor ihm haben. Aber er kann tränken, misten, Holz scheiten und trägt mir die Ware vom Dorf herauf. Jetzt hat er ordentlich geladen, weil wir ein paar Tage lang nicht mehr hinuntergehen … eben wegen der Laui.»

«Aber wenn sie kommt, so fährt sie doch unter der Brücke durch das Tobel hinab?»

«Das schon, aber trotzdem ist man auf der Brücke nicht sicher …» Und die Bäuerin erklärte dem Soldaten, dass nach den Erfahrungen der Anwohner eine Staublawine niedergehen könnte.

Der Soldat blickte den Berg hinan, aber da liess sich heute nur ein wenig vom unregelmässig bewaldeten, durch das Flockengewirbel verschleierten nahen Steilhang sehen. Der Berg war über der Brücke mit einem lückenhaften Wald umgürtet, dann stieg er mit spärlich gegliederten kahlen Hängen noch zweitausend Meter hoch hinauf. Durch die breiteste Waldlücke fuhr im Frühling die Grundlawine oberhalb der Brücke in die Schlucht hinab, staute den Bach und trieb den Schneekegel zwischen den granitenen Brückenpfeilern durch, ohne Schaden anzurichten. Jetzt aber hatte seit drei Tagen und Nächten der immer noch andauernde Wintersturm den Berg mit trockenem Schnee überhäuft, der an den obersten Steilhängen den Halt zu verlieren und mitsamt den lockeren Massen der unteren Hänge durch den alten Lawinenzug hinabzustürzen drohte, doch eben nicht als schwere, schürfende Grundlawine, sondern als haltlos rasende Staublawine, die auf ihre berüchtigte Art die Luft unwiderstehlich vor sich her fegen, Tannen knicken und auf der Brücke einen Eisenbahnwagen umlegen konnte, noch eh der anbrausende Schnee auch nur die Pfeiler umbrandete.

«Übermorgen werden wir abgelöst», sagte der Soldat, «vielleicht wartet die Laui noch so lange, und sonst leg ich mich halt auf den Bauch, dann kann sie mir blasen.»

«Übermorgen?» fragte die Bäuerin und sah enttäuscht aus, dann wiederholte sie die Warnung mit einem so warmherzigen Eifer, dass der Soldat beim Abschied ihre Hand nun nicht gleich losliess.

Die Bäuerin fasste auch ihrerseits fester zu. «Kommt einen Augenblick da hinüber!» bat sie und zog ihn von der Brücke weg.

«Warum nicht!» sagte der Soldat. «Hier könnte man uns vom Posten aus noch sehen, und dann würden sie weiss der Teufel was für eine Geschichte draus machen.»

Die Bäuerin aber watete nach wenigen Schritten zu einem verschneiten eisernen Kreuze, wischte den Schnee von der daran angebrachten Tafel und wies schweigend auf die Schrift hin.

Der Soldat las, nicht zum erstenmal, dass an dieser Stelle vor zwei Jahren der dreiundzwanzigjährige Josef Mattli tödlich verunglückt sei.

«Das ist mein Mann selig», erklärte die Bäuerin leise. «Er war auf dem Heimweg aus dem Militärdienst und wurde hier vom Luftdruck der Laui ins Tobel hinunter geworfen. Nur sein Gewehr lag noch da.»

Der Soldat blickte zwischen der Tafel und der Frau verwundert hin und her und wusste nicht gleich etwas zu sagen.

«Nur damit Ihr seht, dass eine Staublawine hier keinen Spass macht!» erklärte sie, trat vom Kreuze weg und lächelte wieder.

Jetzt schaute der Soldat sie mit andern Augen an. «O ich Esel!» sagte er leise, schob sich liederlich den Helm in den Nacken, so dass sein ganzes verdutztes Gesicht zu sehen war, und wandte keinen Blick von der halb verlegenen, halb belustigten jungen Witfrau. Plötzlich steckte er da, wo er stand, pflichtvergessen sein Gewehr mit dem Kolben in den tiefen Schnee, trat auf die Bäuerin zu und fasste sie an beiden Armen. Gedämpft, aber eindringlich, mit fester Stimme, sagte er: «Heut nachmittag hab ich meinen letzten Ausgang gehabt. Ich muss noch einmal auf Patrouille und zweimal hier Schildwach stehen, dazwischen bin ich auf Pikett und kann nicht weg. Und Ihr wollt nicht mehr herunterkommen?» Da sie schwieg, rief er: «Am liebsten käm ich grad jetzt mit Euch heim.»

«Da wär Euer Leutnant aber nicht zufrieden, oder?»

«Nicht zufrieden? Jaha, wenn's nur das wäre! Aber ich frage ihn, ob er mir nicht doch noch einen Ausgang bewilligt … Wie weit ist's von hier zu Euch hinauf?»

«Zehn Minuten. Ich hab untertags aber viel zu tun, und nachts würde Euch niemand den Weg zu uns zeigen.»

Sie berieten eine Weile, erwogen diese und jene Möglichkeit, küssten sich dann zum Abschied und standen in der anbrechenden Dämmerung noch lange fest umschlungen da, während der Schneesturm sie lose wie mit einem weissen Bettlaken umhüllte, nicht fester als die flüchtige Gelegenheit es versprach, die sie im Kopfe hatten. –

Der Soldat wurde abgelöst und kehrte hinter dem Korporal auf den Posten zurück, wo er den Leutnant sofort um Bewilligung eines zweistündigen Ausgangs bat. Da er keinen triftigen Grund angeben konnte und der Posten bei dem durch Urlaube geschwächten Bestand der Kompagnie nur ungenügend besetzt war, bekam er die Bewilligung nicht. Er schwieg einen Augenblick mürrisch, dann warf er mit einem Unterton des Widerspruchs die Bemerkung hin: «Die Einheimischen hier sagen alle, das sei ja Gott versucht, wenn man jetzt da oben noch Schildwachen stelle und patrouilliere.»

«Schelbert», erwiderte der Leutnant zurechtweisend, «darüber entscheide ich allein, solang kein anderer Befehl kommt, verstanden?»

«Zu Befehl, Herr Leutnant!» rief Schelbert, die Absätze zusammenklopfend, und schien sich fortan, etwas unzufriedener, wortkarger, doch selbstverständlich mit dem strengen Wachdienst wieder abzufinden, bis sein Schicksal ihn auf die merkwürdigste Art ausser Reih und Glied warf.

Am folgenden Morgen trat der Leutnant aus der frisch verschneiten Baracke, an der untersten rechtsufrigen Schluchtrampe, auf den ebenen Platz hinaus, immer noch hoch über der Mündung des Bergbaches in den Fluss des engen Haupttals, und blickte zur Brücke hinauf, wo Schelbert von sieben bis neun wieder Schildwache stand. Er sah ihn dort oben, ohne ihn auf diese Entfernung erkennen zu können, und dachte an seine Bemerkung von gestern abend, die er dem etwas leichtfertigen, aber sonst tüchtigen Burschen nicht allzu übelnahm, obwohl die Mannschaft seither von der Gefahr schon offener munkelte. Der Schneesturm hatte da unten aufgehört und die Sicht auf den Berg über der Brücke freigegeben, doch in der Höhe blies er weiter und stäubte den lockeren

Schnee wie Rauchfahnen von den obersten Gratwächten weg. Die Lawinengefahr bestand also weiter. Man war aber im Dienst, um eine Aufgabe auch dann zu erfüllen, wenn es gefährlich wurde. Hier war noch dies und jenes gefährlich, und man tat es dennoch. Zudem konnte die Schildwache da oben eine Lawine bei dieser Sicht schon von weitem erkennen und von der Brücke wegspringen, um sich geschützt an die Bahnrampe zu legen. Überhaupt, wie konnte man sich aus solchen Gefahren etwas machen, wenn man auch nur einen Augenblick an das stündlich bedrohte Leben der Soldaten fast aller andern Armeen in diesem mörderischen Kriege dachte!

Der Leutnant beschloss, die unregelmässig auszuführende Tagespatrouille jetzt abzuschicken und sie mitzumachen, er bestimmte zwei Mann dafür und stieg mit ihnen, da es auf neun Uhr ging, hinter der Ablösung her zur Brücke hinauf. Eine Frau ging von Schelbert weg, als er abgelöst wurde, und der Leutnant fragte ihn nach ihr. Er antwortete wahrheitsgemäss, das sei eine Bäuerin von da oben, die häufig hier durchkomme und jetzt heimgehe. «Trotz der Lawinengefahr!» bemerkte der Leutnant. Schelbert schwieg. «Kommen Sie gleich mit auf Patrouille, Schelbert!» befahl der Leutnant. «Sie stehen für heute auf der Liste.»

«Zu Befehl!» rief Schelbert und hing sich unwirsch das Gewehr an.

Der Leutnant ging den Dreien voran auf die Brücke hinaus, wobei er den schmalen eisernen Laufsteg zwischen Geländer und Geleise unter den zugewehten gestrigen Stapfen im Schnee nur erraten konnte und zweimal zwischen Steg und äusseren Holzbohlen ein gähnendes Loch eintrat, das wohl einen Absatz klemmen und den Mann zu Fall bringen konnte. Auf der Mitte der Brücke stieg er mit den Zweien, die ihre Gewehre dem Dritten übergaben, einem Gefreiten, die Aussenleiter hinab und in das mächtige eiserne Gefüge hinein.

Während die beiden Füsiliere die Schlösser der überall verteilten Minenkästen prüften, ging er selber zur Kontrolle einer Minenkammer auf dem schneeverwehten Plattensteg vorsichtig weiter bis zum nächsten Pfeiler und hatte sich dabei immer wieder unter gekreuzten eisernen Strebebalken durchzubücken. Dieser Steg besass kein Geländer, und wer hier nicht schwindelfrei war oder sonst ausglitt, konnte leicht in die tiefe Schlucht hinunterstürzen; ein Offizier und ein Unteroffizier waren hier auf einem Kontrollgang so um ihr Leben gekommen. Als der Leutnant von diesem Gang zurückkam, sah er den Schelbert im vereisten Gebälk eigenmächtig mit einer Verwegenheit über dem Abgrund herumklettern, als ob es da etwas herauszufordern gälte. Er wunderte sich, schwieg aber dazu.

Alles war in Ordnung, die Brücke konnte in die Luft fliegen, wenn es notwendig würde. Die Patrouille stapfte oben auf dem Schienenweg weiter bergan, warf einen prüfenden Blick in die nächste Telefonkabine, zog ein Signalwerk auf und betrat einen längeren Tunnel, dessen Eingang von der Schildwache eines zur Kompagnie gehörenden nahen Unteroffizierspostens bewacht wurde. In diesem Augenblick signalisierte draussen am Eingang der Glockenhammer einen talwärts fahrenden Zug. Der Leutnant zögerte kurz, dann befahl er zwei Meter Abstand von Mann zu Mann und schritt, mit der Taschenlampe voranleuchtend, auf dem groben Schotter weiter in den stockdunklen Schacht hinein. Er hätte den Zug draussen abwarten können, aber man sollte nicht sagen, dass er selber sich auch nur das Geringste geschenkt habe. Vielleicht konnte man sich in eine Nische drücken, vielleicht auch nicht, aber für diesen zweiten Fall bestanden genaue Verhaltensmassregeln, die jeder kannte. Ausserdem wusste jeder, dass vor Monaten ein bergwärts kontrollierender Offizier sich links in der Zugsrichtung hingeworfen hatte, statt rechts dem Zug entgegen, und am vorschriftswidrig getragenen Mantel unter die Räder gerissen worden war.

Der Leutnant ging an der letzten Nische vorbei und sah nach etwa dreissig Schritten vor sich in einer Kurve schon einen Schimmer Tageslicht, als der Zug von der offenen Strecke, wo der Schnee die Geräusche dämpfte, in den Tunnel einbog und mit dem voranstürzenden Ungetüm der elektrischen Maschine krachend auf ihn zuschoss. «Abliegen!» brüllte er noch, warf sich zwischen Tunnelwand und Geleise der Länge nach hin, dass der Helm hart aufschlug, und sperrte wie hinter feuernden Geschützen den Mund auf. Die Räder rasten mit einem ohrenbetäubenden eisernen Lärm Funken schlagend an ihm vorüber, und die Trittbretter, denen er kurz entgegenschielte, schienen so knapp an seinem Helm vorbeizusausen, dass er den Kopf wieder senkte. Die letzten Wagen des langen leeren Güterzuges, der mit Schnellzugseile talwärts glitt, verschwanden neben ihm wie weggewischt. Er sprang auf, leuchtete mit der Taschenlampe seine Leute an und sah nur zwei, die sich langsam erhoben; erschrocken fragte er nach dem Dritten und rief mit einem bangen Unterton in das Dunkel zurück: «Füsilier Schelbert!»

Der Gerufene meldete sich, kam mit einem Gegenstand in den Händen gelassen daher und erklärte ruhig, er sei vor dem Zug in die für ihn noch erreichbare Nische zurückgerannt. «Schelbert», rief der Leutnant erzürnt, «das ist nun allerdings Gott versucht, diesmal kann man es mit Recht sagen. Sie wissen, dass das verboten ist. Im Dunkeln vor dem Zug herrennen! Der reine Zufall, dass Sie nicht über Schotter und Schwellenköpfe gestolpert sind! In der Nische wären Sie dann geschnetzelt angekommen.»

«Und wenn ich nicht zurückgerannt wäre, Herr Leutnant, so würde ich jetzt wahrscheinlich mausetot neben den Schienen liegen», entgegnete Schelbert im Ton eines fast heiteren Widerspruches, als ob er diesmal seiner Sache mindestens so sicher wäre wie bei der gestrigen Widerrede, und wies den Gegenstand vor, einen schweren Bremsklotz, der genau dort zu Boden geschmettert worden sei, wo er sich hätte hinlegen sollen.

Der Leutnant leuchtete den Bremsklotz mit der Taschenlampe an, dann befahl er, um vorerst einmal ans Tageslicht zu kommen: «Vorwärts, wir wollen weiter!» Während er dem Ausgang zuschritt, hörte er die Leute hinter sich über das Vorgefallene reden und gewann den Eindruck, dass es wirklich ungefähr so geschehen sein müsse. Der Vordermann Schelberts behauptete jedenfalls, er habe bei allem übrigen Lärm hinter sich einen harten Aufschlag gehört, den er sich erst jetzt erklären könne, und Schelbert selber erzählte, dass der Klotz, der natürlich noch ein paar Sprünge gemacht habe, neben ihm an die äusserste Nischenwand geprallt und dort liegen geblieben sei. Ungewöhnlich war es nicht, dass auf dieser Strecke ein Bremsklotz absprang; gewisse ausländische Güterwagen, aus denen auch dieser Zug bestand, waren so verlottert, dass man nach ihrer Durchfahrt häufig abgesprungene Eisenteile fand, darunter auch manchmal einen Bremsklotz, ja dass untüchtige Wagen auf der Station ersetzt werden mussten. Ungewöhnlich war nur dieser Zufall, der dem Fehlbaren recht und seinem Vorgesetzten unrecht gab. Der Leutnant machte sich indes nicht allzu viel daraus und bemerkte am Ende nur noch, man könne ja ausnahmsweise einmal Glück haben, auch wenn man sich falsch benehme, aber das entschuldige nichts.

Die Patrouille kehrte um Mittag auf den Posten zurück, eben als wieder ein schneetreibender kalter Wind einsetzte, der gegen Abend zum schon gewohnten Sturm anwuchs. Der Leutnant meldete diesmal in seinem schriftlichen Abendrapport an seinen Vorgesetzten die Lawinengefahr, doch mehr, um es gemeldet zu haben, als um etwas zu erwirken. Nach Mitternacht liess das Fauchen um die Baracke allmählich nach, und im ersten Tageslichte sah es wieder genau so aus wie gestern morgen, der Sturm hatte da unten aufgehört und die Sicht auf den Berg über der Brücke freigegeben, aber in der Höhe blies er weiter. Die Ordonnanz am Barackenfenster, die tagsüber regelmässig abgelöst wurde und mit der ausser Rufweite stehenden Brückenschildwache Augenverbindung zu halten hatte, rief jedenfalls, dass der Wind immer noch Schnee von den obersten Gratwächten wegstäube. Das war um acht Uhr. Eine Viertelstunde später stiess diese Ordonnanz, um besser zu sehen, plötzlich das Fenster auf und rief laut: «Was ist das?»

Der Leutnant lief ans Fenster und sah am obersten Steilhang unter dem Grat ein pulveriges Schneegewölk, das sich rasch in die Länge zog und einen Augenblick aussah wie ein hochgeschwollen über Felsen polternder riesiger Wildbach. Er rannte hinaus und schrie zur Brücke hinauf, wo von sieben bis neun wie gestern morgen wieder Schelbert Schildwache stand, schrie, die Hände als Schalltrichter vor dem Mund, aus vollem Halse: «Schelbert, fort, die Lawine, die Lawine!» Die Leute rannten auch hinaus und starrten schreiend und winkend zu ihrem Kameraden hinauf, der weder zu hören noch zu sehen schien und in unbegreiflich wirkender Ahnungslosigkeit dem Brückengeländer entlang patrouillierte. Schon war die obere Berghälfte von hastig aufquellenden pulverigen Schwaden halb verschleiert, die Lawinenfront überfuhr als breite, wulstige Brandung die mittleren Hänge, und ihr voran sauste es dunstig wie zerstäubtes Wasser, das der Sturm von schäumenden Wellenkämmen wegfegt, gegen den alten Lawinenzug hinab. Der Leutnant schrie nach Gewehren, um den unbegreiflichen Mann da oben durch Schüsse zu wecken, aber da schrak der Mann endlich selber auf; er hielt, wie man sah, knapp an, das Gesicht gegen den Berg gewandt, dann rannte er los, stolperte und fiel hin, was alle begreiflich fanden, die je über die schneeverwehte Brücke gegangen waren. Er stand wieder auf, unbehilflicher als man ihm zugetraut hätte, drehte sich plötzlich torkelnd rundherum und flog über das Brückengeländer hinaus. Alle sahen es, einige wie auf den Mund geschlagen, andere mit erregten Rufen. Er flog, in Dunst gehüllt, aber vom unheimlichen Hintergrund eines brodelnden weissen Gewölks noch deutlich abgehoben, wehrlos ins Leere hinaus, und gleichzeitig nahte von dorther ein pfeifendes Sausen wie vom heranstürzenden Föhn. Im nächsten Augenblick rannten alle Leute, von einem Sturmwind gepackt, der die Tür und das offene Fenster zuschmetterte, hinter die Baracke, es wurde dunkler, als ob ein Gewitter ausbräche, die Luft war voller Schneestaub, und von der Schlucht her donnerte das dumpfe Gepolter der aufschlagenden Lawinenmasse.

Der Leutnant befahl die Mannschaft in die Baracke hinein, liess durch den Gefreiten den beiden nächsten Bahnstationen telefonisch den Niedergang der Lawine melden und schickte gleichzeitig eine vom Korporal geführte Patrouille zur Brücke hinauf, mit dem Befehl, allfällige Züge in genügender Entfernung anzuhalten, wenn das Geleise verschüttet oder die elektrische Fahrleitung beschädigt sein sollte. Darauf meldete er den Vorfall seinem Hauptmann, bat um das Aufgebot der Kompagniereserve, bestellte Schaufeln, Pickel, Sondierstangen, einen Lawinenhund, und führte, den Wachtmeister als seinen Stellvertreter und drei Mann in der Baracke zurücklassend, die übrigen Leute mit ihrem Schanzwerkzeug und der einzigen Schneeschaufel auf die Suche nach dem Verunglückten in die Schlucht hinab.

Die niedergegangenen Schneemassen bedeckten die Schluchtsohle verschieden hoch auf einer Breite von hundert bis zweihundert Metern und einer von unten her nicht abzuschätzenden Länge, sie waren hart gepresst und boten gegen die Brückenpfeiler hinauf den Anblick eines zerrissenen, von Altschnee überlagerten Gletscherabbruches. Die Schluchthänge dagegen waren von pulverigem Schnee so hoch überstäubt, dass man stellenweise bis über die Hüften darin versank. Da und dort ragten dunkle Gegenstände aus der harten Masse, und die Leute liefen eilig danach, aber es waren abgesplitterte Stämme, Strünke und Äste. Der Leutnant sammelte seine Mannschaft am untersten Ausläufer, wo der gestaute Bach versiegte, und liess sie in lockerer Linie langsam suchend über die Schneeschuttmassen hinauf vorrücken. Es schien hoffnungslos, irgendwo nach der verunglückten Schildwache graben zu wollen, und so musste wenigstens versucht werden, wenn nicht sie selber so doch eine Spur von ihr an der Oberfläche zu finden.

Die Suchmannschaft kam in die Nähe der kirchturmhohen Brückenpfeiler und wollte die Hoffnung schon aufgeben, als das Unglaublichste geschah. Aus dem Pulverschnee am linken Schluchthang arbeitete sich mit müden Bewegungen ein weiss überstäubter Mann an den Rand der Lawinenmasse hinauf, und der Mann war – die Leute, die ihn entdeckten, rannten, seinen Namen schreiend, zu ihm hinab, – der Mann war Schelbert.

Er stand da, als seine Kameraden ihn umringten und der Leutnant vor ihn hintrat, blickte sie mit verstörten Augen an und schien die Sprache verloren zu haben.

«Schelbert», sagte der Leutnant, «jetzt fange ich an zu glauben, dass Sie einen Schutzengel haben. Ist doch das reinste Wunder, dass Sie noch leben!»

Schelbert blickte ihn an und schwieg.

«Er ist noch nicht ganz beisammen», sagte einer seiner Kameraden leise. «Vielleicht ist er auf den Kopf gefallen.»

Sie suchten ihn dadurch zu wecken, dass sie alles erzählten, was sie gesehen hatten, und ihm Einzelheiten in Erinnerung riefen. Sie sagten ihm, dass er als Schildwache da oben die Lawine zu spät bemerkt habe, dass er beim Fortrennen gestolpert, hingefallen und gleich nach dem Aufstehen vom Luftdruck über das Geländer hinaus geschleudert worden sei. «Wir haben doch jetzt die ganze Lawine nach dir abgesucht, wir dachten, du seiest mausetot.»

Schelbert schwieg noch immer, hörte aber jetzt so angestrengt zu, als ob er wirklich versuchte, sich das alles in Erinnerung zu rufen.

«Sie haben beim Sturz wahrscheinlich das Bewusstsein verloren», erklärte der Leutnant. «Aber vielleicht fällt ihnen doch dies und jenes noch ein. Es wäre interessant zu wissen, wie und wo Sie gelandet sind ... vermutlich doch weiter unten, oder? Und dann sind Sie, bevor wir kamen, da hinaufgegangen?»

Schelbert machte eine Kopfbewegung, die man für ein Ja nehmen konnte.

«Vielleicht wollten Sie Helm und Gewehr suchen, die haben Sie beim Sturz doch verloren, nicht?»

«Helm und Gewehr?» fragte er nun dumpf und dachte einen Augenblick nach. «Die muss ich vielleicht da oben suchen.»

«Auch möglich. Sie wurden ja nur so herumgewirbelt, das hat man gesehen. Aber der Luftdruck muss Sie nicht nur hochgenommen, sondern nachher getragen und glimpflich abgesetzt haben ... oder Sie sind von einer Art Unterströmung, die unter der Brücke durchkam, aufgefangen worden ... Verstehen kann man es nicht, es scheint ganz unglaublich. Aber die Hauptsache ist, dass Sie davongekommen sind.»

Damit schickte er ihn mit den übrigen Leuten in die Baracke zurück und ging der Reservemannschaft entgegen, die mit Pickeln und Schaufeln durch die Schlucht heraufkam. Er traf seinen Hauptmann dabei, erstattete Meldung und hatte Mühe, ihm das Vorgefallene glaubhaft zu machen. Die Mannschaft wurde auf dem kürzesten Weg zur Brücke hinaufgeführt, wo sie die hoch überpulverten Geleise auszuschaufeln hatte. Die untere Station schickte einen Reparaturwagen mit Arbeitern, die den Strom ausschalteten und die von verbogenen Trägern herunterhängende Fahrleitung zu flicken begannen.

Schelbert wich allen Fragen aus, er blieb schweigsam, nachdenklich, ja bedrückt, wie ein Mensch, der etwas Schweres zu ertragen hat, ohne es verstehen zu können. Aber plötzlich verlangte er, seinem Leutnant und dem Herrn Hauptmann eine Aussage zu machen. Er wurde in die Barackenkammer des Wachtkommandanten gewiesen, nahm beim Eintritt der beiden Offiziere mit finsterer Miene stramm Stellung an und gestand, dass er ein schweres Wachtvergehen zu bekennen habe. Der Hauptmann bat den Leutnant, ein Protokoll aufzunehmen, und das Verhör begann.

Schelbert erzählte, wie er als Schildwache bei der Brücke jene Bäuerin kennengelernt habe, eine junge Witwe, und sie gern vor der Ablösung noch daheim besucht hätte. Er habe vom Leutnant keine Bewilligung zum Ausgang mehr erhalten, aber sich nicht damit abfinden können. Die Bäuerin sei dann gestern noch einmal zur Brücke herabgekommen, da hätten sie zusammen einen Plan gemacht, und genau nach diesem Plane habe er heute morgen seinen Schildwachposten verlassen und die Zeit bei der jungen Bauernfrau verbracht.

Der Leutnant schlug mit der flachen Hand auf den Tisch und blickte den Geständigen verblüfft an, der Hauptmann bemerkte sehr ernst, ein solcher Fall werde nicht disziplinarisch erledigt werden können, sondern vor Divisionsgericht kommen.

Schelbert nahm dies ruhig hin und fuhr unbeirrt in seinem Berichte fort. Daraus ging hervor, dass er sich vom Korporal um sieben Uhr als Schildwache bei der Brücke aufführen liess, jedoch schon mit der Absicht, nicht hier stehenzubleiben. Kaum war der Korporal verschwunden, als die junge Frau mit ihrem halb verblödeten Knecht über den Steg kam. Der Knecht war als Soldat verkleidet, er trug die Uniform und Ausrüstung ihres verunglückten Mannes, der vor zwei Jahren an dieser Stelle vom Lawinenwind in die Schlucht hinuntergefegt worden war. Sie sagten ihm, dass er hier nun Schildwach stehen müsse, bis Schelbert zurückkehre, sie schärften ihm ein, wie er sich zu verhalten habe, um nicht aufzufallen, und warnten ihn auch vor der Lawine wie vor den Zügen. Der armselige Mensch, der hier schon mancher Schildwache neugierig grinsend zugesehen hatte, stellte sich gelehrig an und begann den Dienst, erfüllt vom Gefühl seiner Wichtigkeit, mit kindischer Freude. Schelbert und die Frau aber stiegen eilig zu dem nahen Heimwesen hinauf. Während sie noch beisammen waren, hörten sie am gegenüberliegenden Berghang die Staublawine niedergehen. Sie rannten zur Brücke hinab, suchten den verkleideten Knecht und fanden ihn nicht mehr. Schelbert stieg ins Tobel hinunter, um dort nach der Leiche zu suchen, und wurde dabei von der Suchmannschaft des Wachtpostens entdeckt. Von ihr erfuhr er das Geschehene, und weil dabei nur von seiner eigenen wunderbaren Rettung die Rede war, konnte er in seiner Verwirrung die Wahrheit nicht gleich sagen.

Dies war sein Bericht. Das Protokoll wurde ihm vorgelesen, er unterschrieb es und bat am Ende, dass man doch jetzt den Verunglückten in der Schlucht suchen möge. Der Hauptmann versprach, die verlangten Leute vom Lawinendienst mit den Sondierstangen und dem Hunde sofort an die Arbeit zu schicken.

«Schelbert, Sie wissen offenbar, was Sie getan haben», schloss der Hauptmann. «Das Divisionsgericht ist streng und wird Sie zu einer schweren Strafe verurteilen. Dass Sie aber aus eigenem Antrieb bekannt haben und also die Strafe auf sich nehmen wollen, wird als Milderungsgrund sehr ins Gewicht fallen. Ich meinerseits verzichte besonders aus diesem Grunde, Sie hier sogleich einzusperren. Sie gehen jetzt zu Ihrem Zuge zurück!»

«Zu Befehl, Herr Hauptmann!» rief Schelbert, und dann bemerkte er noch, mit demselben schweren Ernst, den er während seiner ganzen Aussage bewahrt hatte, Helm und Gewehr seien noch dort oben bei der Frau, er habe in der Hast vergessen, sie mitzunehmen.

Der Hauptmann fragte den Leutnant, dann Schelbert, ob von seinem Zuge einer das Heimwesen kenne, und da man keinen wusste, entschied er, dass Schelbert selber Helm und Gewehr hole.

So kam es, dass vor der Ablösung der Kompagnie der verwandelte Soldat und die mitschuldige junge Frau einander noch einmal trafen. Was sie dabei besprachen und was sie vorher zusammen erlebt hatten, kam erst bei den Verhandlungen vor Divisionsgericht an den Tag. Bis dahin bewahrte Schelbert ein Schweigen, das nichts preisgab als den blossen Tatbestand. Am Vorabend aber gelang es dem menschlich erfahrenen Verteidiger, dem spröden Burschen Geständnisse zu entlocken, die seine zwar offenbare, aber doch nicht ganz durchsichtige innere Wandlung erklärten und begründeten.

Er hatte, wie er beschämt und ungeschickt gestand, bei der jungen Bäuerin mehr gefunden als das gesuchte flüchtige Vergnügen, nämlich das, was einem so leichtsinnigen Burschen wohl nur einmal begegnet, was ihm plötzlich die Augen öffnet und ihn, wenn er etwas wert ist, nun erst zum Manne macht. Noch eh jene Stunde zu Ende war, fragte er sie, ob sie seine Frau werden wolle. Sie erwiderte, sie sei mit ihrem ersten Manne nicht glücklich gewesen und möchte sich diesmal nicht wieder so rasch und unbedacht entschliessen, doch gefalle er ihr, sonst hätte sie ihn ja niemals zum Besuche ermuntert, und sie werde ernsthaft darüber nachdenken. Da fuhr drüben mit dem unheimlichen Fauchen, das sie kannte, die Lawine den Berg hinunter. Sie rannten zur Brücke hinab, und als sie den Knecht nicht fanden, packte die Frau den Soldaten mit beiden Händen an den Schultern und sagte erschüttert, mit Sätzen, die er nur allmählich in ihrem Zusammenhang verstand, dass sie nicht wisse, ob dies ein Fluch oder ein Segen sei. Sie habe gewünscht, ihren ersten Mann loszuwerden, und die Lawine habe ihn weggenommen. Dann habe sie gewünscht, diesen beschwerlichen Knecht loszuwerden, und auch ihn habe die Lawine genommen, im gleichen Soldatenkleid, mit dem gleichen Gewehr und Helm wie ihren Mann, als ob sie das erste Unglück hätte wiederholen und bekräftigen wollen.

«Dafür hat sie mich verschont», antwortete Schelbert, als er es begriff. «Auch ich hätte hier das Leben verlieren können; statt dessen ist mir, als ob ich es bei dir erst recht gewonnen hätte. Für mich hat es nun dieser arme Mensch verloren, und er hat es in der gleichen Uniform verloren wie der Mann, der nicht zu dir passte; dies alles sollte nicht umsonst geschehen sein, auch wenn der unglückliche Knecht dadurch von seinem elenden Dasein erlöst worden ist. Ich kann es nur so ansehen, und wenn du es auch so ansiehst, ist es für uns beide ein Segen.»

Da kamen sie überein, das Ereignis als ein ungeheures Zeichen anzusehen, das sie beide für immer aufeinander anweise, und sie versprachen sich noch auf der Brücke feierlich, Mann und Frau zu werden. Darauf stieg der Mann in die Schlucht hinab, um den Verunglückten zu suchen, und die Frau rief ihm nach, dass sie daheim auf ihn warte.

Er hätte es leicht gehabt, vor seinem Leutnant den wunderbar Geretteten zu spielen, sein schweres Wachtvergehen zu verheimlichen und vielleicht später bei der Schneeschmelze den Verunglückten zu suchen und beiseitezuschaffen, aber nach dem, was auf der Brücke geschehen war, konnte er zuerst nur schweigen. Als er dann wieder bei der Frau eintraf, um Gewehr und Helm zu holen, sagte er zu ihr: «Ich habe mich als Schildwache schwer vergangen, schwerer, als du begreifen kannst, und ich bin immer noch ein Soldat. Meinst du nicht, dass da etwas Dreckiges an mir hängen bliebe, auch wenn alles andere so kommen musste, wie es kam?»

«Doch!» antwortete sie rasch. «Du musst es bekennen und die Strafe annehmen. Es ist für uns ja auch dann noch kein ganz sauberer Anfang, weil wir doch daran schuld sind, dass der Seppetoni um sein armes Leben gekommen ist. Ich will eine heilige Messe für ihn stiften, und bei der Brücke sollte auch er ein Kreuz haben. Bekenne du nur, wir wollen das nicht auch noch mittragen!»

«Das freut mich», sagte er. «Ich habe es schon gestanden, ich werde vor Divisionsgericht kommen und viele Monate absitzen müssen, aber dann bin ich es los.»

Sie erschrak über eine so schwere Strafe, aber sie musste ihm recht geben und versprach, getreulich auf ihn zu warten. –

Dies alles erfuhr der Verteidiger auf eine etwas umständlichere, sprödere Art am Vorabend der Verhandlungen; er stellte es in seiner Verteidigungsrede schonend aber eindringlich so dar und rückte damit den schwierigen Fall erst in jenes rechte Licht, das ihn über das starre Gesetz hinaus dem lebendigen menschlichen Urteil unterbreitete. Das Gericht tönte in seinem Wahrspruch dann auch an, eine so ausserordentliche Verknüpfung von Zufällen, die zu einer so entschiedenen inneren Wandlung des Fehlbaren und am Ende noch zu einem so erfreulichen Ergebnis führe, könnte man fast nur noch Schicksal nennen. Es verurteilte den Angeklagten zu sechs Monaten Gefängnis, jedoch bedingt, zu einer Strafe also, die ihn wohl noch bedrohen und an sein Vergehen erinnern, aber nicht mehr erreichen konnte, da er selber keinen Augenblick an seiner künftigen Bewährung zweifelte. Sein Leutnant beglückwünschte ihn dazu und meinte, es sei märchenhaft, wie sich ihm alles zum Guten gewendet habe. Schelbert erwiderte ernsthaft: «Es hat so kommen müssen.»

Als der sehr nüchtern denkende Hauptmann die Begründung des Urteils gelesen hatte, sagte er lachend zu seinem Leutnant: «Der Aufwand, den das Schicksal da getrieben hat, um aus zwei einfachen Menschen ein Paar zu machen, scheint mir denn doch etwas reichlich.»

«Zugegeben!» erwiderte der Leutnant. «Aber ein Mensch wie dieser Schelbert ist mir auch noch nie vorgekommen. Er kann über Abgründen herumklettern, er fällt nicht herunter, er kann im Tunnel einem abspringenden Bremsklotz ausgesetzt sein, er wird nicht getroffen, er kann in diesem Tunnel vor dem Zug herrennen, er wird nicht überfahren, er kann als Schildwache auf einen Posten gestellt werden, wo eine Lawine alles hinwegfegt, er gerät nicht in die Lawine, er kann sich eines schweren Vergehens schuldig machen, er muss die Strafe nicht antreten. Es ist ihm bestimmt, eine junge Bäuerin zu heiraten, und da kann er das Verkehrteste, Verbotenste tun, er tut dennoch immer das Richtige und wird auf diesem scheinbar verrückten Umweg auf die unglaublichste Art geradenwegs ans Ziel geführt. Und zuletzt behauptet er noch, dass alles so habe kommen müssen! Wenn das nicht mehr ist als Glück, dann weiss ich nicht, was man Schicksal nennen sollte.»

## Fritz Meyer

### *«Da fiel alles von ihm ab, bis nur noch er übrig blieb, allein in der dunklen Nacht»*

Entfremdung war ein zentrales Thema in Werk und Leben des Zürcher Schriftstellers Fritz Meyer (1914–1964). Weder als Lehrer noch als Offizier im Aktivdienst, noch später in Paris fand er Erfüllung. In der Geschichte «Der Viadukt» erzählt Fritz Meyer von einem Leutnant und seiner Liebe, die sich ins Nichts auflöst. Wie es ein merkwürdiger Zufall will, sind die äusseren Merkmale der Handlung – die Zeit des Aktivdienstes, ein Angehöriger der Armee als männliche Hauptperson, die Jahreszeit Winter, ja vermutlich sogar der Viadukt – die gleichen wie in Meinrad Inglins Erzählung «Die Lawine».

### Der Viadukt

[…] Es war ein Prunkstück, wie sich nach näherer Betrachtung ergab, vor langer Zeit einmal in die Aussteuer mitgebracht worden, allerdings bloss aus Tannenholz, aber breit wie eine richtige Lagerstatt und besonders: am Hauptende mit reichem Schmuck versehen, so nämlich, dass dort eine kunstvoll geschnitzte Flamme aufstieg, nach mehreren Windungen in gefährlicher Spitze endend, und wo sie herkam, waren zwei Herzen gegeneinander gestellt, dass es aussah, als ob das Feuer den Hälsen zweier Krüge entbrenne.

All das nahm Leutnant B** wahr, während er müde, unschlüssig, noch immer nicht völlig im Einklang mit sich und der ihn umgebenden Örtlichkeit ein paar Zigaretten verrauchte, dabei in Gedanken nochmals den Weg der vergangenen Stunden zurücklegte, ihn verglich mit dem Plan und der auf der Bettdecke ausgebreiteten Karte, wo er das Dorf, die Strassen und Eisenbahnlinien in klarer Zeichnung dargestellt sah, nach der er nun seinen Standort bestimmte, ihn auch leicht in die vier Himmelsrichtungen einordnen konnte, in die Formation des zerklüfteten Bergtales; bald war die Gegend ihm so geläufig, dass er annehmen durfte, unter allen Umständen der Witterung und der Zeit sich auszukennen und überall durchschlagen zu können. Und doch blieb ein Rest von Unbekanntem in der Luft. Morgen gehe ich mit dem Streckenwärter, dachte er. Aber das war es nicht, oder es war nicht nur dieses Noch-wenig-vertraut-Sein mit Signalen und Schienen, das sich als bange Ahnung im Zimmer um ihn bewegte; das Ungewisse kam ihn von weiter her an, und aus einer Zeit, die nicht erst mit seiner Versetzung dahin, sondern schon vorher begonnen hatte, damals und dort, als er noch zu Hause gewesen und mit Nora am Telephon sprach.

Sie hätte ihn vor dem Einrücken gerne noch gesehen, sagte sie, sei aber für den Abend zu Bekannten geladen – ob er sie in ihrem Hause erwarten wolle? Ja? Sie habe den Schlüssel in einem Expressbrief schon an ihn abgeschickt, sie werde ihr möglichstes tun, um bald wegzukommen – ob er so lange Zeit habe? Ja? Dann freue sie sich ...

Der Bote brachte den Schlüssel; er ging in ihr Haus und wartete, hörte sie die Tür aufschliessen und durch den Korridor näher kommen, stand auf und sah sie eintreten, ging ihr entgegen, und sie hat sich an seine Brust geworfen; er hielt sie lang in den Armen, strich über den Pelz, der von Winterluft feucht war, atmete Kälte ein und dann den wärmenden Duft ihrer Schultern, sah an feiner Kette den blauen Türkis von ihrem Hals niederfallen, fühlte, wie ihr Körper enger dem seinen sich anschloss, dann nachgebend zurückwich, schwerer und immer anziehender wurde, dass er ihm folgte; er hörte sie sagen «Du» und «Oh! Du ...»

Einmal in der Nacht hatte er telephonieren müssen, dass man ihn um vier Uhr wecke, und hatte sie liegen gesehen, wie sie sich schlafend stellte und ein Knie unter dem Pelz verschob, dass er hinabglitt von ihren kindlichen Brüsten, und dann hatte sie, als er heftig sich hinwarf, ihn wieder mit heissen Lippen empfangen, und so ging die Nacht Stunde um Stunde dahin. Nora!

Leutnant B** stand noch immer vor seinem Bett über die Karte gebeugt; als kleine Rechtecke sah er die Häuser des Dorfes darauf, in deren einem er nun sein Zimmer hatte; die Linie, die sich darum wand und den Verlauf des Schienenstranges darstellte; Tunnels, wo sie punktiert war; Brücken, wo sie einen blauen Strich überschnitt; da kommt ihm in den Sinn, dass er den obersten Posten über die Durchfahrt der Züge zu benachrichtigen vergessen hat; das musste er noch tun; er griff nach seinem Rock, nach Helm und Laterne, blickte nach der Photographie eines kleinen Mädchens, das eine Kerze trägt, und ging in die Nacht hinaus; es schneite noch immer.

Er fand die Mannschaft schlafend in der Baracke; der Korporal sass am Tisch und las im Wachtjournal.

«Sind Sie fertig eingerichtet?»

«Ja, Herr Leutnant», und der Unteroffizier erstattete in wenigen Worten Bericht über die getroffenen Vorkehrungen, zeigte die Ablösungsliste der zur Wache befohlenen Soldaten und gab Auskunft darüber, wie die Verpflegung aus dem Dorf hierhergebracht werde; die Anordnungen waren zweckmässig und klar.

«Wache stehen könnten wir nun.»

«Lieber so, als wie es draussen zugeht», meinte der Korporal; er sagte es leichthin, aber man spürte gleichwohl einen Unterton von ernster Besorgnis.

«Wie geht's zu Hause?»

«Es geht schon. Wenn wir nicht zu lange bleiben müssen. Die Frau kann nicht mehr verdienen mit zwei Kleinen daheim. Aber …»

Leutnant B** hatte sich zu ihm gesetzt und besprach mit leiser Stimme, was er vom Bahnhofvorstand über den Verkehr der Züge gehört hatte.

«Wir wollen Unfälle vermeiden. Schärfen Sie den Posten ein, dass sie sich vom Geleise entfernt halten. Die Kontrolle der Brücke wird nur unter Ihrer Aufsicht durchgeführt.»

Sie sassen noch eine Weile zusammen, während das tiefe Atemholen der Schlafenden die stickige Luft der Hütte durchzog; auch draussen wird es so tönen, musste Leutnant B** denken, in allen Baracken, Lagern, Schneehäusern, Unterständen – auch jene werden sich hinlegen müssen und schlafen, trotz allem, und das war ein recht seltsamer Gedanke mitten im Krieg.

«Vor einem Monat ist hier einer verunglückt», sagte der Korporal und schob ihm das Journal hin, «kennen Sie ihn?»

Leutnant B** las den Eintrag: 3. Februar, 2015, Alarm bei Posten 2. 2030 Meldung, dass Oberleutnant Keller vom Viadukt gestürzt ist. 2110 Ende Alarm. Er kannte ihn nicht. Aber er erinnerte sich, in der Zeitung von diesem Unfall gelesen zu haben. Ein Oberleutnant sei vom Zug erfasst und getötet worden, hiess es, eine Untersuchung werde eingeleitet.

«Solange wir nicht mehr Tote haben …»

«Für ihn ist es genug. Und für seine Familie.»

Die heisse Luft, die über der Petroleumlampe und dem Ofen aufstieg, schläferte ein und umgab den Kopf wie mit Lumpen.

«Noch etwas, Korporal?»

«Nein, Herr Leutnant.»

Die Schneeflocken weckten ihn wieder; er rannte und glitt den Weg hinunter, froh, dass nun alle Pflichten erfüllt waren und er in sein Zimmer zurückkehren konnte. Kaum 24 Stunden waren vergangen, und schon fühlte er sich in den dienstlichen Betrieb wieder so eingeordnet, als hätte er nie anders gelebt, und auch der Weg, der ihn zum Dorf hinabführte, war ihm schon so vertraut, dass er nicht achthatte darauf, vielmehr seine Gedanken nach dem verunglückten Oberleutnant richtete und dem besagten Viadukt, der sich ganz in der Nähe befand, jedoch in der Nacht nicht mehr sichtbar war. Ich gehe morgen hin, dachte er. Es muss schrecklich sein, unter die Räder zu kommen … und dann sah er sich wieder im Tunnel, wo ihn die Angst erfasst hatte, die grosse, unbekannte – Nora!

Und wie er ins Zimmer kam, da war er kein Leutnant mehr; da war er so verloren und hilflos ausgesetzt wie irgendeiner, den die Liebe aufstörte. Und wie er sich auf sein Bett warf, das breite Bett mit den zwei Herzen und der geschnitzten Flamme zu Häupten, sein Gesicht in die Kissen grub und darin den Namen seiner Liebsten erstickte, da fiel alles von ihm ab, bis nur noch er übrig blieb, allein in der dunklen Nacht. […]

## Adolf Haller

*«Und endlich ward wieder Licht, in einem engen, dunklen Tal»*

Während des Zweiten Weltkriegs macht sich eine verzweifelte italienische Mutter auf, ihren Sohn in der Schweiz zu suchen. In schlichten Worten erzählt der Schriftsteller Adolf Haller (1897 bis 1970) diese Geschichte in seinem Jugendroman «Die Schmugglerin und ihr Sohn». Bemerkenswert in diesem anrührend-patriotischen Roman von 1957 ist die Aussage, während des Kriegs seien italienische Zwangsarbeiter für Nazideutschland über den Gotthard geschleust worden.

Kaum hatte sie bei der Piera das Geld holen können, stand schon wieder ein Soldat zu ihrer Begleitung bereit, diesmal ohne Helm und Gewehr. Er führte sie zum Bahnhof – sie wusste nun schon, was das war. Vor einem Fensterlein sprach er «Gurtnellen» und noch ein Wort dazu; dann erhielt sie ein winziges Kärtchen, das furchtbar viel Geld kostete. Als sie jedoch vernahm, dass sie damit nach Gurtnellen und zurück fahren könne, war sie wieder beruhigt. Der Soldat zeigte ihr noch, wo sie einsteigen musste, als der lange schwarze Zug herangedonnert kam und mit kreischenden Rädern anhielt. Dann sass sie allein unter den fremden Menschen. Nein, doch nicht ganz allein; auf ihrem Schosse lag, von ihren Händen umschlungen, das Netz mit dem Sonntagskleid und den Socken für Severino. Sie fühlte sogar noch etwas Hartes dabei, und als sie nachschaute, war es eine Tafel Schokolade. Wie mochte die gute Piera die nur hergezaubert haben?

Und jetzt fuhr Mutter Cristina ihrem Sohne Severino entgegen. Sie fühlte vor unbändig freudiger Erregung den Puls am Halse schlagen. Doch sie vergass darob nicht, was der Colonello ihr geboten: sich einzuprägen, was sie von der Schweiz erlebe. Was würde sie ihrem Wohltäter gegenüber erwähnen, wenn er sie ausfragen sollte?

Da sassen um sie in Uniformen und in Sonntagskleidern Männer und Frauen, denen man keine Not ansah. Sie lasen Zeitungen, sie plauderten, sie assen aus ihren Reisetaschen. Manche, die Italienisch sprachen, hörte sie auch schimpfen und sich beklagen; doch ihre Sorgen schienen ihr nicht des Aufhebens wert zu sein, das sie davon machten. Mussten das glückliche Leute sein, die nichts plagte als der häufige Militärdienst oder dass sie nicht Lebensmittel kaufen konnten, soviel sie sich wünschten!

In dem tief zwischen Bergen liegenden flachen Tal, das der Zug durchjagte, sah Cristina die Menschen bei friedlicher Arbeit, die Kinder beim Spiel. Sie hörte das Singen marschierender Soldaten, Kinderlieder aus einer Schulstube. Dann und wann ertönte ein Glockenspiel von einem der vielen Kirchtürme, die auf allen Felskuppen standen. In diesem glücklichen Land herrschte Friede. Noch mehr, Cristina erinnerte sich, dass ihr seliger Mann erzählt hatte, seit Menschengedenken habe die Schweiz keinen Krieg mehr durchmachen müssen. Sie aber erlebte schon den vierten ihres Lebens, erlebte ihn blutig am eigenen Leib und Herzen. Es wäre zu fassen gewesen, wenn äussere Feinde das Vaterland überfallen hätten; doch die Heere, die sich jetzt auf Italiens Boden zerfleischten, waren von den Italienern hergerufen worden; die eigenen Landsleute hassten, verfolgten, marterten, töteten sich gegenseitig, und kein Mensch wusste, wann es enden würde. Warum das, warum?

Cristina schaute in die Landschaft hinaus. Nebentäler vereinigten sich mit dem Haupttal, das allmählich enger wurde. Wasserfälle stürzten von den steilen Hängen. Es ging bergan, ohne dass die Bahn ihre Fahrt zu verlangsamen schien. Die Maispflanzungen, die Maulbeer- und Feigenbäume blieben zurück, allmählich auch die Weinreben, die auf schlanken Steinsäulen ein flaches Dach bildeten.

Plötzlich verschwand der Zug hohl donnernd im Berge. Als er wieder ans Tageslicht trat, bemerkte Cristina tief unter sich das Geleise, auf dem sie vorher gefahren waren. Noch einmal dasselbe, und dann lagen zwei Geleise unter ihr, also drei übereinander. Sie begriff – denn dazu hatte sie helle Augen –, dass die Bahn sich im

Berge emporschraubte. Und doch wurde sie das heimliche Bangen nicht los, ob das rasende Ungetüm wirklich immer den rechten Durchpass finden und die vielen Reisenden nicht ins Verderben stürzen werde.

Der Wald beherrschte nunmehr die Landschaft; überall ragten die mächtigen Kronen der Nuss- und der Kastanienbäume empor. Dann ging es wieder hinein in die gewaltigen Felshänge einer Schlucht, die das Tal abzusperren schien, einen Augenblick dem Hang entlang, über eine Brücke, unter der der Fluss schäumte, und schon wieder in den Berg hinein: neue Spiralen. Die Furcht verging Cristina allmählich, da alles so märchenhaft gelang. Sie war stolz, all dies erleben zu dürfen, und sie wusste, sie würde es ihr Leben lang nicht vergessen.

Nun standen nur noch dunkle Tannen, sich verfärbende Birken und Lärchen an den steilen Berghängen; aus dem Grün und Gelb und Braun heraus flammte feuergleich das Rot wilder Kirschbäume; im Talhintergrund aber ragten blendende Schneehäupter empor. Dann folgte wiederum eine Fahrt unter der Erde, die überhaupt kein Ende nehmen wollte. Cristina lief der Schweiss über die Wangen; nur der Gedanke, dass auch ihr seliger Mann, dass auch Severino diese abenteuerliche Fahrt gewagt und überstanden hatte, vermochte sie etwas zu beruhigen.

Und endlich ward wieder Licht, in einem engen, dunklen Tal, das nur einen Augenblick die Sicht auf ein Gletscherrund freiliess. Dann liefen die Räder mit verwegenem Schwunge talab. Tief unten grüsste ein Kirchlein herauf; eine unterirdische Fahrt, und es winkte aus gleicher Höhe wie der Zug; eine zweite, und es lachte hoch oben hernieder.

Mit unbewegter Stimme rief der Mann in der dunkelblauen Uniform mit der Tasche und der Zange einen Namen, der Cristina vor freudigem Schreck zusammenfahren liess: «Gurtnellen.»

Mit zitternden Knien stieg sie die Stufen hinunter, das Netz fest an sich gepresst, und sah sich nach einer Sitzgelegenheit um, weil ihr ganz wirblig im Kopfe war und sie sich fassen musste, um das ihr bevorstehende Glück ertragen zu können.

Da legte sich lind ein Arm um ihre Schulter, und eine Stimme, die vor innerster Bewegtheit kaum Laute fand, hauchte dicht an ihrem Ohre: «Cristina! Muter!»

Der Freudenschrei blieb ihr im Halse stecken. Sie sank dem Wiedergefundenen in die Arme: «Se–!» und dann erst erkannte sie, dass es nicht ihr Sohn, sondern ihr totgeglaubter Gatte war.

Arm in Arm, wie sie es seit ihrer Brautzeit nicht mehr getan hatten, langten die beiden in dem einfachen Zimmer des Steinbrucharbeiters an. Cristina wollte seine Hände nicht mehr loslassen, als fürchtete sie, der Totgeglaubte könnte ihr wieder entrissen werden. Er musste erzählen, erzählen, damit sie miterleben konnte, was er seit der schweren Trennung durchgemacht hatte.

Der Anfang war das Schwerste gewesen. Wie sie vermutet, hatte er sich die Erklärung nicht erpressen lassen, dass er freiwillig ins Arbeitslager gehe. Man hatte ihn gequält und als gemeinen Verbrecher behandelt. Und vor der Verschickung hatte ihn seine Weigerung nicht bewahren können. Sie hatte nur bewirkt, dass man ihn und die Gleichgesinnten um so strenger bewachte. Doch er war nicht gewillt, sich zu ergeben. Seine Hoffnung wuchs, als er bemerkte, dass die Reise durch die Schweiz führen sollte. Jetzt kam es ihm zustatten, dass er schon so oft dort gewesen war. Wohl ein Dutzend Pläne dachte er sich aus, und dem Unerschrockenen gelang sein kühnes Unternehmen.

Das kleine Abteil, in das er mit seinen Unglücksgefährten zusammengepfercht war, wurde durch die vielen Tunnels nur mittels einer ungeschützten elektrischen Birne erhellt. Im letzten Kehrtunnel machte Pozzetti sich an seinem Gepäck zu schaffen und stiess dabei scheinbar versehentlich an die Birne, so dass sie mit einem Knall erlosch. Dann, bevor die Wächter, die mit verborgenen Waffen im Abteil sassen, sich hatten besinnen können, riss er die Notbremse herunter. Mit furchtbarem Kreischen schleifte der Zug ein Stück weit dahin und stand dann still. In der durch den Schreck hervorgerufenen allgemeinen Verwirrung gelang es dem Italiener, die Tür zu erreichen, und während man nach der Ursache des plötzlichen Haltes im Tunnel suchte, huschte er der Wand entlang vorwärts, erreichte glücklich das Ende des Tunnels und verbarg sich vorderhand in den Felsen.

Später, nachdem der Zug davongefahren war, hatte er seinen früheren Meister in Gurtnellen aufgesucht. Der war gleich bereit gewesen, ihn wieder einzustellen, doch ohne Papiere war dies nicht so leicht. Pozzetti hatte sich bei der Fremdenpolizei melden müssen und war für einige Zeit in ein Flüchtlingslager verbracht worden. Obgleich er dort anständig behandelt wurde, sehnte er sich hinaus; sein gutes Verhalten und die Gesuche Herrn Gammas hatten endlich Erfolg, so dass er in Gurtnellen die Arbeit antreten durfte, dabei freilich immer noch unter Aufsicht blieb. Aus seinem ersten Lohne bezahlte er die Busse für das unbefugte Ziehen der Notbremse.

---

## Nelo Risi

*«Wir kamen aus einem verwüsteten Italien»*

Über 20 000 Italiener, vor allem Soldaten, flohen nach dem Sturz Mussolinis im Juli 1943 ins Tessin. Sie wurden von dort mit der Gotthardbahn in Interniertenlager der Deutschschweiz verbracht. Ein kleiner Teil konnte später Hochschulkurse besuchen. Auch italienische Juden flohen aus dem nun von Nazitruppen besetzten Norden ihrer Heimat ins Tessin: Gut 3600 wurden aufgenommen, einige hundert abgewiesen. Was diese nüchternen Fakten für einen einzelnen Menschen bedeuten konnten, schildert der italienische Schriftsteller und Filmregisseur Nelo Risi (* 1920). Der von ihm erwähnte Sänger war Opernstar Giuseppe Di Stefano.

### Vor langer Zeit

Das ruhige Dahinrollen des Zugs nach dem Sankt-Gotthard-Tunnel, die bunte Folge von Hügeln, Weiden, gescheckten Kühen und Apfelbaumplantagen verhalfen uns, statt einschläfernd zu wirken, einige Überlegungen über unseren neuen Status als militärisch

Internierte anzustellen. In der überaus ordentlichen, vom Krieg verschonten Schweiz, die alles daransetzte, um als Muster der Tugend zu erscheinen, waren mir zwei Dinge aufgefallen, nachdem wir illegal die seichten Gewässer des Flusses Tresa im Spätherbst 1943 durchwatet hatten: die übermässige Ruhe der Landschaft und die unserer Ansicht nach absurde Ernsthaftigkeit einer zu unserer Überwachung abgestellten Truppe. Wie eine Straflektion für Abtrünnige, wie ein Verweis auf das Soldatenleben, vor dem wir flohen.

Von Bodio, unserer nächtlichen Station, waren mir der Geruch des trockenen Strohs, das auf dem Boden der Werkhallen der grossen Fabrik ausgelegt war, der ungewohnte Geschmack der heissen Schokolade, die in Blechbechern ausgeteilt wurde, und der Gesang aus vollem Halse des jungen Di Stefano in Erinnerung geblieben, der alle mit dem Lied *O sole mio* überrascht hatte, womit er das in den Illustrierten verbreitete Klischee unseres Landes bestätigte.

Wir kamen aus einem verwüsteten Italien, wo das Essen rationiert war, die Menschen aus den ausgebombten Städten evakuiert worden waren, wo die ersten Durchkämmungen stattfanden, weil wir uns der Genfer Konvention gegenüber nicht dankbar erwiesen, die zwar uns ehemaligen Militärangehörigen Schutz gewährte, nicht aber den entrechteten antifaschistischen Politikern und den Juden, die an den Grenzen unerbittlich zurückgewiesen wurden. Wir sollten die Widersprüche der Internierung noch kennenlernen, die relative Freiheit jener, die über Geld verfügen konnten, und die subtilen Diskriminierungen hinsichtlich des Asylrechts, die Arbeitslager und die Lager für Hochschulabsolventen, die Unterscheidung zwischen Flüchtlingen und Internierten. Aber für alle, die dort Aufnahme fanden, stand die persönliche Unversehrtheit an oberster Stelle, während draussen Europa in Flammen stand. Und am Tag des Waffenstillstands hätte die Schweiz sich rühmen können, 106 470 Menschen gerettet zu haben.

Auf dem Zug – übrigens einem Passagierzug, keinem Militärtransport –, der uns aus der Tessiner Sonne jenseits des Gotthards führte, gab es ein paar hundert Italiener, ausschliesslich Männer, die meisten davon junge Wehrdienstpflichtige, die von den verschiedensten Fronten zurückkehrten, einfache Soldaten und Offiziere, entweder auf Urlaub oder versprengt nach dem 25. Juli, vorwiegend Männer aus dem Norden oder aus einem halbzerstörten Mailand evakuiert, und unter meinen Kameraden befanden sich, zusammen mit meinem Bruder Dino, die Freunde Ferrata und Rogers, die beiden Gennarini und die beiden Calimani. Unsere Gruppe wurde mit einem guten Drittel des Transports in Langenthal abgesetzt, wo uns ein heftiger Regen empfing. In Reih und Glied schritten wir in unserer sonderbaren Aufmachung voran, entweder nur in der Militärjacke oder in einer Hose der verschiedenen Waffengattungen oder mit einer Soldatenmütze – lauter Anzeichen eines geschlagenen Heeres –, geleitet von echten, ein wenig betagten Schweizer Soldaten unter der Führung eines betressten kleinen Offiziers.

Ein langer Annäherungsmarsch an ein uns unbekanntes Ziel, auf dem wir durch Dörfer mit deutschen Namen, durch hügelige, bestellte Landstriche und Obstgärten unter tief hängenden Wolken und einem Wind gingen, der uns in Wellen die ersten Wörter auf Schwyzerdütsch herüberblies. Staunen über den Klang der Türglocken, über die bunten Gardinen an den Fenstern, über die blumengeschmückten Balkone, über die Auslagen mit einer erstaunlichen Vielfalt an Tabakwaren – ein wahres Paradies für «Milit»-Raucher – und an Schokolade, über die Quartiere und die «Stuben» mit den goldenen Wirtshausschildern. Es war, als seien wir wieder Kinder geworden – naschhaftes Hinschauen, lüsterne Blicke auf die reiche Auswahl an Uhren aller Marken. Im anhaltenden Regen kamen wir aus dem Takt, wurden von den Soldaten gerügt, während wir unsere armseligen Bündel unter neugierigen Blicken hinter den Fensterscheiben an uns drückten. Ein Vorhang, der, im schwachen Schein einer Lampe beiseitegeschoben, das Innere preisgab …

Unser Ziel war Dagmersellen, ein ordentliches Dorf mit schönen einstöckigen Häusern, einer Kirche mit spitzem Kirchturm und der Schule, unserer provisorischen Unterkunft. Am Horizont im bedrohlich wirkenden Licht der Dämmerung ein tannenbewachsener Hügel mit einem dunklen Spalt, der den in seinen Radmantel gehüllten Giansiro zu dem Ausruf verleitete: «Das sieht ja aus wie eine Möse!» Im Winter belegten dann Ferrata, Alberto Gennarini, Medizinstudent wie ich, Ernesto Rogers und ich vier Betten im Haus von Frau Erni, der Konditorin des Ortes, die uns rote Äpfel auf den Tisch stellte. Jenem Teller mit den säuerlichen Früchten, die den Mund zusammenziehen liessen, verdanke ich eines meiner «Exil»-Gedichte.

Aber an jenem Abend und in vielen folgenden Nächten schliefen wir am Boden auf dem Stroh in einem Klassenzimmer der Schule, eingewickelt in die Decken des Roten Kreuzes und mit unseren Bündeln als Kissen.

---

## Alberto Nessi

*«Und den Güterbahnhof mit einem Maschinengewehr beschossen»*

Die Schweiz und damit auch die Gotthardbahn blieben in den Weltkriegen weitgehend unversehrt. Nicht aber die Grenzbahnhöfe. Im zweiten Weltenbrand wurden Schaffhausen, der Rangierbahnhof Basel und Chiasso bombardiert, wie Alberto Nessi sich in seinem Buch «Tutti discendo» («Abendzug») von 1989 erinnert. Der 1940 geborene Schriftsteller verbrachte einen Teil seiner Jugend in Chiasso. Wegen der Personen- und Warenkontrollen in dieser Grenzstadt spielt die Eisenbahn seit je eine wichtige Rolle.

### Streiflichter

Wenn die Sirene der Gemeinde heult, fliegen die Jäger hoch über die Linden des Platzes hinweg, lassen sich manchmal im Sturzflug hinunterfallen und berühren dabei beinahe den Schnee, unter dem sich das weisse Kreuz im roten Feld verbirgt.

Sie nehmen es nicht so genau, die Jäger. Eines Nachmittags sind sie hinter dem Hügel von Quarcino aufgetaucht, haben eine

Runde über den Dächern gedreht, und auf der Höhe der Pfarrkirche hat sich einer von ihnen aus der Staffel gelöst und den Güterbahnhof mit dem Maschinengewehr beschossen, vielleicht weil er davon überzeugt war, einen deutschen Waffentransport zu treffen, aber er hat einen Lokführer von hier getroffen, der beim Rangieren von der Salve dahingerafft wurde.

Der Alarm wurde ausgelöst, als die Flugzeuge bereits wegflogen. Der arme Bezzola blieb mit zerfetztem Rücken zwischen den Gleisen der «Parigina» liegen, ausgerechnet er, der die Befreier sehen wollte und sich aus dem Fenster des Führerstands der Lokomotive gelehnt und gerufen hatte: «Die Amerikaner sind da, sie sind da!», und der dem weissen Stern am Himmel zugewinkt hatte.

Im selben Moment hat sich in der Via Novazzano ein Leichenzug in Bewegung gesetzt. Bei der unerwarteten Erscheinung über den Köpfen und beim Geknatter der Schüsse lassen die Leute den Toten mitten auf der Strasse stehen und eilen in Deckung. Der Priester hebt mit beiden Händen das Chorhemd hoch und entflieht zwischen den Pfützen.

Nur die Pferde bleiben unerschütterlich, unter ihren schwarzen Schabracken sind sie mit dem Tod vertraut; die Pferde und die Giovanna mit den Plattfüssen, die wie angewurzelt stehengeblieben ist und die Nase in die Luft gestreckt hat. Vielleicht glaubte sie, ihr Holzkreuz hätte den amerikanischen Jagdbombern Angst gemacht.

Der Sarg wurde danach in die Unterführung der «Rampa» in Schutz gebracht, während man über Como die rötlichen Rauchwolken der Bombenabwürfe aufsteigen sah.

Nach dem Unglück ist jemand auf die Dächer gestiegen, um den Schnee wegzuschaufeln und die aufgemalten Kreuze freizulegen, die den Piloten hätten sagen müssen: «Halt, hier beginnt die Schweiz.» Aber die kümmern sich einen Dreck um die Schweizer Kreuze. Wie sollten sie sie auch von ihren Flugzeugkanzeln aus sehen? Und wer weiss, ob unser Städtchen auf ihren Karten eingezeichnet ist.

Ein anderes Mal haben sie die Bahnlinie bis nach Balerna beschossen und dabei ein Pferd getötet. Um sie besser zu sehen, ist mein Onkel auf den Sims eines grossen Fensters in der Möbelfabrik gestiegen, in der er arbeitet. Zu uns sind nur das Echo der Geschichte und einige verirrte Patronenhülsen gelangt. Man hätte sehr gute Augen haben müssen, um etwas zu sehen.

Die Jäger sind tief über die Silos der Lagerhäuser geflogen und haben Waggons und Lokomotiven dreimal unter Beschuss genommen. Ein Geschoss hat den Eisenbahner verletzt, der sich mit einem Sprung unter einen stehenden Wagen retten konnte.

Gegen Ende Januar, als alle in ihren Küchen sassen, haben zwei Bomber die Scheiben im Westquartier des Städtchens zwischen dem Lazarett und dem Gaswerk erschüttert und die Splitter bis zum Cinema Teatro geschleudert. [...]

---

## Max Frisch

*«Man wunderte sich nicht allzu genau»*

Der Schweizer Schriftsteller und Architekt stellte immer wieder allzu einfache, selbstgefällige und verklärte Geschichtsbilder seiner Heimat in Frage. So veröffentlichte Max Frisch (1911–1991) 1989 «Schweiz ohne Armee? Ein Palaver», einen Dialog zwischen einem Grossvater und einem Enkel. Darin versucht der Veteran des Aktivdienstes von 1939 bis 1945 seinem jungen, misstrauischen Gegenüber unter anderem die Rolle der Armee im Zweiten Weltkrieg klarzumachen und erzählt ihm auch von seiner Dienstzeit am Gotthard.

Der Enkel hustet und macht das Fenster auf.

– Erkälte dich nicht, Jonas!

Der Alte bleibt sitzen.

– Ohne unsere Wacht am Mutschellen, mag sein, da wäre die deutsche Wehrmacht einfach durchgefahren. In einer Nacht. Sie hätte nicht eine Woche gebraucht wie in Holland und Belgien ... Oder Hitler hat bedacht: unsere Industrie, einmal in deutscher

Hand, wäre bombardiert worden wie das Ruhrgebiet, nicht nur Oerlikon, die schweizerische Industrie überhaupt hat zuverlässiger liefern können, wenn er die schweizerische Armee in Ruhe liess. Neutralität bringt manchmal auch Vorteile für andere. Und wir hätten ja sofort den Gotthard gesprengt – ich schwafle nicht, Jonas: dein Grossvater persönlich, und das bin ich, hat einmal in der Schöllenen die Teufelsbrücke geladen mit Sprengstoff. Eigenhändig. Hast du sie überhaupt je beachtet: diese Kammern in den Pfeilern, hoch über der gischtenden Reuss und die schmale Leiter dahin? – ja?

– Nein.

– Veteranen-Geschichten …

Der Alte winkt ab. Pause.

– Jonas, wozu denken wir!

Der Alte steht auf und lacht:

– Wie im Album, ja, so war's. Wie wir die Gotthardstrecke bewachten bei Amsteg, wo auch ein kleines Kraftwerk ist, oder im Tessin: Karabiner im Arm, weisst du, trotz Schneegestöber. Wie im Album für die Schweizer Familie. So war das in der Tat. Der eine und andere von uns wunderte sich schon, was denn in diesen langen Güterzügen vor allem in der Nacht nach Italien rollte und rollte. Ruhrkohle? Man wunderte sich nicht allzu genau. Die Schweiz war angewiesen auf die Gunst der Achsenmächte, die unseren Gotthard brauchten. Als endlich die Invasion in Sizilien begonnen hatte, ja, vielleicht war auch Kriegsmaterial in den langen Güterzügen. Die Deutschen wehrten sich da unten. Monte Cassino! Manchmal waren es vielleicht auch deutsche Truppen, deren nächtliche Reise in den Süden wir bewachten, Karabiner im Arm – und wenn eine Kastanie fällt und auf den Boden knallt, sofort ist der Karabiner entsichert. Halt, wer da! – im Sinn unsrer bewaffneten Neutralität.

Der Alte schliesst das Fenster:

– Ich find's kühl.

Der Alte setzt sich wieder ans Kamin:

– Jetzt lass uns gemütlich sein …

Knistern im Kamin.

## Attilia Fiorenza Venturini

*«Nackt, mit dem Pass in der Hand»*

Ihre vorzüglichen Deutschkenntnisse erlaubten der Schriftstellerin aus Italien in Zürich eine rasche Integration. Bald begann sich Attilia Fiorenza Venturini (mehr zu ihr auf Seite 75) mit dem Los der italienischen «Gastarbeiter» zu beschäftigen. Max Frisch war von ihrem Buch «Nudi col passaporto» von 1969 so beeindruckt, dass er das Vorwort schrieb. In diesem Werk beleuchtet die Autorin die Hintergründe der Einwanderung in die Schweiz und berichtet über das Schicksal einzelner ihrer Landsleute – wie über dasjenige von Lidia, die nach mehreren bitteren Erfahrungen die Schweiz überstürzt Richtung Italien verlässt.

«Weisst du, was neulich abends passiert ist, als in der ganzen Stadt das Licht ausgegangen ist?», sagte zwei Tage später Tonino zu Gino Accordi. «Einer unserer armen Teufel hat versucht, sich umzubringen, indem er sich auf die Hochspannungsleitungen des Elektrizitätswerks gestürzt hat. Gerade am letzten Fasnachtstag. Gerade als ganz Zürich sich amüsierte.»

Was sonst noch an jenem Abend passiert war, wussten sie nicht und erfuhren es auch nie. Lidia war plötzlich abgereist, ohne sich zu verabschieden. Mit unerschütterlicher Ruhe, mit der von der Trostlosigkeit auferlegten Ruhe, hatte sie ihre kleinen Ersparnisse von der Bank abgehoben, hatte ihre Habseligkeiten in zwei Koffern verstaut, was alles war, was ihr gehörte, weil sie möbliert wohnte, und war zum Bahnhof gegangen. Erst dort, als sie vor dem Fahrkartenschalter Schlange stand, holte der erlittene Schock sie mit Gewalt wieder ein. Auch wenn es ihr dank ihrer Geistesgegenwart gelungen war, sich zu retten, indem sie sich ohnmächtig gestellt hatte, schnürte ihr die blosse Vorstellung des furchtbaren Ausmasses dessen, was hätte geschehen können, die Luft ab. Als sie an der Reihe war, sah der Angestellte am Schalter sie fragend an.

«Eine Fahrkarte? Eine Fahrkarte nach wohin?» Hinter Lidia drängten die anderen, wurden ungeduldig. «Wohin wollen Sie denn eigentlich fahren?»

Es gelang ihr, nur ein einziges Wort auszusprechen: Italien.

Die Leute protestierten, regten sich auf. Schliesslich händigte man ihr eine Fahrkarte bis zur Grenze aus, ohne Rückfahrt.

In Chiasso stieg Lidia aus dem Zug, sie musste unbedingt eine weitere Fahrkarte kaufen, wenn sie ihre Flucht fortsetzen wollte. Aber sie wusste nicht, wohin sie gehen sollte, zu wem, sie war nunmehr fremd in der eigenen Heimat. Sie setzte sich auf eine Holzbank der Grenzstation und sah einen alten Süditaliener mit ungepflegtem Bart, schlammbedeckten Schuhen und verzweifelt dreinblickenden Augen, der einen Eisenbahner nach dem Zug nach Genf fragte. Der Eisenbahner schrie ihm ins Gesicht, er solle sich in Mailand danach erkundigen, er solle zurückfahren und sich dort erkundigen. Aber der Arme wusste nicht, dass es einen anderen Grenzübergang gab, um in die französische Schweiz einzureisen; in seinem Heimatdorf hatte es ihm niemand gesagt, er hatte sich wie viele andere aufgemacht, ein Land zu erobern, das ihm völlig unbekannt war. Die Zöllner hatten ihrerseits etwas Unglaubliches entdeckt: zwei grosse in Wachstuch eingewickelte Pakete unter den Sitzen eines Abteils. Sie enthielten keine Schmuggelware, sondern zwei blinde Passagiere, zwei winzige Sizilianer, die ohne irgendwelche Papiere auswandern wollten und mit heiler Haut davonzukommen hofften.

Hinter einer Schranke sah Lidia die anderen, diejenigen, die seit Stunden auf die Kontrolle, die ärztliche Untersuchung, die Desinfektion warteten; sie standen da wie eine geduldige Schafherde, warteten nackt, mit dem Pass in der Hand, von denen aufgenommen zu werden, die noch Menschenware benötigten. Eines Tages würde dann die Schweiz, die der ausländischen Unterwanderung nicht mehr Herr wurde, ihre hochgepriesenen humanitären Traditionen über Bord werfen müssen, die Grenzen sperren und diese armen, ahnungslosen und starrsinnigen Landarbeiter, die sich einbildeten, im Schweisse ihres Angesichts den Wohlstand der Schweiz zu fördern, in Wagen für Gefangenentransporte zur

Landesgrenze zurückbefördern, als handle es sich um Verbrecher. Aber im Augenblick brauchte die Schweiz sie noch; und während allmählich die mittel- und norditalienische Auswanderungswelle verebbte, begann der dramatische Ansturm aus dem Süden Italiens. Die Menschen strömten aus den entlegensten Gegenden ins Land, ohne Arbeitsvertrag, ohne Geld, in Baumwollhosen, mit zerbeulten Koffern und verzweifelt ergebenem Blick. Sie kamen, ohne zu wissen, dass die zu kleine Schweizerische Eidgenossenschaft nicht mehr genügend Platz hatte, um sie alle aufzunehmen. Viele, die einem atavistischen Elend entflohen waren, gingen einem vielleicht noch bittereren, weil unbekannten Elend entgegen.

Lidia hätte sie aufhalten, sie zur Rückkehr bewegen wollen, wenn sie keine Adresse, keine sichere Arbeit hatten. Aber wer hätte ihrer Wahrheit Glauben geschenkt? Regungslos und stumm blieb sie auf der Holzbank an der Grenzstation sitzen, mit gesenktem Haupt und hängenden Schultern.

v. Kapitel

# *«Ich und der Gotthard und kein anderer zwischen uns!»*

## **Erzählungen und Romane**

Sitzen Sie beim Lesen dieser Zeilen zufällig – oder auch nicht zufällig – gerade in einem Zug Richtung Gotthard? Und schauen Sie dazwischen ab und zu aus dem Fenster Ihres Wagens? Wer weiss, vielleicht haben Sie dabei plötzlich den unerklärlichen Eindruck, für einen Augenblick, so kurz wie das Aufleuchten eines Blitzes, von Schriftstellern geschaffene Gestalten zu sehen, wie wenn diese für Bruchteile von Sekunden aus ihren Büchern heraussträten.

In Arth-Goldau könnten Sie vor Ihrem inneren Auge den von Anna Felder beobachteten Vater entdecken, der auf das Winken seiner Tochter wartet. Hinter Brunnen, am näher am Vierwaldstättersee gelegenen Gleis der Gotthardbahn, unweit des Ölbergtunnels könnten Sie möglicherweise Isabelle Kaisers Streckenwärter Domini Selm vorbeikeuchen sehen.

Schauen Sie auch in die Züge hinein, die Sie kreuzen. Auf der Bergstrecke nach Göschenen kann es Ihnen scheinen, als nähmen Sie im Führerstand einer Lokomotive den von Walter Angst erdachten Schüler Max wahr, der sich eben in Geschichte und Betrieb der Gotthardbahn einführen lässt. Vielleicht erhaschen Sie auch einen Blick auf die Gesichter der beiden Rächer, die Wolf Schwertenbach einem Bösewicht an die Fersen heftet.

Auf Ihrer Weiterfahrt könnten Sie des endlich vereinten Liebespaars aus der Feder von August Strindberg ansichtig werden, aber auch des italienischen Königs Umberto I., den Guido Morselli hier einen Urlaub inkognito verbringen lässt. Im Gotthardtunnel erschrecken Sie möglicherweise über das von Gier zerfressene Gesicht Sebastians, das Jacques-Edouard Chable beschrieben hat. Und wenn Sie zur und durch die Decke Ihres Bahnwagens zu blicken vermögen und Ihr inneres Auge zum Gotthardmassiv hochsteigen lassen, werden Sie Zeuge eines Mordanschlags auf Louis Favre aus der Fantasie von Oskar Maurus Fontana.

Spannung ist auch auf der Südrampe angesagt. Sie müssen allerdings einen sehr konzentrierten Blick auf den bergwärts fahrenden «Atlantik-Express» von Colin Forbes werfen, um wenigstens einen winzigen Ausschnitt vom dortigen turbulenten Kampf auf Leben und Tod mitzubekommen. Im tiefsten Kehrtunnel schliesslich könnten Sie vor ihrem inneren Auge Eisenbahner und Passagiere des «Gotthard-Expresses 41» ausmachen, den Emilio Geiler hier hat stecken bleiben lassen.

Und wer weiss, vielleicht sehen Sie plötzlich weitere Bilder, Bilder von Geschichten, die erst noch zu schreiben sind.

## Jacques-Edouard Chable

*«Das Gold, das Gold, wo ist es?»*

Wie in verschiedenen Gebieten der Schweiz findet sich auch im Gotthardmassiv Gold. Heute weiss man, dass die Menge dieses Berggoldes sehr gering ist. Doch zur Zeit des Tunnelbaus war die Mär von der reichen Goldader unwiderlegt. Jacques-Edouard Chable (mehr zu ihm auf Seite 106) erzählt in seinem düsteren Roman «Sankt Gotthard» die Geschichte Sebastians, der sich als Arbeiter am Bau des Tunnels in die Idee verbeisst, beim Vordringen in den Berg das Gotthardgold zu finden. Dabei büsst er seine Menschlichkeit ein, verrät seine Freundin, seine Kollegen und letztlich sich selbst.

«He, Sebastian! […] Lass jetzt das und komm aufs Bureau, um Bericht zu geben. Der Ingenieur hat befohlen, man dürfe nichts anrühren, und du arbeitest.»

«Das werde ich später tun. Sie haben mir befohlen, hier zu bleiben, und ich bleibe. Ich muss diese Arbeit beenden. So kann die Mannschaft, wenn sie wieder kommt, sofort wieder weiter arbeiten. Ich erleichtere sie ihnen ja nur. So bin ich nun einmal.»

Sebastian erhob sich; es tat ihm in der Nierengegend weh, und er stützte sich auf den Pickel. Seine Nase blutete. Seine Hände waren aufgerissen.

«Schön bist du gerade nicht zum Anschauen», sagte der andere, dem nicht recht geheuer war.

«So hör doch», sagte Sebastian erregt, weil er darauf brannte, sein Vorhaben wieder aufzunehmen, «lass mich hier und sag ihm, es gehe alles gut.»

«Also denn, wenn du nicht kommen willst. Ich werde sagen, dass du hier an den Felsen arbeitest und dass hier ein grosses Loch sei …»

«Gut, sag das ihnen.»

«Und dass du blutest und dich weigerst zurückzukommen.»

«Sag auch das, wenn du willst.»

Tartaglia entfernte sich erschrocken, so schnell er konnte.

Das Gesicht Sebastians war verzerrt. Wenn der Eindringling sich nicht verzogen hätte, er hätte ihm mit der Stange den Kopf zertrümmert. Sebastian fühlte dunkel, dass seine Gedanken den Totschlag schon vollführt hatten. Die Hand kam zu spät. Mit dem Lachen eines Irren nahm er Schlägel und Pickel und Meissel auf. Knieend, die Beine ausgespreitet, meisselte er wieder am Loch, warf die Steine hinter sich wie ein Hund. Manchmal legte er sein Handwerkszeug plötzlich weg und streckte seinen Arm in die Öffnung, und dann öffnete und schloss sich seine gierige Hand in der Höhle. Die Stirn an den Stein gepresst, der auf seinem Gesicht sich einzeichnete, meisselte er mit blutigen Knien ohne Unterbruch. Er hob Granitsplitter auf. Seine Hände waren aufgerissen, die Nägel zerkratzt. Er redete wirres Zeug vor sich hin. Bald konnte er eine Schulter in die Öffnung stecken, dann den Kopf und dann die andere Schulter.

Und dann warf er sein Handwerkszeug, den Sack, die erloschene Lampe in die Höhle und, wie ein Wurm sich windend und kriechend, die Hüften zerquetscht, gelangte er durch die Spaltenwand, die ihm die Haut aufriss. Seine Kleider hingen in Fetzen.

Mit einer letzten Anstrengung half er sich mit Ellbogen und Knien, auf dem Bauch liegend, weiter, bis er in der Höhle stehen konnte. Hier zündete er die Lampe an.

Die Höhle war ungeheuer hoch und eng. Streckte er die Arme aus, so berührte er die Wände. Das Gewölbe war so hoch, dass es sich in der Finsternis verlor.

Dermassen erregt, fing Sebastian an, vor sich hin zu singen, aber immer dieselben Töne. Er keuchte, die sparsame Luft vom Tunnel kam nur durch den schmalen Durchgang, den er geschaffen.

Jetzt zog er die Kerze aus der Tasche und zündete sie an. Aber sie erlosch. Wegen ihres beizenden Geruches musste er husten. Zitternd zündete er sie noch einmal an, und diesmal gab es ein kümmerliches und schwaches Flämmlein. Dann löschte er die Öllampe und, seine Kerze in der Hand schützend, näherte er sich der Wand ganz nahe und suchte sie mit dem kläglichen Lichtschein ab. «Gold», sagte er rauh, legte die Hand an den Felsen, klopfte, befühlte ihn, kratzte mit dem Rest seiner Nägel an der glitzernden, gelben und harten Wand. «Gold, Gold», wiederholte der Hörige. Er legte die Kerze zwischen zwei Steine, und sein gewaltiger Schatten erschien an der Felswand wie ein ungeheurer Gorilla, dessen Fratze sich in der Nacht verlor. Er ergriff den Schlägel, schlug an den Stein, bis die Klumpen von Pyrit sich lösten. Von Zeit zu Zeit wog er sie in der Hand. Und vor seinen Füssen häufte sich der Schatz. Und er fing an zu reden ohne Ende –, und der Berg antwortete ihm in diesem Gespräch.

Der Berg verteidigte sich. Er grollte und drohte. Das war das Wutschnauben eines Tieres. Er hörte das Aufeinanderprallen von Steinplatten. – Und Sebastian hämmerte weiter. Er vernahm sogar ein Schluchzen, und das kam vom Wasser, das sanft und unaufhörlich in seine Stiefel quoll. Und dann ein Wimmern und Seufzen über seinem Haupt, die Klage des Steins, der von unsichtbarer Kraft aus seiner Ruhe gedrängt wurde. Einzelne Felsstücke rollten herab, fern von ihm, er hörte ihren Aufprall wie eine Eisscholle, die in eine Spalte fällt.

Er grinste. Er kannte alle Arten von Geräusch und Lärm vom Tunnel her.

Ein kleiner Stein löste sich von der Decke und traf ihn auf die Stirn. Er erhob seinen Kopf, vom Schmerz verzerrt. Die Hände noch am glitzernden Felsen verkrallt, fluchte er grimmig.

Plötzlich überkam ihn ein unsagbares Staunen. Seine Augen öffneten sich übergross und bohrten sich in die Finsternis. Er war durch ein ovales Loch in die Kammer geraten, die Reichtum, Glück und Leben verhiess. Hier war die Öffnung enger, und über ihm hatte sich der Felsen geschlossen. Er berührte seine Stirn.

Er prallte einen Schritt zurück, aber ihm schien, gegen seinen Rücken und seine Fersen drücke die Felsmasse wie ein Tier. Noch hörte er Steine ins Wasser fallen.

Dann war Stille.

«Das Gold, das Gold, wo ist es?»

Er schaute die Steinadern an; sie krümmten sich, sie glitzerten jetzt, weiss wie Glimmer. «Das Gold, wo ist es?» Seine Stimme hallte wider; und der Widerhall löste Felsstücke los, die vor dem Eingang eine Mauer errichteten.

Jetzt brüllte er auf, die Hände nach vorn streckend, hielt er gleichsam die ungeheure Steinplatte auf, die sich ihm unmerklich näherte. Dann sanken seine Arme besiegt.

Der Berg marschierte. Die Kerze erlosch.

Die Wand streichelte schon seine Knie. Und Sebastian wurde immer kleiner. Er war wie ein Tier in der Falle. Immer zutraulicher lehnte sich der Stein des Gotthard an ihn, sanft, dann hartnäckiger, und dann erdrückte er ihn mit seinem ganzen Gewicht.

Er konnte sich nicht mehr rühren und begann wie ein Kind zu wimmern, und die Seufzer wurden nur noch ein Röcheln. Er erstickte im Schraubstock des Granits.

Der Berg gab ihm den Gnadenstoss mit seinen zwei aneinandergepressten Wänden, sie zerquetschten ihn.

Ein ganzer Steinhagel stürzte mit höllischem Toben nieder. Blöcke, Mergel, Wasser, Kieselsteine ergossen sich aus der Höhle in den Tunnel.

Dann herrschte im Stollen Schweigen – kaum ein paar hundert Meter vom Tunnel von Airolo.

Die Arbeiten wurden sofort wieder aufgenommen.

## Oskar Maurus Fontana

*«Mit dem Messer fiel er Favre an»*

Der Welt im Theater galt die grosse Leidenschaft Oskar Maurus Fontanas (1889–1969). Während 58 Jahren verfasste der Wiener Theaterkritiken, von denen ein dicker Sammelband den bezeichnenden Titel «Das grosse Welttheater» trägt. Daneben schrieb er Romane und Gedichte. 1936 erschien «Der Weg durch den Berg – Ein Gotthard-Roman» mit der ganz der dichterischen Fantasie entsprungenen Szene einer Begegnung zwischen Louis Favre und einem ungebärdigen Bergkristallsucher.

Es begann böse. Er hatte den Gotthard hinunter gegen Göschenen ein Stück Weges allein gehen wollen, um seinen Kopf im Wandern auszuruhen, und hatte Tullio mit den Pferden vorausgeschickt, damit er ihn in Hospental erwartete. Er schritt die Strasse bergab, hörte das Rauschen der Reuss, als wären Verfolger von der Höhe hinter ihm her, liess in seinem Rücken die dunklen Gipfel der Fibbia, des Monte Prosa und der Valetta und kam durch die zusammengedrängten und nur widerwillig auseinanderweichenden Felsen des Brüggloches. Da wo die Kantons- und Sprachengrenzen zusammentreffen, stürzte vom alten, steinzersprungenen, grasüberwucherten Gotthardsaumpfad ein riesenhafter Alter auf Favre. Wie eine sturmzerzauste Kiefer auf Bergeshöhen sah er aus, wild wie Almwasser strähnten seine weissen Haare nieder. Unter ihnen strahlten blaue Augen wie Enzian, der aus dem Schnee herausblüht, seine Nase schob sich wie ein Wurzelstock in das glattrasierte, braungebrannte, erdige Antlitz. Um seine Schultern war ein Seil geschlungen, von dem der «Gräbel», die kurzstielige Steinhauerhacke der Kristallsucher, niederhing. Trotz den mächtigen, urväterlichen Holzbodenschuhen, deren hölzerne Sohlen von Eisen eingefasst und mit Nägeln dicht bespickt waren, sprang er schnellfüssig wie eine Gemse von Stein zu Stein heran, nah und näher. Favre hatte den Mann nie gesehen, aber er wusste sogleich, nach den Erzählungen, die er von ihm gehört, wen er vor sich hatte: es war der tolle Schäfer, der unbändige Strähler, der wilde Gubbio.

Mit dem Messer fiel er Favre an. Der Riese stiess von oben auf den Überraschten nieder. Doch der «kleine Schweizer» war schneller als sein Gegner, er duckte sich, der Stoss ging fehl, er sprang vor, griff die Hand des Alten und umspannte sie mit klammerndem, drehendem Griff, bis der wilde Gubbio mit ächzendem Stöhnen das Messer fallen liess. Rasch bückte sich Favre, griff das Messer und warf es in die Schlucht der Reuss.

Zornig und enttäuscht sah der tolle Schäfer auf Favre. Dieser lachte ihn an und sagte: «Schönen Dank, dass du mich nicht von hinten angefallen hast.»

«Ich bin kein Wegelagerer.»

«Was du bist, weiss ich nicht, aber jedenfalls hast du gesehen, dass es nicht so leicht ist, mich kaltzumachen.»

«Weil der Teufel mit dir im Bunde ist.»

«Nein, weil Gott deine Hand vor Blutschuld bewahren wollte. Ihm danke und nicht dem Teufel. Und jetzt, wilder Gubbio, nachdem du dich mir in deiner Art vorgestellt hast, kannst du mir sagen, was du von mir willst. Ich muss nicht tot sein, um deinen Willen zu erfüllen. Ich kann auch als Lebender dein Begehren hören.»

«Du hörst nicht, mich nicht und keinen von uns. Sonst hättest du die Hand von dem Tunnel gelassen. Er ist unser Unglück. Du willst unseren Tod. Darum hab ich ihn dir schicken mögen. Du warst stärker. Diesmal. Und wenn du mich auch den Gendarmen gibst, andere werden das Messer besser führen.»

«Ich hab keine Furcht. Weder vor den anderen, noch vor dir. Ich setze auch keinen Gendarmen über dich und mich. Es wäre zu schade um dich, wenn du in einem Kerkerloch ohne Luft und Licht einen frühen Tod fändest. Ich wünsche dir noch hundert Jahre Leben in deinen Kristallwäldern und auf deinen Bergen.»

«Du wirst nicht die Gendarmen auf mich hetzen?» Über das erbitterte Gesicht des Schäfers zuckte es wie ein Sonnenstrahl Hoffnung.

«Fällt mit nicht ein. Ich hab keine Zeit zu solchen Narreteien. Ich muss den Tunnel bauen. Verstehst du. Den Tunnel baue ich, ob du dagegen bist oder nicht. Ich muss ihn bauen. Hörst du? Was aber zwischen uns gewesen ist, das mit dem Messer, das geht nur uns zwei etwas an, da brauchen wir keinen anderen, das wollen wir vergessen. Gib mir die Hand darauf.»

Zögernd reichte Gubbio seine Hand, eine schwarze Hirtenpranke. Favre hielt sie umschlossen und sagte: «Und jetzt kannst du mir sagen, warum du gegen mich bist.»

«Weil der Gotthard dich nicht will.»

«Der Gotthard will mich nicht?»

«Er hat es mir gesagt. Er will die Menschen nicht. Mich allein duldet er in seiner Nähe. Ihr aber kommt wie die Räuber und Diebe und nichts bleibt hier mehr, wie es war. Nur die Pferde sind heilig, sie dürfen über den Gotthard ziehen, und wer mit ihnen kommt, ist willkommen und sicher. Das Pferd weiss den rechten Tritt an jedem Abgrund vorbei. Wo im Frühjahr eine Lawine niederrollen wird, das Pferd wittert die Stelle und hält stille, bis der Tod vorübergezogen ist.»

«Da gebe ich dir recht. Auch ich liebe die Pferde. Aber ihre Zeit ist auf dem Gotthard vorüber.»

«Nie ist sie vorüber. Jetzt gehen sie vor den Wagen. Ich habe sie noch auf dem alten Saumpfad gesehen. Glocken hingen ihnen um den Hals, damit die Ziehenden weit einander hören und ausweichen konnten. Jede Glocke läutete dem Gotthard Preis und Ehre. Nur im Winter verstummte sie, um mit ihrem Schall nicht den Tod aus den Lawinen zu rufen. Was habt ihr geschaut, wenn ihr nicht diese Züge der Saumrosse gesehen habt? Jeder Säumer führte einen Stab Rosse, jedes seiner sieben Pferde trug auf einem hölzernen Sattel die Ladung und darüber eine ockerfarbene, grosse Wachstuchdecke. Breit sahen die Pferde aus und bauschig, langsam und feierlich gingen sie wie eine Prozession inmitten des Pfades und die Glocken läuteten dazu. Herr, da konnte ich in die Knie sinken und beten. Das war im grünen Klee und im weissen Schnee die Messe des Gotthard.» Er schwieg, beseligt von seiner Erinnerung. Wie ihn Favre so hörte und sah, gab er denen recht, die von Gubbio erzählten, er sei ein entlaufener Mönch. Der tolle Alte kam wieder aus seinen Träumen zur Wirklichkeit zurück und zornentbrannt wandte er sich an Favre:

«Ihr aber kommt wie die Teufelsanbeter, ohne heilige Pferde, ohne atmendes Leben. Mit Dampf und Maschinen rasselt ihr an und bohrt euch durch den Berg, den Gott mit seinen Steinen geschlossen hat, ein Loch. Nein, der Gotthard kann mit dir keinen Frieden machen. Du bist sein Widersacher vom Anfang aller Zeiten an.»

«Du irrst. Sein Freund bin ich vom Anfang aller Zeiten an. Du und deinesgleichen, ihr habt die Drachen am Gotthard hausen gesehen als Schreck der Menschen. Der erste, der todtrotzig ihnen entgegenging und sie zerteilte und sie als Nebel erkannte, er war von meinem Blut, er trug in die Einöde den Glauben der Menschen, dass die Erde ihnen von Gott geschenkt sei und ihnen gehöre.»

«Dafür haben sie zum Dank auf dem Berg weithin die Wälder umgehauen und niedergebrannt, dass nichts als kahle Felsen übriggeblieben sind. Geh mir mit den Menschen, die daherkommen und den Gotthard haben wollen. Was braucht er euch und eure Listen? Immer hat er die Nordhäuser mit dem offenen Südland verbunden und nie sie getrennt. Hier wie dort habe ich die Lieder der Weinrebe und des Nussbaums nachts gehört, wenn ich von meinen Höhen niederstieg. Der Gotthard schickt ihnen den Föhn, dass sie auch im Norden gedeihen. Dem Gotthard hat alles, was wächst, zu danken und nicht euch.»

«Wir können nicht stillsitzen, Gubbio, das musst du verstehen, sonst faulen wir. Wir müssen über die Mauer der Berge hinweg.»

«Habt ihr sie nicht immer überklettert? Du brauchst nur deine blinden Maulwurfsaugen aufzumachen. Sehen in Andermatt, in Hospental, in Göschenen die Gassen und Häuser nicht schon aus wie in Airolo, Lugano und Locarno? Und da willst du sagen, der Gotthard trennt die Sitten der Menschen. Narr, du! Immer haben die Menschen über den Gotthard getragen, was ihnen wert und lieb war, und er hat ihnen dabei geholfen. Was brauchen sie dein Loch? Warum schlägst du Wunden in den Gotthard? Sein Blut komme über dich!»

«Es komme über mich. Ich bin einverstanden, Gubbio, ich unterwerfe mich dem Gotthard und seiner Blutrache. Lass mich meine Sache mit dem Gotthard allein austragen. Wenn er mich holen will, gut, er soll mich haben. Du aber lass deine Hände davon.

Mach du nicht seinen Gendarmen. Ich und der Gotthard und kein anderer zwischen uns!»

«Wenn er dich holen will, soll er dich haben? Ist das dein Ernst? Gilt das, heute und für immer?» Der wilde Gubbio reckte seine gebeugte, riesige Gestalt lauernd hoch auf.

Favre hielt den durchdringenden Blick seiner blauen Augen standhaft aus und sagte leise und bestimmt: «Mag er mich haben, der Gotthard, wenn er will, heute und immer, solange Atem in mir ist.»

Der tolle Schäfer warf die Arme wie Äste im Sturm hin und her und rief beschwörend: «So gehörst du dem Gotthard von Stund an und nicht mehr mir. Er wird uns rächen.» Mit hohem, schallendem Lachen lief er rasch in die Felsen bergauf und war alsbald so unheimlich verschwunden, wie er gekommen war.

Auch Favre lachte. So hatte er mit dem irr verwegenen Gesellen doch noch Frieden geschlossen. [...]

Indes [...] hörte oben auf den kahlen Höhen des Gotthard der tolle Gubbio den Pfiff der Lokomotive, den brausenden Jubel der Menschen, die Böller und Mörser, das Rollen der Wagenräder und immer wieder den Pfiff der Lokomotive. Er begriff, was geschehen war, sie hatten sich durch den Berg gekämpft, sie hatten ihn besiegt, der erste Zug war durch den Gotthard gefahren, geschlagen war er, unterlegen war er, der wilde Schäfer, der tolle Gubbio, der Uralte des Gotthard. Verlassen hatte ihn und die einsame Ewigkeit der Gotthard und war hinunter ins Menschenland geschritten zu Menschenglück, zu Menschensieg, zu Menschenvergänglichkeit. Gubbio fluchte ihm nicht, denn er liebte ihn noch immer, auch jetzt, wo er ihn alleingelassen hatte. Doch die Sieger sollten ihn nicht lebend bekommen. Hinauf ins Unwegsame, empor zu den Gletschern! Noch in derselben Nacht brannte er seine Hütte nieder, zog weiter und horstete hoch oben in den steinernen Wäldern, wohin kein Pfiff der Lokomotive und kein Rollen der eisernen Wagenräder dringen konnte. Langsam verdämmerte der Uralte und bald sah ihn überhaupt keiner mehr, als hätten ihn die Geister der Berge zu sich aufgenommen.

## August Strindberg

### *«Mein sollst du werden, auch wenn ich zehn Jahre warten muss»*

August Strindberg (1849–1912) wurde berühmt für seine tiefgründigen Dramen und sein Eintreten für sozialistische, anarchistische und pazifistische Ideen. Nur zwei Jahre nach der Eröffnung der Gotthardbahn liess sich der schwedische Dichter wegen Anfeindungen gegen sein radikales Werk im Kanton Schwyz nieder. In der Idylle von Gersau entstanden zwischen 1884 und 1887 seine «Schweizer Novellen».

### Das Märchen vom Sankt Gotthard

Es ist Samstagabend in Göschenen im Kanton Uri, einem der vier Urkantone, Wilhelm Tells und Walter Fürsts Kanton. Auf der nördlichen Seite des Sankt Gotthard, wo die germanische Zunge gesprochen wird, und stille, freundliche Menschen wohnen, die in ihren Angelegenheiten das Recht der Selbstbestimmung besitzen, wo der «Heilige Wald» gegen Lawinen und Bergsturz schützt, dort liegt das grünende Dorf an einem Bache, der Mühlräder treibt und Forellen birgt.

Jetzt am Samstagabend, als die Abendglocke Angelus läutet, jetzt versammelt sich das Dorfvolk beim Brunnen unter dem grossen Walnussbaum. Da kommt der Postmeister, der Amtmann und der Oberst selbst, alle in Hemdsärmeln und mit Sensen auf der Achsel. Von der Mahd des Tages kommen sie, um die Sensen zu waschen, denn hier ist die Arbeit geehrt, und selbst getan ist am besten getan. Dann kommen auch die Burschen mit Sensen, und die Mädchen mit den Milchkübeln; zuletzt versammeln sich die Kühe des Ortes von einer Riesenrasse, wo jede Kuh so gross ist wie ein Stier. Fett ist das Land und gesegnet ist es; aber der Wein wächst dort nicht auf der nördlichen Seite des Gotthard, die Olive auch nicht, nicht der Seidenbaum, nicht der üppige Mais. Grünes

Gras und goldenes Korn, der hohe Walnussbaum und der fette Mangold, das ist der Jahreswuchs des Landes.

Das Wirtshaus «Zum goldenen Rössli» liegt am Brunnen, unter einer jähen Felswand des Sankt Gotthard; und dort im Garten an einem einzigen langen Tische sitzen sie jetzt nach der Arbeit des Tages, die müden Mäher, alle am selben Tische, ohne Rangordnung: der Amtmann, der Postmeister, der Oberst, die Knechte auch; der Fabrikant, der Strohhüte macht, und seine Arbeiter, der kleine Schuhmacher des Dorfes, der Schulmeister und alle die anderen.

Sie plaudern über Saat und Melken; und sie singen zusammen, Lieder, die in einfachen Dreiklängen dem Weidehorn und den Kuhglocken gleich klingen. Sie singen vom Frühling und dessen reinen Freuden, so treuegrün und hoffnungsblau.

Und sie trinken das blonde Bier.

Darauf steht die Jugend auf, um zu spielen, zu ringen und zu springen, denn morgen ist Schützenfest mit Wettkampf, und da kommt es darauf an, geschmeidig zu sein.

Und darum wird diesen Abend früh Zapfenstreich geblasen, auf dass niemand verschlafen und duselig zu den Festen komme, wo die Ehre des Dorfes auf dem Spiele steht.

Der Sonntag begann mit Glockenklang und Sonnenschein; festlich gekleidete Menschen aus naheliegenden Dörfern versammelten sich, und alle sahen ausgeschlafen und wach aus. Beinahe alle Männer hatten die Sense gegen die Büchse vertauscht; die Mädchen und die verheirateten Frauen warfen ihnen musternde und ermunternde Blicke zu, denn für Haus und Hof lernten sie schiessen; und der Meisterschütze wusste, dass er den Tanz mit der Schönsten eröffnen durfte.

Jetzt kam ein gewaltiger Leiterwagen, von vier mit Bändern und Blumen bekleideten starken Pferden gezogen; und der ganze Leiterwagen war eine einzige grosse Laube mit Bänken darin; man sah die Menschen darin nicht, aber man hörte von innen Gesang, schönen hochgestimmten Gesang, von Schweizerland und Schweizervolk, dem schönsten Lande und dem tapfersten Volke.

Dann kam der Zug der Kinder; sie gingen zu zweien, Hand in Hand, als seien sie gute Freunde, oder kleine Bräute und Bräutigame.

Und als die Glocken klangen, zogen alle nach der Kirche hinauf.

Als aber der Gottesdienst aus war, begann das Fest; und auf der Schiessbahn, die sich an die gewaltige Felswand des Sankt Gotthard lehnte, knallten bald die Schüsse.

Der Sohn des Postmeisters war der Meisterschütze des Dorfes, und es war kein Zweifel, dass er den Preis erringen würde. Er schoss eine Serie und bekam vier Zwölfen auf sechs Schuss.

Da aber hörte man oben im Berge ein Hallohen und ein Krachen; Steine und Kies rollten den Abhang hinab, und man sah die Fichten im heiligen Schutzwalde schaukeln wie bei einem Sturm. Bald erschien auf einem Felsblock, die Büchse über die Schulter, und mit dem Hute winkend, der wilde Gemsjäger Andrea aus Airolo, dem italienischen Dorfe im Kanton Tessin, auf der anderen Seite des Berges.

– Geh nicht in den Wald! riefen alle Schützen.

Andrea verstand nicht.

– Geh nicht in den heiligen Wald! der Berg kommt über uns! schrie der Amtmann.

– So lasst ihn kommen! antwortete Andrea und fuhr in rasender Schnelligkeit den Abhang hinunter. Und hier bin ich!

– Du kommst zu spät! antwortete der Amtmann.

– Noch nie kam ich zu spät! erwiderte Andrea, trat an die Bahn heran, riss das Gewehr sechs Male an die Backe und hatte sechs Zwölfen.

Nun wäre er der Sieger gewesen; aber die Gilde hatte ihre Gesetze, und man liebte das schwarze welsche Volk von der anderen Seite des Berges nicht, wo der Wein wuchs und die Seide gesponnen wurde. Da bestand alte Feindschaft, und Andreas Schüsse konnten nicht gerechnet werden.

Andrea aber trat an die Schönste heran, die des Amtmanns eigene Tochter war, und er bat höflich, den Tanz des Abends mit ihr eröffnen zu dürfen.

Die schöne Gertrud errötete, denn sie hatte ein Auge auf Andrea geworfen; aber sie musste sein Angebot ablehnen.

Da wurde Andrea finster, und sich verbeugend, flüsterte er ihr ins Ohr, das dabei blutrot wurde:

– Mein sollst du werden, wenn ich auch zehn Jahre warten muss. Acht Stunden bin ich über den Berg gegangen, um dich zu treffen, darum kam ich zu spät; das nächste Mal aber werde ich zur rechten Zeit kommen, wenn ich auch mitten durch den Berg gehen soll!

Das Fest war aus und der Tanz auch. Alle Schützen sassen vorm Goldenen Rössli, und Andrea war auch dabei; des Postmeisters Rudi aber sass auf dem Hochsitz, weil er Meisterschütze war, nach den Regeln versteht sich, aber Andrea war es in Wirklichkeit.

Rudi wollte sich necken.

– Nun, Andrea, sagte er, du bist ein gewaltiger Jäger; aber du weisst: die Gemse schiessen ist nichts, sie bekommen, das ist etwas!

– Habe ich sie geschossen, so habe ich sie bekommen, antwortete Andrea.

– Schön! Nach Barbarossas Ring haben alle geschossen, aber niemand hat ihn bekommen! erwiderte Rudi.

– Was ist Barbarossas Ring? fragte ein Fremder, der noch nicht in Göschenen gewesen war.

– Dort kannst du ihn sehen! antwortete Rudi.

Und er zeigte nach der Bergwand hinauf, wo ein grosser kupferner Ring an einem Haken hing. Und er fuhr fort:

– Kaiser Friedrich Barbarossa pflegte nämlich diesen Weg nach Italien zu gehen; er ging ihn sechs Male und liess sich krönen, sowohl in Mailand wie in Rom. Und da er damit deutsch-römischer Kaiser wurde, so liess er auf deutscher Seite diesen Ring am Berge anbringen, zum Zeichen, dass er Deutschland mit Italien getraut habe. Und wenn dieser Ring, sagt die Sage, aus seinem Haken gehoben werden kann, dann ist die Ehe aufgelöst, die nicht glücklich war.

– Dann will ich sie auflösen, sagte Andrea, wie meine Väter mein armes Land Ticino von den Tyrannen in Schwyz, Uri und Unterwalden erlösten.

– Bist du nicht Schweizer? fragte der Amtmann streng.

– Nein, ich bin Italiener aus der schweizerischen Eidgenossenschaft.

Damit lud er sein Gewehr und legte eine eiserne Kugel hinein. Zielte und schoss!

Der Ring wurde von unten gehoben; und vom Haken gelöst, fiel er hinunter, der Ring des Hohenstaufen, Barbarossas Ring.

– Es lebe das freie Italien, rief Andrea und schwang seinen Hut.

Aber niemand antwortete.

Andrea nahm den Ring auf, überreichte ihn dem Amtmann und sagte:

– Verwahrt den Ring als ein Andenken an mich, und an diesen Tag, als Ihr mir Unrecht tatet.

Darauf trat er an Gertrud heran und küsste ihr die Hand. Und dann stieg er den Berg hinauf und verschwand; erschien wieder und verschwand in einer Wolke. Aber nach einer Weile war er wieder zu sehen, weiter oben. Es war nicht er, denn es war sein Riesenschatten auf der Wolke; und er stand da, die Faust drohend über das deutsche Dorf erhebend.

– Das war der Satan selbst! sagte der Oberst.

– Nein, das war ein Italiener! erwiderte der Postmeister.

– Da es spät am Abend ist, sagte der Amtmann, will ich ein Geheimnis der Regierung erzählen, das morgen in der Zeitung steht.

– Hört! Hört!

– Ja, man telegraphiert, nachdem der Kaiser der Franzosen bei Sedan gefangen worden, haben die Italiener die französischen Truppen aus Rom verjagt; und Viktor Emanuel zieht in diesem Augenblick auf die Hauptstadt.

– Das ist eine grosse Neuigkeit. Dann ist es mit den römischen Promenaden der Deutschen aus. Das wusste Andrea wohl, da er ein so grosses Maul hatte!

– Er muss noch mehr gewusst haben! sagte der Amtmann.

– Was denn? Was denn?

– Werden ja sehen! Werden ja sehen!

Und sie sahen.

Eines Tages sahen sie fremde Herren mit ihren Instrumenten kommen und den Berg begucken; und es sah aus, als hätten sie nach Barbarossas Ring geguckt, denn gerade dahin richteten sie das Fernglas. Und sie guckten nach dem Kompass, als wüssten sie nicht, wo Norden und Süden ist.

Und dann war ein grosses Essen im Goldenen Rössli, das der Amtmann mitmachte. Da wurde beim Dessert von Millionen und Millionen gesprochen.

Einige Zeit später sahen sie, wie das Goldene Rössli niedergerissen; wie die Kirche fortgetragen, Stück für Stück, und eine Strecke davon wieder aufgebaut wurde; sie sahen, wie das halbe Dorf geschleift, wie Kasernen errichtet wurden; wie der Bach seinen Lauf änderte und das Mühlrad fortgenommen, die Fabrik geschlossen, das Vieh verkauft wurde.

Und dann kamen dreitausend schwarze Arbeiter, die italienisch sprachen.

Da verstummten die schönen Lieder vom alten Schweizerland und den reinen Freuden des Frühlings.

Statt dessen hörte man Tag und Nacht ein Klopfen; und wo Barbarossas Ring gesessen hatte, wurde ein Bergbohrer eingetrieben; und dann begann das Sprengen, denn dort sollte der Tunnel durch den Berg.

Es war jetzt, wie man wusste, nicht so schwer, ein Loch durch den Felsen zu machen; es sollten aber zwei Löcher gesprengt werden, eins von jeder Seite: und die beiden Löcher sollten sich treffen, genau wie ein Nagel, und daran glaubte niemand, denn es war eine und eine halbe Meile zu sprengen. Eine und eine halbe Meile.

– Wie, wenn sie sich nicht treffen? Dann müssen sie von neuem beginnen!

Aber der Oberingenieur hatte gesagt: sie werden sich treffen!

Und Andrea von der italienischen Seite, er glaubte an den Oberingenieur; denn er war selbst ein treffsicherer Kerl, wie wir wissen. Darum trat er in die Arbeiterschar ein und wurde erster Mann.

Das war eine Arbeit, die Andrea passte. Das Licht der Sonne, die grünen Matten und die weissen Alpen bekam er nicht mehr zu sehen; aber er glaubte sich einen eigenen Weg zu Gertrud zu sprengen, den Weg durch den Berg, den er zu einem prahlerischen Augenblick zu kommen gelobt hatte.

Acht Jahre stand er in der Dunkelheit und führte ein Hundeleben. Nackend stand er meist, denn es herrschte da eine Wärme von dreissig Grad. Bald stiessen sie auf die Quelle eines Flusses, und dann lebte er in Wasser; bald trafen sie ein Lehmlager, und dann lebte er in Schmutz. Fast immer war die Luft verdorben, und die Kameraden stürzten; aber es kamen neue. Schliesslich stürzte Andrea auch und wurde ins Krankenhaus gebracht. Da bekam er die Vorstellung, die beiden Tunnel würden sich nicht treffen, und das quälte ihn am meisten. Sich nicht treffen!

Es lagen auch Leute aus Uri im Saale und phantasierten; ihre ständige Frage in fieberfreien Augenblicken war:

– Glaubt ihr, dass wir uns treffen werden?

Ja, niemals hatten Tessiner und Urileute so danach verlangt, einander zu treffen, wie hier unten im Berge. Sie wussten, wenn sie sich trafen, würde tausendjährige Feindschaft aufhören und die Versöhnten einander in die Arme fallen.

Andrea wurde gesund und arbeitete weiter. Er machte 1875 den Streik mit; warf einen Stein, wurde ins Loch gesteckt, kam aber wieder heraus.

Im Jahr 1877 brannte Airolo, sein Geburtsdorf, ab.

– Jetzt habe ich meine Schiffe hinter mir verbrannt; und jetzt muss ich vorwärts, sagte er.

Im Jahre 1879 wurde der 19. Juli ein Tag der Trauer. Der Oberingenieur, der den ganzen Tunnelbau leitete, war in den Berg gegangen, um zu messen und zu rechnen; und wie er da stand, bekam er einen Schlag und starb! Mitten auf der Bahn! Da hätte er sein Grab bekommen sollen, wie ein Pharao, in der grössten Steinpyramide, die es gibt; und seinen Namen, Favre, hätte man da einritzen sollen.

Indessen: die Jahre vergingen. Andrea sammelte Geld, Erfahrung und Kraft. Göschenen besuchte er nie; aber einmal im Jahre ging er nach dem Heiligen Wald und sah sich die Verwüstung an, wie er es nannte.

Er sah Gertrud nie, schrieb nicht an sie; das brauchte er nicht, denn er lebte mit ihr in seinen Gedanken, und er fühlte, dass er ihren Willen bekommen hatte.

Im siebenten Jahre starb der Amtmann, in Armut.

– Welches Glück, dass er arm war! dachte Andrea; und so haben nicht alle Schwiegersöhne gedacht.

Im achten Jahre geschah etwas Merkwürdiges. Andrea stand als erster Mann im italienischen Tunnel und schlug auf seinen Bohrer. Die Luft war knapp und erstickend, so dass er Ohrensausen hatte. Da hörte er ein Ticken, das dem Laute des Holzwurms glich, der Totenuhr genannt wird.

– Ist meine letzte Stunde gekommen? dachte er laut.

– Deine letzte Stunde! antwortete etwas in ihm, oder ausser ihm. Und er erschrak.

Am nächsten Tage hörte er wiederum das Ticken, aber deutlicher, so dass er glaubte, es sei die Uhr, die er trug.

Aber am Tage darauf, der ein Festtag war, hörte er nichts; und jetzt glaubte er, es sei nur das Ohr; und da wurde ihm bange, und er ging in die Messe; und in leisen Gedanken klagte er über die Unbeständigkeit des Lebens. Die Hoffnung hatte ihn getäuscht, die Hoffnung, den grossen Tag zu erleben, die Hoffnung, den ausgesetzten grossen Preis zu bekommen für den ersten Bohrer, der durch die Wand ging, die Hoffnung, Gertrud zu bekommen.

Am Montag stand er jedoch wieder am weitesten vorn mit seinem Bohrer, aber verzagt; denn er glaubte nicht mehr, dass sie die Deutschen im Berge treffen würden.

Er schlug und schlug, aber ohne Schwung, wie sein geschwächtes Herz nach der Tunnelkrankheit schlug. Da hörte er auf einmal etwas wie einen Schuss und ein gewaltiges Krachen, aber innen im Berge, auf der anderen Seite.

Und nun ging ihm ein Licht auf: sie hatten einander getroffen.

Zuerst fiel er auf die Knie und dankte Gott; dann erhob er sich und fing an zu schlagen. Er schlug Frühstück über, Mittag über, Rastzeiten und Abendbrot über. Er schlug mit dem linken Arm, wenn der rechte einschlief. Dabei dachte er an den Oberingenieur, der mitten vor der Wand gestürzt war; und er sang das Lied der drei Männer im feurigen Ofen, denn die Luft brannte um ihn, während das Wasser von seiner Stirn troff und die Füsse im Lehm standen.

Schlag sieben, den 28. Januar 1880, fiel er vornüber gegen den Bohrer, der mitten durch die Bergwand flog.

Ein schallendes Hurrah von der anderen Seite weckte ihn, und er verstand, verstand, dass sie sich getroffen hatten, dass die letzte Stunde seiner Mühen gekommen, und dass er Besitzer von zehntausend Lire war.

Da, nach einem kurzen Seufzer an den Allerbarmer, legte er den Mund ans Bohrloch, flüsterte, so dass es niemand hörte: «Gertrud»; und darauf brachte er ein neunfaches Hurrah auf die Deutschen aus.

Um elf Uhr nachts hörte man ein schallendes «Aufgepasst!» von der italienischen Seite, und mit einem Gekrach wie von Belagerungskanonen stürzte die Wand ein. Deutsche und Italiener fielen einander in die Arme und weinten, die Italiener küssten sich, und alle fielen auf die Kniee, ein Te Deum laudamus singend.

Es war ein grosser Augenblick; und es war 1880, dasselbe Jahr, in dem Stanley mit Afrika fertig wurde und Nordensköld mit der Vegafahrt.

Als der Lobgesang auf den Ewigen verstummt war, trat ein Arbeiter von der deutschen Seite hervor und reichte den Italienern ein zierlich gesetztes Pergament. Es war eine Ehren- und eine Gedenkschrift auf den Oberingenieur, Louis Favre.

Er sollte zuerst den Tunnel passieren, und Andrea sollte die Gedächtnisrede und seinen Namen auf dem kleinen Arbeitszuge nach Airolo führen.

Und das tat Andrea getreulich, auf einem Schiebewagen vor der Lokomotive sitzend.

Das war ein grosser Tag! Und die Nacht war nicht kleiner.

Es wurde Wein in Airolo getrunken, italienischer Wein; und es wurde Feuerwerk abgebrannt. Es wurden Reden gehalten, auf Louis Favre, Stanley und Nordensköld; es wurde eine Rede auf den Sankt Gotthard gehalten, den geheimnisvollen Bergstock, der Jahrtausende eine Scheidewand zwischen Deutschland und Italien, zwischen Nord und Süd gewesen war. Ja, allerdings ein Sonderer, aber auch ein Sammler. Denn der Sankt Gotthard hat dagestanden und sein Wasser ehrlich geteilt zwischen dem deutschen Rhein wie der französischen Rhone, der Nordsee wie dem Mittelmeer …

– Und dem adriatischen, unterbrach ein Tessiner. Bitte, vergessen Sie den Ticino nicht, der Italiens grössten Fluss, den gewaltigen Po, speist.

– Bravo! Noch besser! Es lebe der Sankt Gotthard, das grosse Deutschland, das freie Italien und das neue Frankreich!

Es war eine grosse Nacht, auf einen grossen Tag!

Am nächsten Morgen stand Andrea auf dem Ingenieurkontor. Er war in seine italienische Jägertracht gekleidet, hatte eine Feder am Hut, eine Büchse auf der Achsel und ein Ränzel auf dem Rücken; war weiss im Gesicht und weiss an den Händen.

– So, du bist jetzt zufrieden mit dem Tunnel, sagte der Kasseningenieur, oder der Geldmann, wie sie ihn nannten. Nun, das kann dir niemand verdenken, und es ist ja auch nur noch Maurerarbeit übrig. Also die Abrechnung!

Der Geldmann schlug ein Buch auf, schrieb einen Zettel und zählte zehntausend Lire in Gold auf.

Andrea schrieb sein Zeichen, steckte das Gold ins Ränzel und ging.

Er warf sich auf einen Arbeiterzug; und in zehn Minuten war er bei der gefallenen Scheidewand.

Feuer brannten im Berge auf beiden Seiten der Schienen, die Arbeiter hurrahten auf Andrea und schwenkten die Mützen. Es war herrlich!

In zehn Minuten wieder war er auf der deutschen Seite. Als er aber das Tageslicht in der Öffnung sah, hielt der Zug und er stieg aus.

Dann ging er dem grünen Licht entgegen und sah das Dorf wieder, Sonnenlicht und Grün; und das Dorf lag da, neu aufgebaut, strahlend, schöner als früher. Und als er hinkam, grüssten die Arbeiter ihren ersten Mann.

Geradeaus auf ein kleines Haus lenkte er seine Schritte; und unter einem Walnussbaum neben den Bienenkörben stand Gertrud, still, schöner, milder, ganz als habe sie dagestanden und auf ihn gewartet, acht Jahre lang.

– Jetzt komme ich, sagte er; so wie ich kommen wollte, mitten durch den Berg! – Folgst du mir in mein Land?

– Ich folge dir, wohin du willst.

– Den Ring hast du bereits; ist er noch da?

– Er ist noch da!

– Dann gehen wir sofort! – Nein, nicht umkehren; nichts darfst du mitnehmen!

Und sie gingen Hand in Hand! Aber sie gingen nicht durch den Tunnel.

– Auf den Berg hinauf! sagte Andrea, und lenkte in den alten Passweg ein. Durchs Dunkel ging mein Weg zu dir; jetzt will ich in Licht leben mit dir, für dich!

---

## Guido Morselli

*«Ich bin hier ein abgedankter König, darum beginnen die Maschinen mich zu interessieren»*

«Alles ist sinnlos. Ich habe gearbeitet, ohne je ein Ergebnis zu sehen», notierte Guido Morselli (1912–1973) 1959 in sein Tagebuch, denn die Verlagswelt lehnte die meisten seiner Werke ab. Nachdem er sich das Leben genommen hatte, erschienen seine zeitgeschichtlichen, sozialen und utopischen Bücher aber in rascher Folge. Im unbeschwerten Roman «Ein Ausflug seiner Majestät» lässt der Autor den italienischen König Umberto I. unerkannt für einige Ferientage mit der Gotthardbahn nach Göschenen reisen.

Er ging auf den überdachten Bahnsteig hinaus. Vor dem Büfett warteten lange gedeckte Tische mit Proviant auf den gierigen Appetit der Reisenden, die hier Aufenthalt hatten. Tatsächlich kündete sich bereits ein Zug an, man hörte ihn von der Nordseite her nach Göschenen heraufschnaufen.

Aber es war ein Güterzug: grau, endlos, mindestens zwanzig Waggons, die die beiden Lokomotiven an der Spitze nicht hatten ziehen können, es gab noch eine dritte, am Zugende. Als der Zug stand, wobei er die ganze Länge des Bahnsteigs in Anspruch nahm, trat der Conte neugierig näher heran. Einige dieser Waggons hatten eine interessante Ladung. Sie kamen aus Belgien und enthielten jeweils sechs kräftige friesische Zugpferde, die, zu dritt aneinandergebunden, dumpf im Stroh scharrten. Die grossen, langsamen Augen voller Unbehagen und Resignation; weiche, wunderschöne Augen. Die Männer, die mit den Pferden fuhren, verteilten die Haferration, einige waren ausgestiegen, um die hölzernen Tränkeimer mit Wasser zu füllen. Der kräftige Stallgeruch erregte den Conte. Wie ein kleiner Junge hätte er jetzt gern eine Handvoll Zuckerstückchen gehabt. Einer der Männer erzählte, die Friesenpferde seien unterwegs nach Verona zur Landwirtschaftsmesse. Das hiess, dass diejenigen, die man nicht verkaufte, in zehn Tagen wieder quer durch Europa reisen würden, noch einmal durch die eisigen Eingeweide der Alpen. Diese unruhige Zivilisation von heute, dachte der Conte traurig, die nicht einmal den Pferden ihren Frieden lässt, sondern sie von einem Ende des Kontinents zum anderen verschleppt.

In den Stallgeruch mischte sich der Dampf der Lokomotivkessel.

Allmählich erreichte der Conte das Zugende, wo gerade die dritte Lokomotive, die hinter Göschenen nicht mehr nötig war, abgehängt wurde. Auch die Maschine bekam ihr Wasser: Ein breiter Segeltuchschlauch wurde in den Kessel getaucht, und aus einem Behälter floss das Eiswasser, um den Durst des überhitzten grossen Tieres zu löschen, das heftig weiterkeuchte und damit nicht nur den Eindruck von Kraft, sondern auch von Erschöpfung vermittelte. Die dicken Triebstangen schwitzten im wahrsten Sinn des Wortes: Wasserdampf und siedendes Öl. Der Lokomotivführer betastete die roten Räder, die so hoch waren wie er selbst, und aus der Art, wie er das machte, merkte man, dass das Metall heiss sein musste. Die Welt der Maschinen bestand also nicht nur aus Mechanik. Die Maschinen ermüdeten, schwitzten, hatten Durst, waren lebendig – und er, der so oft mit der Eisenbahn fuhr, wurde sich bewusst, dass er bisher überhaupt noch nie einen Zug richtig angesehen hatte. Auf einer Bronzeplakette, die am Kessel befestigt war, las er den Namen der Lokomotive: «Sankt Gotthard» und eine Art *Pedigree:* «Winterthur 1866, Sprüngli und Weber Ingg., Schweizer Maschinenfabrik.» Man registrierte also auch hier Geburtsdatum und Herkunft. Unglaublich.

Abgekoppelt vom Zug und mit beruhigtem Atem (nur bei den *dämpfigen* Pferden beruhigt sich der Atem nicht so rasch nach dem Lauf), stiess die «Gotthard» zurück. Der Lokführer lenkte sie lässig, nur mit einer Hand, in der anderen die Zigarette, wie ein Gentleman zu Pferd. Er hielt am Ende des Bahnsteigs auf der drehbaren Plattform. Durch einen Hebel am Boden brachte er die Lokomotive zum Wenden, und einen Augenblick später war sie wieder am alten Platz, nur dass sie jetzt in die entgegengesetzte Richtung schaute. Der Mann stieg aus, ging zum Büfett, um einen Krug Bier zu leeren, und als er wieder zurückkam, fing er an, mit Ölnapf und Putzwolle zu schmieren und zu polieren: die Triebstangen, die Handläufe, die Scheinwerfer, die Signalglocke. Eine Pflege, die wahrscheinlich freiwillig und aus Zuneigung vorgenommen wurde, nicht aus Verpflichtung oder Notwendigkeit.

«Sagen Sie, mein Freund, was für ein Beruf ist das eigentlich, Lokomotivführer?» fragte der Conte.

Der Mann musterte den Fragesteller.

«Für mich ist er zur Gewohnheit geworden», antwortete er dann in gutem Französisch.

«Man braucht sicher eine besondere Begabung dafür.»

«Man braucht eine gute Hand.»

Und er erklärte, dass es zwischen Erstfeld und Göschenen auf 35 Kilometer Strecke 25 Kurven gebe und fast alle in Tunnels. «In meiner Freizeit spiele ich Geige, und die Lok führen, das ist wie Geige spielen. Jetzt beim Herauffahren war ich am Zugende. Wenn ich zu wenig Dampf gegeben hätte, hätte ich nicht geschoben, sondern mich ziehen lassen; hätte ich zuviel Dampf gegeben, wären die Waggons in der Mitte vielleicht entgleist. Man muss den Regulator wie den Geigenbogen bedienen. Das richtige Gespür dafür haben.»

Wie solche Gespräche zu enden hatten, wusste der Conte genau: mit einem Geschenk. Eine hässliche, demütigende Sitte, aber man konnte sich ihr nicht entziehen. Der Beruf, und nicht nur der Beruf eines Lokführers, ist Gewohnheit, eine Serie von feststehenden Handgriffen.

«Sie rauchen doch sicher Zigarren? Bitte, nehmen Sie.»

Er stieg aufs Trittbrett und reichte dem Mann die Schachtel Diez Hermanos, die Havanna-Zigarren, die er am Bahnhofsbüfett erstanden hatte.

Sieh mal einer an, dachte er. Mir werden sogar noch die Eisenbahndinge sympathisch. Auch das war neu. Maschinen, Maschinenfabriken, Maschinenausstellungen hatten ihn nie interessiert.

Er machte sich auf den Weg zum Hotel, und noch bevor er dort ankam, hatte er eine Erklärung gefunden. Ganz einfach: Er war heute der Herr Filiberto Moriana, der den Fortschritt liebte. «Im Dienst» hatte er ihn immer gehasst, und mit Grund. Wenn die Könige konsequent sein wollen, dann müssen sie ihn hassen als den Anfang ihres Endes. Die Sonne des Fortschritts ist ihre Abenddämmerung; und auf dem Weg zur Dämmerung befanden sich alle seinesgleichen. Der Feind? Der war nicht ein Sozialist wie Cavallotti und Bissolati, der Feind war der Anachronismus. Man konnte vielleicht einen sozialistischen König entwerfen, aber der täte dann nichts anderes, als seine Unvereinbarkeit mit der Zeit demonstrieren.

«Wir sind alle verabschiedet», dachte er. «In zehn oder fünfzig Jahren wird unser Platz im Museum sein. Zusammen mit den Anarchisten, die uns nach dem Leben trachten, während die Leute mit gesundem Menschenverstand sich damit begnügen, uns zu bemitleiden oder zu karikieren, in der Erwartung, dass wir ganz von selbst auf dem Dachboden landen. Ich bin hier ein abgedankter König, darum beginnen die Maschinen mich zu interessieren. Ich bin kein König in Zivil oder in Ferien. Ich bin in Pension. Vorzeitig.»

## Isabelle Kaiser

*«Der Luftdruck fuhr ihm durch die Haare mit tödlicher Kälte»*

Allen Armen sollte an ihrem Begräbnistag viel Brot gespendet werden, hatte Isabelle Kaiser (1866–1925) verfügt. Auch im umfangreichen Werk der Schriftstellerin aus Beckenried im Kanton Zug spielen arme und notleidende Menschen eine wichtige Rolle. So etwa in der folgenden, Jahrzehnte über ihren Tod hinaus in Schulbüchern abgedruckten Erzählung. Darin berichtet Isabelle Kaiser auf der Grundlage eines wahren Vorfalls der Gotthardbahn, wie ein einfacher Streckenwärter ein schweres Zugunglück zu verhindern sucht.

### Nachtzug

Bedächtigen Schrittes trat er den Rückweg an, die Dienstmütze tief in die Stirne gedrückt. Die Pfeife war ihm ausgegangen. Vom Rofajen herunter blies der Winterföhnsturm mit Schnee auf den Vierwaldstätter See herab.

«Ist das ein Hundewetter!» knurrte er in den struppigen, vereisten Bart hinein. Er redete gern laut vor sich hin, als hielte er mit einem unsichtbaren Kameraden Zwiesprache.

Der Schein der Laterne hüpfte wie ein Irrlicht über das Bahngeleise. Tag für Tag beging er seit Jahren dieselbe Strecke der Axenstrasse, mit fast stumpfsinniger Gewohnheit. Er kannte jeden Markstein, jeden Felsen, jeden Baum im dunkeln Tann und versah seinen Dienst mit peinlicher, gedankenloser Genauigkeit.

Sonst war er ein blöder Geselle, der Nidwaldner Domini Selm, einsilbig und menschenscheu, zu nichts anderem zu gebrauchen, als vor seinem Bahnwärterhäuschen zu stehen mit der geschlossenen Fahne, wenn die Gotthardzüge vorbeirasten. Sie bildeten die lebendigen Augenblicke seines Daseins. Woher sie kamen, wohin sie gingen, und was sie in blinder Hast mit sich trugen – was ging's ihn an? Seine Bahnstrecke zwischen Sisikon und Brunnen, das war seine Welt; die musste freiliegen. Das war der Dienst; darin gipfelte seine ganze Weisheit.

Er schritt über die Bahnbrücke. Der Milchbach sprang donnernd vom wilden Tobel im Voralptal. Die eisernen Bogen bebten unter dem Anprall der vom Sturm geschwellten Fluten. Der Selm beugte sich und stemmte sich gegen die Gewalt des Windes, der sich ihm wie ein Feind in den Weg legte. Ein fast höllischer Sturmchor erklang aus dem starrenden Teufelsmünster jenseits des hochgehenden Sees. Er blickte sich nicht um; die Bahn lag frei, für heute war der Dienst aus. Es ging gegen Mitternacht, ihn verlangte heim nach dem langen Spiessrutenlauf in dem peitschenden Unwetter. Dort, dicht am Bahngeleise winkte ein flackerndes Lichtlein. Dort war Ruhstatt bei Weib und Kind. Die Kleinen schliefen wohl längst, aber das Bethli wartete immer, bis er heimkehrte. Und war der letzte Zug vorbeigesaust, so senkte sich für einige Stunden traumloser Schlaf auf das Häuschen des Bahnwärters.

Ein Hund kläffte im nahen Bauernhof. Vom Axenstein herunter tönte ein dumpfes Rollen, wachsend, wie ein steinernes Heulen und Stöhnen. Jäh hielt der Mann im Schritt inne und hob das Haupt, als könne er durch die Finsternis die Art des Unheils erkennen, das da drohend vom Berghang herunter donnerte.

Er prüfte nicht weiter: donnernd, vernichtend erscholl die Antwort, und ein Beben lief durch den erschütterten Grund. Das war's! Dann trat unheimliche Stille ein; nur das Tosen der Fluten vom See her verstärkte sich.

Der Domini zauderte nicht. Mit einem Ruck machte er kehrt und eilte die Bahnstrecke zurück. Vergessen war das flackernde Lichtlein, wo die Ruhstatt winkte. Lag die Bahn noch frei?!

Bei der Brücke stockte sein wegkundiger Fuss – er kannte den Pfad nicht mehr. Fremd und zerstört lag das Gelände, weder Damm noch Schienenstrang waren mehr sichtbar, Schutt und Schlamm türmten sich mannshoch vor ihm auf!

«Jesus, Maria!» stöhnte er mit starrem Grauen.

Ein entsetzliches, nie gekanntes Gefühl würgte ihm die Kehle – wie ein Blitz zuckte der Gedanke durch sein Hirn: der Nachtzug ist unterwegs, und seine Strecke, Domini Selms Strecke, liegt verschüttet!

Wie ein angeschossenes Wild jagte er die schroffansteigende Böschung hinan, um die höher gelegene Fahrstrasse zu erreichen. Es gab kein anderes Hinüberkommen. Er kletterte eilig über den Hang, durch dorniges Gestrüpp und Geäst, indem er sich an den niederhängenden Ästen der Weiden festhielt. Oben auf der Strasse angelangt, atmete er freier. Der Wind, der sich ihm vorher feindlich in den Weg gelegt hatte, stiess ihn nun mit rauher Faust vorwärts, der Sturm selbst trieb ihn zur Eile, alles raste mit ihm dem gefährdeten Zug entgegen.

Rutschend, stolpernd ging es wieder die Böschung hinab auf das Bahngeleise hinter der verwüsteten Strecke. Und nun fing er mit seinen langen Beinen so grimmig an auszuschreiten, dass sich sein Atem keuchend durch die fest verschlossenen Lippen zwang. Heiss wie Nadelstiche brannten die Schneeflocken auf seinem Antlitz. Im Laufen griff er nach der Tasche in der Dienstjoppe: die Platzpatronen waren da. Eine wilde Wut packte ihn gegen das blinde Unheil, das da durch die Nacht herangesaust kam. Nur eines war zu tun: eine möglichst lange Strecke zurücklegen und so viel Explosionskapseln auf die Schienen legen, dass der Schnellzug, aufmerksam gemacht durch die knallenden Mahner, noch Zeit fand, seine verderbenbringende Schnelligkeit vor der Unglücksstelle zu mässigen.

Dies alles kreiste in tollem Wirbel durch den verwirrten Geist des Wärters. Jetzt drang er in den Ölberg-Tunnel ein. Der Föhn liess ihn los, aber gruftähnlicher Modergeruch umhüllte ihn jetzt. Wasser troff von den Wänden. Sein Schatten glitt gespenstisch an der steinernen Wölbung neben ihm her. Seine Laterne warf einen düsteren Schein über die gleissenden Schienen … Heiss rann ihm der Schweiss unter der Mütze hervor. Er glühte vor Hitze, und innerlich schauerte ihm unter der Last der furchtbaren Verantwortung. Sein Atem flog. Eine Sekunde musste er sich an die Mauer lehnen; ihm war, als berste seine Brust.

«Es muss …!» keuchte er, sich vorwärts treibend. «Und wenn's mich zu Fetzen risse!»

Der Weg zog sich entsetzlich in die Länge. In seinen Schläfen war ein Hämmern, dass er lauschend innehielt … War's der Zug … der Mitternachtszug, der von Arth-Goldau aus an allen Stationen vorbeieilte und nur in Erstfeld hielt! Heute musste er vor Sisikon zum Stehen gebracht werden, so wahr er Domini Selm hiess … sonst! Eisig fuhr es ihm durch die Glieder. Entgleiste der Zug an dieser Stelle, so stürzten die Wagen zum nahen See hinab und die Wellen schlossen sich rauschend über dem Wassergrab.

In endloser Länge dehnte sich der Ölberg-Tunnel, als steckte er voll Gespenstern. Wäre er erst draussen! Dort war doch der Wind, der wie lebendige Menschen heulte und drängte. Vorwärts! – immer weiter, um die offene Strecke zwischen dem Franziskus- und dem Ölberg-Tunnel zu erreichen. Dort sollten die warnenden Schüsse krachen. Innerhalb des Felsenganges würde ihr Schall im donnernden Getöse ungehört verhallen.

Als Domini Selm im Eilschritt aus dem Gang der Hochfluh trat, sah er einige Lichtlein am kalten, hell gewordenen Himmel flimmern. Der frische Luftzug strich ihm kühlend über das erhitzte Gesicht. Er beugte sich und legte behutsam die kostbaren Kapseln auf den schmalen Schienenweg. Dann reckte er sich mit einem Stöhnen: «Jesus! wenn es nur nicht zu spät ist!»

Seine Knie schlotterten. Er lehnte erschöpft an einem Pfeiler und beugte sich spähend und horchend vor – nichts wie das laute Pochen in seiner Brust und das Tosen in seinen Ohren und das Lärmen des Wildbaches. Er zog seine Uhr – er sah nichts, kalter Dunst lag auf dem Zifferblatt. Er rieb sie an seiner wollenen Joppe und hob die Laterne, die in seiner Hand klirrte: zwanzig Minuten vor Mitternacht!

Domini Selm schloss die Augen … Ausschnaufen! Nur einen kurzen Augenblick! … Und nachher? Immer weiter nach Brunnen? Nein, das war nicht mehr zu erlangen. Also zurück gegen Sisikon, um wenn möglich noch vor dem Zuge die gefährdete Stelle wieder zu erreichen.

Er horchte auf: ein dumpfes, fernes Grollen zog in der Stille den Berg entlang, vom Seelisbergerwall widerhallend. Er kannte es wohl! Wie anders klang es heute! Wie die todbringende Verkündigung eines unabwendbaren Schicksals. Er schnellte auf. Das gab ihm wieder Beine und neue Kraft.

«Er kommt! Er kommt!» Und in wilder Hast ging es wieder durch den Felsengang, der voll von Gespenstern steckte. Die sprangen hintendrein und trieben ihn, dass der Boden unter seinen Sohlen glühte. Um keine Welt hätte er sich umgedreht, so sehr lastete auf ihm das Gefühl, dass zwei ungeheure Feueraugen ihn dämonisch anstarren würden ... «Jesus! Jesus!» Wie ein geängstigtes Wild keuchte er in halbunterdrückten Klagelauten.

Jetzt war der Ausgang erreicht. Da erscholl ein gellender, kurzer Pfiff: der Nachtzug fuhr in den Ölberg-Tunnel ein. Die Knallsignale hatten versagt! Noch einige Minuten, und aus der unterirdischen Gruft tretend, würde der Zug mit jauchzender Schnelligkeit ahnungslos dem Verderben zurasen. Eine jähe Stille herrschte, als hätte der Berg mit seiner Riesenfaust das donnernde Ungetüm unter der Wucht seiner Felsen erwürgt.

Der Domini stierte wie festgebannt nach der Mündung der Höhle, aus der ein entsetzliches Verhängnis drohte. Ein Flimmern wie von unzähligen Totenkerzen umgaukelte ihn, und ihm schwindelte, als wäre der Grund, der ihn trug, eine Naue auf dem See in Föhnsgewalt ... Er griff sich an die Stirn und tastete im Dunkeln nach einem Halt.

Er sah den Zug, dem er täglich mit blöden Augen nachstarrte, jetzt in seinem Geiste, als wären die Waggonswände von leuchtendem Kristall, und als sässen die Menschen da in strahlender Helligkeit. Die meisten lagen, halb hingestreckt, mit schlaffen Gliedern, von langer Reise ermüdet, hin und her gerüttelt, mit trägen Mienen. Andere blickten in die Nacht hinaus, die Stirne an die Scheiben gedrückt, und Bilder vergangener Stunden und künftiger Hoffnungen tauchten ihnen aus der gespenstischen Finsternis auf, wie die flimmernden Lichter der vorbeigleitenden Weiler und Gehöfte ... Viele auch sassen im Speisewagen und tranken sich über die Nachtstunden hinweg mit erhitzten Gesichtern und feuchten, lachenden Lippen oder sorgenumflorten Blicken ... Auf den harten Bänken der dritten Klasse sassen sie eingepfercht wie Herden, den Kopf an die Schulter des fremden Kameraden gelehnt, von Müdigkeit übermannt: Arbeiter und Leute aus dem niederen Volke, die karge Habe im Bündel geschnürt, Auswanderer und Taglöhner. Dazwischen lagen Kinder, hart gebettet, und mochten nicht schlafen bei dem dröhnenden Schlummerliede ihrer eisernen Hüterin.

Und alle, die Schläfer und die Träumer, die Prasser und die Arbeiter, die Kinder und die Heimatlosen, die der Zug einem unbekannten Geschicke zuführte – sie hingen alle am Leben mit derselben heissen Gier, sie klammerten sich an das freudlose Dasein mit allen Fasern ihres Seins – und waren nicht gefasst auf den würgenden Tod, der wie ein Dieb in der dunklen Nacht heranschlich und auf sie lauerte. Ahnten sie ihn, sie würden wimmern und beten und heulen und rufen, dass ihr Jammern zum Buggisgrat und zum Urirotstock steigen und das Tal mit Entsetzen erfüllen würde.

Dies alles sah der Domini, der in seinem Leben noch nicht viel gesehen hatte; er sah es, ohne sich recht bewusst zu werden, was dies alles bedeute, und warum sein Geist diese Dinge in der Not heraufbeschwor. Er war wie gelähmt an seinem Körper, aber in seinem Hirn löste sich der Nebel, getroffen vom grellen Lichte der Gefahr. Blitzartig zogen die Bilder an ihm vorüber. Zum ruhigen Denken war keine Zeit in der bebenden Erwartung des wie eine Lawine heranstürzenden Unheiles.

Jetzt schrak er auf. Ein Ruck ging durch seinen Körper, als rüttle ihn eine unsichtbare Faust und stosse ihn vorwärts. Der unterirdische Donner wachte wieder auf, wuchs an, näherte sich grollend und keuchend, rollte wie schweres Geschütz durch die Felsenwände und wand sich mit einem jubelnden Erlösungspfiff aus der rauchspeienden Höhle heraus ... Noch ein schriller, langgedehnter Pfiff ertönte, der die Nacht wie ein Hilferuf zerriss, als wäre der Zug stutzig geworden ob eines unerwarteten Hindernisses, und zwei gelbe Augen glühten den Domini Selm fragend an: Ist die Bahn frei?

Der Bahnwärter jagte dem Zug entgegen, die Signallaterne schwenkend. Bei allen Heiligen! Er raste ja noch im vollen Dampf daher ... Was nun? Was nun? War denn alles umsonst gewesen? Er wollte rufen, wettern, schreien, die ermattete Kehle versagte im lähmenden Gefühl des Entsetzens … Nur die glotzenden Augen der Lokomotive, die nichts sahen, rückten immer näher.

Der zu Tode erschöpfte Mann sah, dass der Zug an ihm vorübereilte, und der Luftdruck fuhr ihm durch die Haare mit tödlicher Kälte. Ein Geruch von heissen Dämpfen, ein Geräusch, als ob Riesen mit Felsen kämpften … Räderächzen und lodernder Qualm … Der Selm machte kehrt, wie im Wirbelwind, lief dem Zug nach, wetteiferte mit ihm in rasender Anstrengung, ohne in seiner Angstverwirrung zu merken, dass der Koloss dampfspeiend, zaudernd in die Nacht spähte und seine Geschwindigkeit mässigte. Sein Atem ging kürzer, in Pausen, aber Domini lief und lief, schwenkte die Signallaterne, schwang sie kreisend ob seinem Haupte und schrie unverständliche Laute, die im tosenden Lärm untergingen.

Er erreichte die Lokomotive: «Halt! halt!» Ächzend kam's von seinen Lippen, er warf die Laterne im Bogen von sich … «Halt! um aller Heiligen willen …»

Seine Arme griffen suchend umher, streckten sich aus, in ausgebreiteter Haltung, als könne er den Zug aufhalten, dann fiel er widerstandslos um, den gläsernen Blick starr auf den anscheinend enteilenden Zug gerichtet …

Da ging ein Ruck jäh durch alle Wagen. Der Dampf schoss zischend aus den eisernen Flanken, die Bremse griff hemmend in die Bewegung ein, und – zwanzig Meter vor dem hochgetürmten Schuttwall des Wildbaches, hart am steilen Rain, über dem Abgrund des Sees, hielt der Nachtzug. Schaffner und Zugführer stiegen aus; erregte Zurufe erklangen. Laternen eilten wie Irrlichter hin und her. Die Lage wurde rasch erkannt. Schauer des Grausens zogen über die gebückten Nacken der wetterfesten Männer. Boten wurden nach der nächsten Signalstation ausgesandt …

Wagenfenster wurden heruntergelassen, ungeduldige Köpfe drängten sich im hellen Rahmen und spähten ängstlich umher. Was gab's nur? War es schon wieder eine Station? Auf den Gang der ersten Klasse traten verdriessliche Reisende heraus und schimpften in hochfahrendem Ton: «He! Schaffner, was will das bedeuten? Natürlich wieder eine Verspätung … Höchst fatal!»

Da meldete ein Bahnangestellter, der Wärter liege tot an der Böschung.

«Ach, nun verpassen wir den Anschluss an den D-Zug nach Genua … Elende Geschichte!»

---

## Emilio Geiler

*«Sprachlos starrten die beiden Männer auf das Gestein»*

Die Gotthardbahn-Gesellschaft stellte längere Zeit fast nur Deutschschweizer an. Damit diese ins Tessin zogen, eröffnete sie dort mehrere deutschsprachige Schulen. Eine solche besuchte Emilio Geiler (1900–1971), der in Biasca geborene Sohn eines Lokomotivführers aus dem Norden. Beruflich trat er in die Fussstapfen seines Vaters. Mit etwa 35 Jahren begann der politisch und sozial sehr engagierte Eisenbahner zu schreiben. Im Roman «Gotthardexpress 41 verschüttet» von 1941 erzählt er von der glücklichen Rettung von dessen Passagieren nach einem Felssturz. Unter der Regie von Max Haufler wurde die Geschichte mit Heinrich Gretler und Ettore Cella 1941 verfilmt.

In hohen Tönen sang die Lokomotive, eine Riesin aus Stahl und Kupfer, ihr Lied von Kraft und Arbeit. Mit kundiger Hand bändigte ein schwacher Mensch Tausende von Pferdestärken. Merz kannte seine 993. Sie war seine Freundin, die er gut behandelte. Und sie war dankbar dafür, tat willig ihre Pflicht. Sie war kein gefühlloses Untier, im Gegenteil; von ihrer Empfindlichkeit zeugten ihre ausserordentlich feinen, tausendfach verzweigten Nervenstränge, die Kupferleitungen, die die Befehle des Lokomotivführers aufnehmen und übertragen.

Der Schnellzug 41 hatte in sausender Fahrt die Ebene von Bellinzona verlassen. Wie ein seltsames Ungeheuer raste die lange, hell erleuchtete Wagenreihe durch die Nacht. Ruhig und sicher reisten die

Passagiere in den wohlig durchwärmten Wagen. Viele aufmerksame Augen und ständig tätige Gehirne auf der Strecke und den Stationen folgten dem Laufe des Zuges und sorgten für seine Sicherheit.

Die Linie begann zu steigen, der rasende Lauf verlangsamte sich, tiefer brummten die Motoren der Lokomotive. Wie ein Lastpferd, das sich in die Riemen legt, so gab die Maschine alle Kraft her, um ihre Aufgabe zu erfüllen.

Merz und Rossi starrten in das Dunkel vor ihnen. Die Zeiger der Strommesser zitterten leicht. Wenn sie rasch zurückgingen auf der hell erleuchteten Skala, und ein hoher, singender Ton anzeigte, dass die Räder ins Schleifen kamen, betätigte Merz die Sandstreuapparate. Mit hohem Luftdruck wurde Sand aus einem Kasten durch lange Rohre zwischen Schienen und Räder geschleudert. Dann wurde die Reibung wieder grösser, die Räder fanden wieder Halt, und von neuem arbeitete die Lokomotive mit voller Kraft. Merz hatte die Stromstärke bis zum Maximum gesteigert, trotzdem sank die Geschwindigkeit infolge der starken Steigung bis auf fünfzig Stundenkilometer. Damit konnte gerade noch die genau vorgeschriebene Fahrzeit eingehalten werden.

Auf einer kurzen ebenen Strecke zu Füssen der Grandiosa nahm die Lokomotive einen Anlauf. Am Tage bietet sich hier ein grossartiger Ausblick in die Wildheit der Natur und auf die Kunstbauten der Menschen, die ihr scheinbar ihre Herrschaft aufgezwungen haben. Dreimal ist die Linie übereinander gestaffelt, und zweimal verschwindet sie im Innern des Berges.

Doch jetzt sah man nichts – nur eine schwarze Wand, und hundert Meter weiter oben schimmerte schwach das Licht der Blockstation Pianotondo, die nach dem ersten Kehrtunnel – dem K. T. 1 – erreicht werden sollte. Mit erhöhter Geschwindigkeit fuhr der Zug in den K. T. 1 ein. Das Heulen und Pfeifen des Sturmes wurde abgelöst von dem dumpfen Donnern im geschlossenen Gewölbe. In dem gegen zwei Kilometer langen Tunnel war die Sicht auf das Geleise besser, doch verhinderte die Krümmung der Tunnelachse ein weites Vorausschauen.

Plötzlich gab es einen schwachen Ruck. Der Strom blieb aus, und automatisch wurde die Lokomotive ausgeschaltet. Rasch verklang der Lärm. Der Gesang der vier mächtigen Ventilatoren, welche die erhitzten Motoren abkühlen, setzte aus. Die Geschwindigkeit sank rasch. Merz versuchte, die Lokomotive wieder einzuschalten, doch ohne Erfolg. Er liess den Zug auslaufen und stellte ihn, als er beinahe hielt, mit einer Bremsung, um zu verhindern, dass er infolge der Steigung zurückrollte. Rossi war schon im Maschinenraum, um die Kontrollklappen der Sicherheitsinstrumente nachzusehen. Er stellte fest, dass das Ausschalten infolge Strommangels erfolgt war, und meldete dem Lokomotivführer den Befund mit den Worten: «Nichts zu machen – keine Spannung.»

[...] Im Scheine der Laterne schritten Weber und Rossi zwischen den Schienen auf den Schwellen dem Tunnelausgang zu. Ihre Schritte waren von geradezu komischer Ungleichmässigkeit. Zwischen je zwei Schwellen war ein Abstand von einem halben Meter, dem dann ein Abstand von fast einem Meter bis zur nächsten Schwelle folgte. Um auf den Schwellen marschieren zu können, musste man also jeweils zwei kurze und einen sehr langen Schritt machen, wenn man nicht auf den scharfen, kantigen Schotter treten wollte. Merz schaute den beiden sich entfernenden Gestalten nach; er musste lachen. Ihre Schatten hoben sich riesengross von der Tunnelwand ab, und der hüpfende Gang der beiden Männer verlieh den bewegten Silhouetten etwas Groteskes.

Weit entfernt konnte der Ausgang nicht mehr sein. Plötzlich bemerkte Weber zwischen den Schienen einen grossen Stein, dann wieder einen, und als er seine Laterne höher hob, beleuchtete sie einen Steinhaufen, der sich bis zur Tunneldecke erstreckte. Sprachlos starrten die beiden Männer auf das Gestein.

Ungefähr in der Mitte des mählich ansteigenden Haufens ragte ein mächtiger Felsblock hervor, der beinahe das ganze Tunnelprofil ausfüllte. Um ihn herum häuften sich, den Abschluss vervollständigend, kleinere und grössere Blöcke. Wie weit der Tunnel eingestürzt war, vermochten die beiden Männer nicht festzustellen, doch musste es eine ziemlich lange Strecke sein. Rossi kletterte auf den Haufen und erkundete, dass die Tunneldecke dort, wo sie mit dem Steinhaufen zusammenstiess, intakt war. Das ganze

Geröll war also Geschiebe, das in den Tunnel hineingepresst worden war; der Einsturz musste weiter vorn erfolgt sein.

Weber und Rossi standen vor dem Steinhaufen und schauten einander schweigend an. Langsam holte Rossi eine Zigarette aus der Tasche seines Überkleids und zündete sie an der Laternenflamme an. Dann setzte er sich auf einen Granitblock und starrte in das Licht der Laterne. Lange dachte er nach und schüttelte wiederholt den Kopf.

«Die Geschichte gefällt mir nicht, caro mio», sagte er nach einiger Zeit. «Stell dir einmal die Linienführung der Bahn vor. Der Tunneleingang liegt genau unter dem Ausgang. Das, was wir da sehen, ist ein Bergsturz, und sicherlich hat er nicht auf halbem Wege haltgemacht. Gehen wir zurück, und schauen wir einmal beim Tunneleingang nach.»

Langsam schritten die beiden Männer zurück. Bei der Lokomotive angekommen, teilten sie Merz ihre Beobachtungen mit. Merz war derselben Ansicht wie Rossi. Gedankenvoll schaute er seinen beiden Kollegen nach, wie sie sich abwärts, den Zug entlang, entfernten. Doch diesmal lächelte er nicht über ihren Gang. Die Gedanken eilten seinen Befürchtungen voraus, dem Südausgang des K. T. 1 zu. Was würden die beiden Kollegen dort wohl finden? Verdammt – wenn der Eingang ebenfalls verschüttet war, so sassen sie wie Mäuse in der Falle.

Abermals stellten die Reisenden aufgeregte Fragen, als die beiden Männer den Zug entlang schritten. Weber beruhigte sie mit dem Hinweis, dass sie im Begriff seien, die zurückliegende Station aufzusuchen. Von dem, was sie am Tunnelausgang gesehen hatten, sagte er nichts.

Im gleichen Hüpfschritt legten sie den Weg zum Südausgang zurück. Dabei kamen sie an der Telephonkabine in der Tunnelmitte vorbei und versuchten nochmals die Verbindung herzustellen – doch wiederum vergebens. Sie eilten weiter. Alle hundert Meter kamen sie an einer kleinen, in die Felswand gehauenen Nische vorbei. In diese Nischen, die Platz für ein halbes Dutzend Personen bieten, ziehen sich die Arbeiter zurück, wenn sie bei

**Hans Schöllhorn (1892–1982), «Across beautiful Switzerland with the Gotthard Railway», 1959**
Werbeplakat, 100 × 61,5 cm, Druck: Wolfsberg, Zürich

*Das Plakat aus den 1950er Jahren wirbt für eine ländlich-elegante Schweiz und transportiert Werte wie Naturverbundenheit und Lieblichkeit am Beispiel des Kantons Tessin. Im Hintergrund die Gotthardbahn, die Zugang zu diesem Paradies verspricht.*

**Anna Weber (* 1964), «Die Schlafende im Zug», 2003**
Öl auf Holz, 20 × 30 cm

*Im Schaffen der Künstlerin Anne Weber nehmen Reisebilder einen wichtigen Platz ein. «Die Schlafende im Zug» steht für die leise Poesie des Unterwegsseins, für Schönheit und Zerbrechlichkeit.*

**Thomas Bauer (* 1950), «Im Gotthardtunnel», 1988**
Öl auf Holz, 58,2 × 41 cm

*Der Künstler Thomas Bauer ist ein leidenschaftlicher Bahnfahrer. Seine Eisenbahnbilder verkörpern oft etwas Gespenstisches, Abgründiges – so auch diese Szene aus dem Gotthardtunnel, in der die Zeit stehen zu bleiben scheint.*

**Peter Bomhard (* 1952), «Gotthard Südrampe», 1998**
Aquarell auf Karton, 30 × 40 cm

*Der in Nürnberg lebende Ingenieur und Architekt Peter Bomhard arbeitet seit 1996 freiberuflich als Künstler. Wie es seinem Hobby «Eisenbahn» entspricht, malt er vorwiegend Bahnbilder.*

**Heinrich Danioth (1896–1953), «Sulzegg-Tunnel », 1941**
Ausbau Gotthardbahn auf Doppelspur, Baustelle Flüelen
Aquarell, 40 × 50,5 cm

*Der bekannte Urner Maler wählte die Baustelle des Sulzeggtunnels in Flüelen als Thema für diese Arbeit. Schon in den 1930er Jahren zeigte er sich aufmerksam gegenüber der Industriekultur, als er sich in Flüelen ein Haus im Stil des «neuen Bauens» errichten liess.*

**Peter Maurer (* 1947), «Bahnhof Göschenen mit Blick in die Schöllenenschlucht», 2006**
Acryl auf Hartfaserplatte, 55 × 46 cm

*Der Zürcher Künstler Peter Maurer malt expressiv-bewegte Bilder einer bewegten Wirklichkeit. Wie viele seiner Landschaftsimpressionen kreist auch die Bildserie entlang der Gotthardlinie um das Thema Licht und Farbe.*

**Jost Muheim (1837–1919), «Bahnhof Göschenen mit Blick in die Schöllenenschlucht», 1890/91**
Öl auf Leinwand, 50 × 63 cm

*Jost Muheims berühmtes Bild des Bahnhofs Göschenen hängt im 1889 fertig erbauten, ehemaligen Direktionsgebäude der Gotthardbahn-Gesellschaft in Luzern, das heute eine Abteilung des Bundesgerichts beherbergt.*

**Jean-Frédéric Schnyder (* 1945), «Salle d'aspetto Lugano (6.6.89) LXXXVI», 1989**
aus der Serie «Wartesäle Schweizer Bahnhöfe», Öl auf Leinwand, 30 × 42 cm

*Auf der Suche nach Motiven für die traditionelle Ölmalerei durchreiste Jean-Frédéric Schnyder in den 1980er Jahren die Schweizer Landschaft, mit dem Velo – die Staffelei auf dem Rücken – oder mit dem Generalabonnement der SBB. Dabei machte er auch oft in Wartesälen Station.*

Geleisearbeiten von einem Zug gestört werden. Ausserdem versorgen sie dort ihr Werkzeug. Stumm marschierten Weber und Rossi weiter. Sie mochten nicht sprechen; beide waren von einer bangen Ahnung erfüllt.

Auf einmal tauchte im Scheine ihrer Laterne eine glatte, weisse Wand vor ihnen auf. Sie hatten das Tunnelportal erreicht. Der Tunneleingang war nicht, wie der Nordausgang, durch Geröll verstopft, sondern zwei riesige Granitblöcke hatten ihn einfach abgeschlossen. Bis zum letzten Meter war die Tunnelmauerung intakt. Ein mächtiger, glatter Felsblock lehnte schräg gegen das Tunnelportal, ein zweiter füllte die andere Hälfte des Profils aus.

---

## Walter Angst

*«Max bewundert im Stillen diesen schlichten, wackern Bahnmeister»*

Neben der Gotthardbahn feiert 2007 auch das Schweizerische Jugendschriftenwerk Geburtstag: Vor 75 Jahren erschien das erste SJW-Heft. In Nr. 186 von 1944 mit dem Titel «Mit 12 000 PS durch den Gotthard» erzählt Walter Angst von der Bahnfahrt des Schülers Max ins Tessin. Dieses Heft erschien als Nr. 215 auf Italienisch in einer umgeschriebenen Version. Die Tessiner Jugend sollte sich ebenso mit dem Gotthard identifizieren können wie die Jugend der Deutschschweiz. Max heisst in der italienischen Fassung Luigino und reist von seiner Tessiner Heimat in den Norden.

### Der Kampf mit dem Schnee – Unter den Lawinen

«Jetzt sind wir genau 1000 Meter über Meer», erklärt Herr Peter. Das Landschaftsbild hat sich merklich geändert. An Stelle der obstbaumbestandenen, saftigen Wiesen kleiden blockübersäte Alpmatten und dunkle Tannen den Talgrund. Die Luft scheint leichter und reiner als in der Tiefe.

«Wie hoch liegt hier eigentlich der Schnee im Winter?» wundert Max. «In Göschenen bisweilen zwei Meter», weiss der Bahnmeister aus reicher Erfahrung zu berichten. «Aber wie kommen denn da die Züge noch durch?» «Wir räumen den Schnee natürlich vorweg zur Seite. Liegt er nur wenige Zentimeter hoch, so schieben ihn unsere mächtigen Lokomotiven mühelos weg. Da sich die Züge Tag und Nacht dicht folgen, hat der Schnee gewöhnlich gar keine Zeit, eine dicke Decke aufs Geleise zu legen. Wenn ihn aber Stürme haufenweise auf die Schienen werfen und sie tiefer als 80 cm eindecken, dann muss unsere Schneeschleuder in Funktion treten. Die ‹Rotary› ist zwar schon 50 Jahre alt, aber sie wird mit ihrem Riesenrad, das sich in der Minute 140 mal dreht, mit allen Schneehöhen fertig. Eine elektrische Maschine stösst sie im 10–20 km-Tempo in die Schneemassen hinein, und in hohem Strahl sprüht der Schnee zur Seite. In manchem Winter musste sie schon wochenlang zwischen Amsteg und Rodi-Fiesso hin und her pfaden. In andern Wintern wieder haben wir sie nie aus der Remise herausnehmen müssen. So ist eben die Natur hier oben, ganz und gar unberechenbar!»

Max bewundert im Stillen diesen schlichten, wackern Bahnmeister, aus dessen Augen die tiefe Freude am Beruf leuchtet. Seine feste, bestimmte Art verrät, dass die Gotthardstrecke treu und zuverlässig behütet wird.

«Am härtesten ist der Kampf gegen die tückischen Lawinen», fährt der Bahnmeister weiter. «Hier im engen Reusstal fahren sie von allen Seiten nieder und gefährden zwischen Erstfeld und Göschenen die Strecke an 12 Stellen. Die Bahnverwaltung hat Millionen aufgewendet, um die Linie gegen diese weisse Gefahr zu schützen.

Bei Wassen z. B. toste früher alljährlich aus einem engen Krachen, den der Reisende kaum beachtet, die Entschigtal-Lawine heraus. Hoch droben über der Baumgrenze hat man dann am Steilhang dreissig lange, drei Meter hohe Mauern hingebaut, um den Schnee aufzuhalten. Wenn es aber stark schneit, werden die Mauern zugedeckt, und die obern Schichten rutschen doch zu Tal. Aber der Schnee kann der Bahnlinie nicht viel anhaben, denn die beiden obern Linien der Wassener Bahnschleife sind durch Tunnelgewölbe und die unterste durch eine starke Mauer geschützt. Hohe Leitdämme sorgen dafür, dass der Schnee nicht seitlich abschwenkt und aufs Geleise stürzt.

Doch die Lawinen haben ihre Launen. Man muss sie gut im Auge behalten. Wenn es so recht durchs Tal föhnt und wir mit ihrem Niedergehen rechnen, werden längs der Strecke 20 Mann Wache aufgestellt, natürlich etwas abseits der Lawinenzüge, damit die Männer nicht vom Schnee und Luftdruck weggefegt werden.

Mit Auge und Ohr haben sie Tag und Nacht auf die Lawinen aufzupassen und sofort die Züge aufzuhalten, falls sich eine Schneemasse auf die Linie wirft. Es ist keine leichte Aufgabe, mit angespannten Sinnen bei Sturm und Kälte auf diesen Posten auszuharren; aber die Wächter wissen, dass sie für die Sicherheit der Tausende verantwortlich sind, die ahnungslos, ins warme Poster gelehnt, an ihnen vorbeireisen.

Gerade die Entschigtal-Lawine hat sich im Dezember 1940 einen tollen Seitensprung erlaubt. Mitten in der Nacht toste sie als Staublawine nieder, über die beiden obern Schutztunnel hinweg, dann schoss sie aber ganz regelwidrig über die mächtige Leitmauer hinaus und warf sich 3–4 Meter hoch auf das unterste Geleise, just im Moment, als ein Güterzug daherfuhr. Dem Lokomotivführer schimmerte plötzlich alles weiss vor den Augen; dann spürte er, dass seine 130 t schwere Maschine nicht mehr auf dem Geleise fuhr. Er konnte den Zug rasch zum Stehen bringen. Merkwürdigerweise blieben sämtliche Wagen auf den Schienen, und niemand wurde verletzt. Zwei Stunden später war ich mit hundert Mann, die unser Alarm aufgeboten hatte, zur Stelle. Mit Pickel und Säge rückten wir der hartgepressten und mit Felsen und Holz durchsetzten Schneemasse zu Leibe und befreiten die Maschine. Es war ein hartes Stück Arbeit, sie wieder aufs Geleise zu stellen. Gleichen Tags um 6 Uhr abends war es so weit, und die Züge konnten wieder auf einem Geleise verkehren.

Bei solchen Arbeiten eilt es immer, denn unten in Erstfeld und oben in Göschenen stauen sich die Güterzüge, und die ungeduldigen Reisenden haben leider oft wenig Verständnis für den Kampf mit den Naturgewalten. Und doch dürfen wir nicht überstürzt zu Werke gehen, denn der ersten Lawine folgt sehr oft eine zweite, die uns die ganze Räumungsmannschaft verschütten könnte. Im Jahre 1888 sind sogar am selben Tage vier Lauenen hintereinander niedergefahren, dabei sind fünf Arbeiter der Räumungsmannschaft ums Leben gekommen. Nach 1940 wurden die Lawinenleitdämme bei Wassen und die unterste Schutzmauer verlängert. Aller Voraussicht nach sollte dieser Schutz nun genügen. Aber wie gesagt, die Naturgewalten sind unberechenbar!»

---

## Wolf Schwertenbach

*«Schlafen können wir alle noch lange genug – nach dem Tode»*

Als Chef im Nachrichtendienst der Schweizer Armee für heikle Aufgaben im Zweiten Weltkrieg trug der Zürcher Hauptmann Paul Eduard Meyer (1894–1966) den Spitznamen «Spezial-Meyer». Als Krimiautor legte sich der schillernde Jurist und Anwalt das Pseudonym Wolf Schwertenbach zu. In seinem «Kriminalstück» «Der unsichtbare Henker» brillierte 1938 Therese Giehse. Der heute nur noch in einer Neuausgabe von 1954 auffindbare Roman «D. K. D. R. im Gotthard-Express» erschien erstmals 1931. Der Krimi um Rache für alte Schuld beginnt passend zum Titel in diesem Zug auf der Gotthardstrecke.

Der Nachtzug Genua–München hatte die italienische Grenze in Chiasso verlassen und sauste durch die Schweizer Landschaft. Sein dumpfes Rollen wiegte die Fahrenden in leichten Schlummer. Die Julinacht vom 18. zum 19. Juli 1926 war heiss. Mächtige Wolkenberge kündigten ein drohendes Gewitter an. Letztes verfärbtes Rot am westlichen Horizont verschwand in der dunkelnden Ferne, und bald verbarg tiefschwarze Finsternis den Reisenden jeglichen Ausblick. Nach und nach erlosch auch das Licht in den Abteilen des nur Schlafwagen erster und zweiter Klasse führenden Expresszuges bis auf wenige erleuchtete Fenster.

Geschäftig in den Wagen war nur noch die Schlafwagenbedienung. Jene braun uniformierten, international und kosmopolitisch eingestellten männlichen «Zimmermädchen», die jeden, der sich bei ihnen mit dem Schlafwagenbillett meldet, kurze Zeit misstrauisch mustern und ihm erst gegen Morgen, bei Rückgabe des Passes und der Fahrkarte, mit einem Lächeln begegnen.

«Hier Ihren Pass und das Billet. Ich glaube, es sind wohl die richtigen Papiere. Wünschen Sie einen Träger?»

Das rhythmische Aufschlagen der über die Schienen eilenden Räder wurde nur ab und zu überbrüllt vom Donnern eines aus entgegengesetzter Richtung vorbeibrausenden Eisenbahnzuges, dann stellte sich der einschläfernde Gleichtaktgesang von neuem ein. Einige Male wurde diese Ebenmässigkeit auch übertönt durch das Zuschlagen von Abteiltüren, deren Knall den Bedienten des letzten Wagens aus seinem Halbschlummer weckte, doch, gewöhnt an solchen Lärm, nickte er jeweils rasch wieder ein.

Im Abteil 8 des letzten Schlafwagens war noch Licht. Männerstimmen unterhielten sich lebhaft. Nach kurzen Intervallen stockte das Gespräch, und es schien, als ob die Ohren dieser beiden Reisenden für einen Moment in die Länge wüchsen und ihren Weg durch die Türritzen nähmen, den Gang entlang tasteten wie die Fühler einer Schnecke. Da alles ruhig blieb, schnellten die Ohrmuscheln zurück, um im nachfolgenden Gespräch zwischen den beiden Norddeutschen wieder ihre normale Funktion auszuüben.

«Noch vier Stunden bis München! Legen wir uns endlich schlafen», meinte der Kleinere gähnend, indem er in einem braunen Lederkoffer nach seinem Pyjama suchte. Der andere zuckte die Achseln.

«Wenn du ein Auge zumachen willst, so tu's. Ich habe noch Arbeit.» Er deutete auf ein dickes Zeitungsbündel: «Das wartet schon zwei Tage auf mich und will endlich durchgelesen werden. Schlafen können wir alle noch lange genug – nach dem Tode.»

«Rede keinen Unsinn und lass das Philosophieren; dazu sind die Sommernachtstunden zu gut», bemerkte der andere trocken und gab ihm zugleich mit einem Blick aus seinen kugeligen schwarzen Augen zu verstehen, einen Moment anzuhalten und zu horchen.

Der Zug fuhr ratternd über die Weichen einer Station, Lichter schnellten blitzartig vorüber. – Eine schrille Glocke im Wagen rief ungeduldig nach dem schlaftrunkenen Zugdiener. Kurz darauf hörten die beiden Reisenden gedämpfte Schritte den Gang entlang kommen. Vor Abteil 7 machten sie halt. Dann klopfte es an eine Tür, und eine Frauenstimme rief: «Bitte schön!»

«Sie haben geläutet, gnädiges Fräulein, und wünschen?»

«Dass Sie dafür Sorgen tragen, dass sich die Mitreisenden im Abteil nebenan etwas weniger laut unterhalten und die Tür in den Waschraum nicht unnötigerweise zuschlagen», führte eine hübsche Blondine, halb bittend, halb aufgebracht, den angefangenen Satz des Schlafwagenkontrolleurs zu Ende. Sie sass in einem rosafarbenen Nachtkleid auf dem Bettrand, ihre schlanken Beine und die in pelzgefütterten Morgenschuhen steckenden Füsschen folgten leise mitschwingend der federnden Bewegung des Wagens. Bei diesem Anblick rötete sich das blasse Gesicht des Uniformierten, und mit beteuernden Worten erklärte er der Schönen, er stehe gerne zu ihren Diensten und werde Sorge tragen, dass sie ungestört, soweit dies in einem Schlafwagen überhaupt möglich sei, sich zur Ruhe legen könne. [...]

Der Zug ratterte weiter, durcheilte Stationen, flog an Wäldern, Seen und einsamen Weilern vorbei, die sich im Dunkeln verbargen.

## Colin Forbes

### *«Dann hing er mit nur dieser einen Hand an der schwingenden Tür in der Luft»*

34 Politthriller hat der Brite Colin Forbes (*1923) bis heute geschrieben. Übersetzungen seiner Titel liegen in über 30 Sprachen vor, die Gesamtauflage erreicht Millionen. Sein Spionagethriller «Lawinenexpress» erschien zur Zeit des Kalten Krieges 1977. Im Mittelpunkt steht ein Ostspion, der in den Westen überlaufen will, und ein Teil des Geschehens spielt in einem Zug auf der Gotthardstrecke – beschrieben mit einer höchst vergnüglichen Vermischung von Fakten und Fantasie.

**Der Gotthard**

Diese gigantische Schlucht, die von der wichtigsten Eisenbahnverbindung von Mitteleuropa zum Mittelmeerraum durchfahren wird, ist in ihrer ehrfurchtgebietenden Grossartigkeit eines der Wunder dieser Welt – sie kann es sogar mit dem Grand Canyon in Arizona aufnehmen. Der Schienenstrang klettert schier endlos empor, passiert spiralförmige Tunnel und windet sich beim Aufstieg um dreihundertsechzig Grad, überquert abgrundtiefe Schluchten und Einschnitte, wobei die eindrucksvollen Alpengipfel auf beiden Seiten zum Greifen nah erscheinen.

Im Sommer ist dieser Pass eindrucksvoll genug, aber im Winter kann er einem fast Angst einflössen. Hoch oben an den fast senkrecht aufragenden Felswänden liegen Millionen Tonnen Schnee – oft braucht nur ein Skifahrer über einen Abhang zu fahren, und eine Lawine donnert zu Tal. In der Nähe von Airolo, der kleinen Stadt am Südende des strategisch wichtigen Tunnels, der das Alpenmassiv durchquert und am Nordende auch unter Andermatt hindurchführt, ragen riesige Felsbrocken über dem Schienenstrang in die Luft. An vielen Stellen ist die Bahnlinie von Lawinenschutzgittern gesäumt. Dies ist Lawinenland.

Es war der Gotthard, der Wargrave Sorgen machte. Der Gotthard beschäftigte auch Oberst Springer so sehr, dass er von Lugano abgeflogen war, um in Bellinzona den Atlantik-Express zu besteigen. Und in der Gestalt Joseph Lauriers ging Wargrave auch jetzt noch ruhelos durch den Zug. Vor sich in dem sonst leeren Gang sah er den hünenhaften Spanier, Jorge Santos, der sich gegen die Wand lehnte und seine Pfeife paffte. Wargrave blieb neben Santos stehen und hängte seinen Stock an einen Haltegriff.

«Auch Sie, mein Freund, finden diese Reise ziemlich beunruhigend – und bald werden wir in einer Gegend sein, die für die griechischen Götter wie geschaffen erscheint, an einem veritablen Olymp», bemerkte Laurier in fliessendem Französisch.

Santos' schwarze Augen warfen dem Ankömmling einen aufmerksamen Blick zu. Dann zuckte er die Achseln. «Diese langen nächtlichen Bahnfahrten sind recht anstrengend.» Er machte eine Pause und sog an seiner Pfeife. «Und dann diese seltsame Geschichte hinter Lugano, als der Express hielt. Ein Schweizer Bahninspektor hat mir erzählt, es sei eine Armeeübung gewesen. Glauben Sie das?»

«Ich glaube, es handelte sich um eine weit düsterere Angelegenheit», erwiderte Laurier. «Wenn ich echtes Maschinengewehrfeuer höre, dann weiss ich, dass es sich nicht um eine Übung handelt. Da wurde nicht mit Platzpatronen geschossen.»

«Und jetzt fahren wir auf den Gotthard zu», bemerkte Santos. «Ein Ort, der einem Angst machen kann.»

«Wer weiss, was in einem Nachtzug alles passieren kann?» sinnierte Laurier. «Hier sind so viele Menschen, die einander fremd sind, für viele Stunden eng zusammengepfercht.» Er betrachtete das Profil des neben ihm stehenden Mannes, ein auffallendes Profil mit seiner Adlernase und den hervorstehenden Wangenknochen. «Ich fahre mit diesem Zug bis Amsterdam», bemerkte er. «Sie auch?»

«Bis zur Endstation. Es wird also eine sehr lange Nacht werden …»

Im Express machte sich eine immer spürbarer werdende Spannung bemerkbar, als er sich über einen sanften Abhang auf die riesige Schlucht zubewegte. Im Schlafwagen wurde gerade das zweite Abendessen serviert, und die Kellner mussten mehr Getränke als Speisen auftragen. Reisende in ihren Abteilen, die sich eigentlich für die Nacht hätten hinlegen können, sassen aufrecht da und starrten aus den Fenstern auf die mondbeschienene Landschaft. Im letzten Schlafwagen des Zuges wurden den Reisenden Speisen aus einem Abteil gebracht, das Molinari in Mailand in eine provisorische Kombüse hatte verwandeln lassen.

«Warum hätte man uns nicht einfach aus dem Speisewagen etwas zu essen bringen können?» wollte Marenkow wissen, der gerade in eine Pizza hineinbiss.

«Weil Gift eine der Waffen des KGB ist», erwiderte Haller unverblümt.

«Mögen Sie Pizzas nicht?» fragte Elsa den Russen.

«Ich kriege alles runter», antwortete der Russe doppelsinnig.

Oberst Springer sass ihm gegenüber und ass ebenfalls eine Pizza von einem Pappteller; dazu trank er Kaffee aus einem Pappbecher. Er hatte den Russen bereits um eine Liste der in der Schweiz tätigen Agenten des KGB gebeten, und Marenkow hatte sich mit einem Blick auf Haller an die Stirn getippt. «In dem Augenblick, in dem ich mich in Schiphol an Bord der Boeing befinde, und sobald die Maschine sich dreissigtausend Fuss über dem Atlantik befindet, gebe ich Ihnen sämtliche Informationen, die Sie benötigen ...»

«Ich brauche sie jetzt», sagte Springer ihm in scharfem Ton. «Immerhin dient das auch Ihrem Schutz ...»

«Das ist das normale Verfahren», erwiderte Marenkow brüsk. «Es ist mein Pass in die Vereinigten Staaten – die Informationen, die ich im Gehirn mit mir herumtrage. Sämtliche ehemaligen KGB-Agenten, die nach Amerika geflohen sind, haben bis zum Betreten amerikanischen Bodens gewartet, bis sie redeten ...»

«Es hat keinen Zweck», warf Haller ein. «Ich habe das alles schon früher mit dem General durchexerziert – und, wie er sagt, es ist tatsächlich das normale Verfahren.»

Springer zeigte ein verschlossenes und grimmiges Gesicht, als er Marenkow anstarrte, der seinen Blick ausdruckslos erwiderte. Elsa entschied, dass es an der Zeit sei, die zwischen den beiden

Männern wachsende Spannung zu lockern. «Lassen Sie ihn doch in Ruhe weiteressen», sagte sie dem Schweizer Oberst leichthin. «Wir haben auch so schon genug um die Ohren», meinte sie, «da müssen wir uns nicht auch noch streiten ...» [...]

John machte ein nachdenkliches Gesicht und lehnte sich gegen die Tür des Waschraums. «Das ist einleuchtend», gab er zu. «Und wer ist jetzt der Kandidat als GRU-Mann?»

«Sie sind das.»

«Sie müssen völlig den Verstand verloren haben ...»

«Weil Sie ein Scharfschütze sind», erklärte Wargrave.

«Dann hätte ich Sie im Mailänder Hauptbahnhof ohne weiteres töten können ...»

Wargrave schüttelte den Kopf. «Sie wussten, dass Sie das nicht tun konnten. Sie wussten, dass Oberst Molinari über den angeblichen Mord im Bilde war. Und Sie wollten mit dem Atlantik-Express mitfahren. Übrigens», fuhr er fort, «wenn Sie mich erschossen und versucht hätten zu fliehen: Drei von Molinaris Scharfschützen haben Sie ständig im Visier gehabt, als Sie sich in der Halle aufhielten – das war eine reine Vorsichtsmassnahme.»

«Sie sind übergeschnappt wie ein tollwütiger Fuchs ...» Johns Mund verzog sich zu einem schiefen Schnauben. «Und warum habe ich Marenkow noch nicht längst erschossen?»

«Weil Sie nicht eine einzige Gelegenheit dazu hatten. Immer dann, wenn diese Abteiltür geöffnet wird, wird einem irgendein Revolver unter die Nase gehalten. Ob Hallers oder Elsas – das ist dabei belanglos. Und Sie sind ein Profi, John – Sie wissen, dass, selbst wenn Sie schiessen würden, Sie durch die Reflexbewegungen der Finger am Abzug auch selbst getötet würden. Ich habe nämlich sehr ausgeklügelte Vorsichtsmassnahmen getroffen, bevor ich in diesen Zug eingestiegen bin.»

«Das ist doch nichts weiter als reine Spekulation», protestierte John. «Sie haben gesagt, Sie hätten Beweise – jetzt zeigen Sie mir mal Ihre Beweise, Sie Vollidiot.»

«Vira», sagte Wargrave einfach. «Elsa hat mir haargenau beschrieben, was dort geschehen ist. Sie haben von einem festen Standort aus mit Ihrer Luger auf drei Männer gezielt, die sich mit nicht mehr als fünfunddreissig Stundenkilometern an Ihnen vorbeibewegten. Sie haben drei Schüsse abgefeuert – und haben jedesmal danebengeschossen ...»

«Es war ein bewegliches Ziel ...»

«Auf eine Entfernung von knapp fünfzig Metern. Drei Männer, dicht beieinander. Sie haben genau gezielt, um ja keinen von Ihren eigenen Männern zu treffen.»

John seufzte. «Das ist mir alles zu hoch. Jetzt brauche ich auch eine Zigarette ...» Er schlüpfte mit der rechten Hand in sein Jackett und wollte die Luger hervorziehen. Wargrave drückte das glühende Ende seiner Zigarette auf Johns Handrücken. John zuckte zusammen und liess die Waffe fallen, die scheppernd zu Boden fiel; er versetzte Wargrave einen harten, klatschenden Schlag auf den Hals. Wargrave ging ein wenig zu spät auf, dass John beidhändig schlagen konnte und links wie rechts gleichermassen kräftig und beweglich war. Ihm wurde schwarz vor Augen, als John ihm mit dem Knie wild in den Unterleib stiess, aber er hatte den Angriff kommen sehen und die Wirkung durch eine schnelle Drehung mildern können. Er zielte einen Schlag auf Johns Unterbauch, aber John drehte sich gleichfalls weg und fing den Schlag mit der Hüfte ab.

Die beiden Männer kämpften in dem engen Raum zwischen Waschraum und Aussentür miteinander, aber Wargrave war noch immer benommen von dem unerwarteten Schlag. Er sah seinen Gegner nur als verschwommene Gestalt, und zudem war John kräftiger, als er erwartet hatte. Plötzlich senkte John den Kopf und stiess ihn Wargrave hart ins Gesicht, während er gleichzeitig den Türgriff herunterdrückte, so dass die Waggontür aufflog. Wargrave fiel in die Nacht hinaus, aber im Fallen langte seine linke Hand nach oben und packte die Oberseite der Tür, und dann hing er mit nur dieser einen Hand an der schwingenden Tür in der Luft.

Der Express war soeben auf eine weitere geschwungene Brücke gefahren, die eine tief unter Wargrave gähnende Schlucht überspannte. Nur das Schwanken des Waggons verhinderte, dass seine Hand beim Zurückschwingen der Tür zerschmettert wurde. Jetzt aber begann die Tür wieder, auf den Waggon zuzuschwingen. John wartete mit der schnell vom Fussboden aufgehobenen Luger in der Hand. Er hatte keineswegs die Absicht, Wargrave zu erschiessen – den Knall eines Schusses würde er nie erklären können. Wargrave sollte ganz einfach verschwinden. Er stand ja sowieso in dem Ruf, ein einsamer Wolf zu sein – wer würde sich also wundern, wenn er wieder einmal verschwand? Dies alles schoss John blitzschnell durch den Kopf, als er darauf wartete, mit dem Lauf der Luger auf Wargraves halberfrorene Knöchel einschlagen zu können, diese Knöchel zu zerschmettern.

Die Waggontür bewegte sich langsam auf John zu. Wargrave stöhnte vor Schmerz auf. Er streckte den Arm aus, liess dann die Hand fallen und krümmte sich zusammen. John beobachtete ihn wie ein Arzt, der die Reaktion eines Patienten prüft. Sein kalkweisses Gesicht zeigte keinerlei Gemütsbewegung, keinerlei Ausdruck. Die Waggontür schwang näher heran, und John hob den Lauf seiner Luger. Er hielt den Blick auf die angespannten Knöchel gerichtet, die alles waren, was Wargrave vom Sturz ins Nichts trennte. Phillip John hob den Pistolenlauf und zielte mit vorsichtiger Sorgfalt. Die Tür schwang näher heran, Wargraves rechte Hand, die das Messer hielt, das er aus seiner rechten Socke gezogen hatte, stach auf Johns Bauch ein. Der Express schwankte. John fiel aus der Tür ins Freie; sein Körper verfehlte das Brückengeländer und stürzte mehr als dreissig Meter tief in den fast zugefrorenen Fluss am Grund der Schlucht. Er schlug mit dem Rücken auf. Langsam fliessendes Wasser, das aus den Höhen der Alpen zu Tal floss, gefror über ihm, und sofort bildete sich ein dünner Eisfilm auf seinem Leichnam. Wargrave, der sich unterdessen in den Zug zurückgehangelt und in Sicherheit gebracht hatte, blickte in die Schlucht hinab, bevor der die Tür schloss. Aus seiner Nase rann Blut. John war mit ihm zusammengeprallt, bevor er in die Tiefe gestürzt war. Zwölf Stunden später bot sich schweizerischen Soldaten, die sich in die Schlucht heruntergearbeitet hatten, ein makabrer Anblick – sie entdeckten John, der auf dem Rücken lag, blicklos nach oben starrte und in eine dicke Eisschicht gehüllt war. Die Männer mussten Elektrobohrer einsetzen, um an John heranzukommen.

## Anna Felder

*«Kein Arm war zum Abschiedsgruss ausgestreckt»*

Während vieler Jahre beschäftigte sich die 1937 in Lugano geborene Anna Felder mit der Integration von Kindern italienischer Einwanderer in der Deutschschweiz. Diese Erfahrung bewog die damalige Gymnasiallehrerin in Aarau 1972 zu ihrem ersten Roman «Tra dove piove e non piove» («Quasi Heimweh», 1991). Seit ihrer Pensionierung lebt die Schriftstellerin wieder in Lugano. 2002 erschienen in deutscher Übersetzung Erzählungen Anna Felders unter dem Titel «No grazie», darunter auch eine, die in einem Gotthardzug spielt.

### Ein Vater in Vater Arth-Goldau

Mutter und Tochter: Sie schienen einzunicken zwischen den Seiten der Zeitschriften, die sie zu zweit betrachteten auf einer Zugfahrt nach Olten–Basel, berechnet nach Stunden aus den Namen der Seen, an denen wir vorbeifuhren, wie meine eigene Reise, nicht in Minuten. Sie machten auch mich angenehm schläfrig, träge; ich blätterte sie durch wie illustrierte Seiten über den Vierwaldstättersee, in jener kurzen Zeit, ein Auge halb geschlossen, schweissig auch meine Finger.

Ich hatte sie nach der Hälfte des Sees aus dem Speisewagen zurückkommen sehen, mit erhitzten Gesichtern, das gleiche Eisenbahnmenü im Bauch, gleich gross und gleich satt, die kräftigen Haare kurz geschnitten und lang; die Mutter, die die Sandalen ausgezogen hatte, müder, mit tiefem Dekolleté, das die doppelreihige Perlenkette atmen liess; die Tochter in Hosen mit modernem Gürtel, um den Hals den kleinen Goldanhänger aus Kindertagen, noch immer zu leicht und zu unruhig, um sich zwischen der üppigen Fülle und der Bluse wohl zu fühlen.

Sie hatten das Abteil hinter mir auf der Seeseite gewählt, dem meinen schräg gegenüber; sie hatten sich schon mit der Zeitschrift in der Hand gesetzt, und in dem kurzen Dösen, das sie mir gewährten, waren sie – spielte der Zug oder der Schlaf mir einen Streich? – in waagrechten Streifen zu sehen. Der Streifen der Hände, die die Zeitschrift hielten: ruhig die der Mutter, allenfalls bereit, den Griff zu lockern und wieder zuzufassen; unvorhersehbar die der Tochter, schlaff, überraschend deuteten sie auf eine Seite der Zeitschrift, berührten sie, zerrissen sie manchmal sogar, um dann sofort wieder zurückgezogen und an den Fingerspitzen berochen zu werden, Zeitschriftengeruch. Der Streifen der fast gleichen Nasen, die der Mutter widerstandsfähiger, mager, einsam; die andere etwas glänzender, gleichsam in Unordnung durch die Haare, umspielt von den Händen; doch süss, lebhaft, fähig vielleicht zu lecken. Der Streifen der Bäuche war der ruhigste, beständigste: bootsfarben alle beide, in Hose und Rock, stützten sie geduldig die Vertrautheit der Oberkörper, und die Oberkörper streckten sich darauf aus, schaukelten in langsamem Takt.

Die Tochter war reif, ihrerseits eine neue Mutter zu zeugen, die mit der gleichen Gabe eine Tochter zeugen würde, imstande, eine weitere Tochter zu zeugen, blond mit sechzehn, in unaufhörlichem Zeugen.

Wir kamen in Arth-Goldau an; das Gähnen ging unter dem zunehmenden Beifall der Sonne in wahre Gähnarien über: bis Olten oder Basel, dachte ich, würden sie sich in Hochrufen, in abruptem Aufwachen, in Umarmungen und Grüssen für den Vater und Ehemann ergehen, der die beiden Frauen am Bahnhof, so stellte ich mir vor, wohl schon seit ein paar Stunden oder halben Stunden erwartete.

Stattdessen war es eine Sache von Minuten und Sekunden: Der Zug hielt in Arth-Goldau, und die Mutter schlüpfte in ihre Sandalen, brachte ihre Perlen in Ordnung, stand auf und stopfte die zerfledderte Zeitschrift, die Jacke und Tüten in zwei grosse, bereits übervolle Taschen; sie gab der Tochter, die aus Solidarität ebenfalls aufgestanden war, einen dicken Kuss auf den Mund und machte sich allein auf den Weg zum Ausgang; ihre Schritte waren noch ein wenig steif, strebten aber bereits, das war zu sehen, entschlossen nach draussen.

Das Mädchen lehnte sich jetzt zum offenen Abteilfenster hinaus, sie hatte den Vater begrüsst, lachte laut und zeigte ihm mit dem ausgestreckten Arm die Wagentür, wo die Mutter aussteigen würde.

Ich stand auf, als ich an den Grüssen der Tochter, an ihren Augen, die noch voll heiterer, aber bereits ferner Worte waren, erkannte, dass Vater und Mutter sich entfernt hatten. Von meinem heruntergelassenen Abteilfenster daneben sah ich, wie der Mann und die Frau tatsächlich auf den Parkplatz zugingen; der Mann, ein wenig kahl, in grauem Anzug, trug die beiden Reisetaschen und machte lange, auf seine Frau abgestimmte Schritte.

Der Zug stand immer noch, und ich blieb am Abteilfenster stehen, schnupperte das Wetter – plötzlich war es Sommer geworden – und versuchte mir den Sonntag im Bahnhof vorzustellen – Ostern war gerade vorbei. Die Lautsprecher kündigten die ein- und abfahrenden Züge an, die Rigi-Bahn lud auf nostalgischen Plakaten ein, auf den Gipfel zu fahren, den Familien wurden ermässigte Zoobesuche versprochen, die Eltern des Mädchens hatten den Parkplatz erreicht und beluden das Auto, durch dessen weit aufgerissene Türen sie Luft hineinliessen.

Dann sah ich, wie die Mutter sich hineinsetzte; ich sah, wie der Vater sich die Jacke auszog und, während die Autotüren weiterhin offen standen, in Hemdsärmeln zur Tochter hinüberschaute. Ich sah, dass er drei Schritte in Richtung Zug machte, den Blick unverwandt auf unseren Waggon gerichtet: Er blieb stehen und beschirmte seine Augen mit der Hand. Er machte noch zwei Schritte in unsere Richtung und schützte sich dabei immer noch vor dem Licht. Ich sah ihn deutlich, er stand mit dem Rücken zum Auto, wartete zwischen Wagen und Zug, in Habachtstellung, um seiner Tochter zum Abschied zuzuwinken; die Schlüssel musste er in der gesenkten Hand haben, er schüttelte die Hand von Zeit zu Zeit, ohne Ungeduld jedoch, er irrte sich nicht im heruntergelassenen Abteilfenster seiner Tochter.

Da wandte ich mich um, um am Nebenfenster jetzt, da der Zug anfuhr, ebenfalls den Abschiedsgruss des Mädchens zu sehen. Doch da war nichts, da war kein Winken zum Abschied. Kein

Arm war zum Abschiedsgruss ausgestreckt, keine angewinkelten und aufgestützten Ellenbogen, keine zerzausten Haare und Kettchen, die nach hinten flogen. Das Abteilfenster war heruntergelassen und leer; daneben, etwas tiefer, schlief, hingegossen auf den Zweiersitz, das Mädchen, während der Zug langsam anfuhr: die Beine ungleich lang ausgestreckt, den Kopf nach hinten gebeugt, rosig angelaufen, ein unglaublicher, verwaister Engel, bereit, auch im Schlaf zu lachen.

Der Zug beschleunigte, ich wandte mich zum Vater um, der vor dem Parkplatz wartete; da stand er, ein Vater, der sucht, der findet, der Widerschein in den Augen mochte ihn täuschen, die genaue Stelle entzog sich ihm, der Zug entzog sich ihm; ich stand noch immer mit beiden Ellenbogen aufgestützt da, ich war nicht der Engel, ich behielt den Vater im Auge, betrachtete verstohlen den Schlaf neben mir, eine Madonna schlief ohne Erinnerung, der Vater begann langsam mit der bereits erhobenen Hand zu winken, er winkte dem schönen Wetter, ungläubig, hielt rechts inne, links, er kniff die Augen zusammen, um das Licht zu durchdringen, um sicherzugehen, dass er seiner Tochter in einem so langen Zug nachwinkte, und nicht mir, nicht dem Geschrei der Kinder und nicht dem Kuss der Liebenden.

Wir hatten mittlerweile den Bahnhof verlassen, die Weichen, die Signallichter funktionierten prächtig, der Zug beschleunigte, und der eingeschrumpfte Mann begann erneut, jedem Wagen zum Abschied nachzuwinken, ruckweise bewegte er die Hand, bemühte sich, die Gesichter an den Abteilfenstern zu erkennen, bald winkte er den hinten angehängten Wagen zu, bald den internationalen, getäuscht vielleicht vom Getöse, vom Eisen, vom Ernst des Zuges, er grüsste einen ankommenden Gepäckwagen, er grüsste eine Lokomotive im Bahnhof, für den Fall, dass die Tochter auf ihr sei, er grüsste alle, winkte der Geschwindigkeit, der Flucht zum Abschied, reglos, ein Zwerg, ein Vater auf seinem Posten, bis zuletzt sicher, eine Tochter zu haben, bis heute, bis zum letzten Augenblick, eine Tochter im Zug.

Und wenn ich jetzt im Drängen der Sekunden meinen Arm erhob, wenn ich im letzten unmöglichen Augenblick den Arm hob, in einer wirren Geste der Einwilligung, in einem versäumten, begnadeten Abschiedsschrei, war ich da vielleicht in der Flucht der Generationen nicht eine Mutter, die einer Tochter ihre Stimme gab, war ich nicht eine Tochter, die ja sagt zu einem Vater, zu diesem in Arth-Goldau oder zu meinem Vater, der mir im Bahnhof zuwinkte, mir Lebewohl sagte, auch er reglos dort unten auf dem Bahnsteig, den Arm erhoben, und sah, wie die Wagen, gehorsam herrisch wie vertauschte Generationen, jenseits des heimischen Sees in so viele nördliche Richtungen fuhren.

vi. Kapitel

# *«In der Dunkelheit, die da vorn lauerte, verschwanden die Worte, die uns verbanden»*

## Poetisches und Nachdenkliches um die Gotthardbahn

«Nicht nur der Tunnel, die ganze Gotthardbahn ist ein grandioses Gesamtkunstwerk.» Dieser kurze Satz beschreibt prägnant die ausserordentliche Ausstrahlung dieser Nord-Süd-Verbindung. Geschrieben hat ihn Redaktor Rolf Ribi in einem Beitrag der Zeitschrift «Schweizer Revue» vom Oktober 2006. Weil der Gleisstrang zwischen Erstfeld und Biasca nicht einfach eine Bahnstrecke ist, sondern durch das Herz der Schweiz und das der Schweizer Geschichte führt, und weil seine kühne Konstruktion mit Kehrtunnels, Viadukten und dem Scheiteltunnel selbst Geschichte geschrieben hat, ist er zu diesem Gesamtkunstwerk geworden.

Wie Kunst an sich regte und regt die Gotthardbahn als Kunstwerk dazu an, nach ihrer Bedeutung, ihrer Aussage, nach ihrer Symbolik zu suchen. Über ein Dutzend Autorinnen und Autoren haben sich mit dieser Thematik auseinandergesetzt und sich teils in Kunstformen der Sprache ausgedrückt: im Gedicht, in der Miniatur, in einem einzigen Satz, in einem von der ersten bis zur hundertsten Seite absatzlosen Text. Daneben finden sich in diesem Kapitel die klassischen Formen der Erzählung, des Romans und des Briefs.

Die Verschiedenheit der Antworten auf die Frage nach dem Wesen der Gotthardbahn ist enorm. Die Bandbreite reicht vom spontanen Lob auf dieses den Güterverkehr einzigartig beflügelnde Symbol bei Giuseppe Zoppi bis hin zu tiefenpsychologischen Deutungsansätzen bei Yoko Tawada. Sie umfasst ebenso Charles-Albert Cingrias Sicht auf die Gotthardbahn als Sinnbild für eine wohlsituierte, wohlgeordnete Schweiz wie Giorgio Orellis gegensätzlicher Blickwinkel, der die Gebirgsbahn als Ort menschlicher, in der Schweiz besonders häufiger Tragödien wahrnimmt.

Am häufigsten befassen sich die Schriftsteller mit dem Bau der Gotthardbahn als Sinnbild für die Willenskraft. Der Mensch kann jeden Widerstand bezwingen, glaubt etwa Karl May. Und Conrad Ferdinand Meyer spricht von der Grösse, aber auch Gefährlichkeit dieser Kräfte. Ein weiteres Thema sind die Auswirkungen des Bahnbetriebs auf die Wahrnehmung von Raum und Zeit, so bei Hans Ulrich Bänziger. Auch Erwin Koch und Anna Ruchat kreisen um das Rätsel Zeit, lassen auf ganz unterschiedliche Art Vergangenheit und Vergänglichkeit in die Gegenwart fliessen und fragen danach, was bleibt: von der Gotthardbahn, vom Gesamtkunstwerk, von Taten, Gedanken und Erinnerungen, von uns.

Wie für den 125. Geburtstag der Gotthardbahn geschaffen ist Hans Rudolf Hiltys Blick auf die Gotthardbahn. Denn er begreift sie als Einladung zum Aufbruch im wörtlichen und übertragenen Sinne, um sich und die Welt neu «zu erfahren».

## Friedrich Nietzsche

*«Hier liegt Dynamit»*

«Hier ist gut leben, in dieser starken hellen Luft, hier, wo die Natur auf wunderliche Weise zugleich mild, feierlich und geheimnisvoll ist», notierte Friedrich Nietzsche (1844–1900) über Sils Maria, wo er etliche Sommer verbrachte. An seinem Wohnsitz, der heute ein Museum über den Philosophen beherbergt, beendete er sein Werk «Jenseits von Gut und Böse». In einem Brief an die befreundete Schriftstellerin Malwida von Meysenbug (1816–1903), eine Vorkämpferin für die Gleichberechtigung der Frau, zitiert er eine Besprechung dieses Buchs von Josef Viktor Widmann (siehe Seite 35), die durch einen zeitgeschichtlichen Vergleich überrascht.

*[Sils-Maria,] 24. Sept. 1886.*

Verehrte Freundin.

letzter Tag in Sils-Maria; alle Vögel bereits fortgeflogen; der Himmel herbstlich-düster; die Kälte wachsend, – also muss der «Einsiedler von Sils-Maria» sich auf den Weg machen. […]

Zum Schluss schreibe ich Ihnen ein paar Worte über mich ab, die im «Bund» (16. und 17. Sept.) zu lesen sind. Überschrift: *Nietzsche's gefährliches Buch.*

«Jene Dynamitvorräthe, die beim Bau der Gotthardbahn verwendet wurden, führten die schwarze, auf Todesgefahr deutende Warnungsflagge. – Ganz nur in diesem Sinne sprechen wir von dem neuen Buche des Philosophen Nietzsche als von einem *gefährlichen* Buche. Wir legen in diese Bezeichnung keine Spur von Tadel gegen den Autor und sein Werk, so wenig als jene schwarze Flagge jenen Sprengstoff tadeln sollte. Noch weniger könnte es uns einfallen, den einsamen Denker durch den Hinweis auf die Gefährlichkeit seines Buchs den Kanzelraben und den Altarkrähen auszuliefern. Der geistige Sprengstoff, wie der materielle, kann einem sehr nützlichen Werke dienen; es ist nicht nothwendig, dass er zu verbrecherischen Zwecken missbraucht werde. Nur thut man gut, wo solcher Stoff lagert, es deutlich zu sagen ‹*Hier liegt Dynamit!*›»

Seien Sie mir also, verehrte Freundin, dafür hübsch dankbar, dass ich mich von Ihnen ein wenig *ferne* halte! … Und dass ich mich nicht darum bemühe, Sie auf *meine* Wege und «Auswege» zu locken. Denn, um nochmals den «Bund» zu citiren:

«Nietzsche ist der Erste, der einen neuen Ausweg weiss, aber einen so furchtbaren, dass man ordentlich erschrickt, wenn man ihn den einsamen, bisher unbetretenen Pfad wandeln sieht!» …

Kurz und gut, es grüsst Sie von Herzen

Der *Einsiedler* von Sils-Maria.

Adresse zunächst: *Genova:* ferma in posta.

---

## Conrad Ferdinand Meyer

*«Ermordet von gesprengtem Felsgestein»*

Zur Eröffnung der Landesausstellung 1883 in Zürich schrieb Conrad Ferdinand Meyer (1825–1898) ein Festgedicht mit 13 Strophen. In den letzten beiden erwähnt der Dichter das ergreifende Mahnmal «Die Opfer der Arbeit» von Vincenzo Vela (1820–1891). Der Tessiner Bildhauer hatte es für die beim Gotthard-Tunnelbau tödlich verunglückten Arbeiter geschaffen. Doch einflussreiche Kreise verhinderten das Aufstellen des Kunstwerks vor dem Gotthardtunnel, denn die Erinnerung an die Toten schien ihnen nicht zum Fortschrittsglauben und zur Hoch-stimmung jener Zeit zu passen. Erst 1932 fand das Werk für die Gotthardopfer seinen Platz unweit des Südportals.

## Fest-Gedicht zur Eröffnung der Schweizerischen Landes-Ausstellung

[…]
Bildhauerkunst! Zu diesen Freudetagen
Stellst du mit einem ernsten Werk dich ein:
Ein Gotthard-Opfer liegt auf einem Schragen,
Ermordet von gesprengtem Felsgestein,
Aus tiefem Tunnel wird es weggetragen
Ins süsse ferne Tageslicht von Zwei'n,
Rasch wie das Leben huscht vorbei ein Dritter
Mit seiner Ampel flüchtigem Gezitter.

Warum allüberall mich hinbegleitet
Das stille Bild auf seinen Trauerschwingen?
Weil's eines grossen Werkes Ruhm verbreitet
Auf dieses blut'ge Sterben des Geringen:
Von tausend schwiel'gen Händen wird bereitet
Der Geistesthat gefährliches Gelingen
Und in Erkämpfung eines Lorbeerkranzes
Ist Volk wie Menschheit immerdar ein Ganzes!

## Karl May

*«Und kennst du nicht den Eisenstrang»*

Mit seinen Romanen um Hadschi Halef Omar und um Winnetou feierte Karl May (1842–1912) als Schriftsteller aussergewöhnliche Erfolge. Allein 1896 verkauften die Buchhandlungen 150 000 seiner Bücher. Doch schon bald bezweifelten erste Zeitungsredaktoren die Glaubwürdigkeit seiner Abenteuer. Und der Bestsellerautor wollte sich tiefgründigeren Themen zu existenziellen Menschheitsfragen zuwenden. In dieser Umbruchszeit trat er 1899 eine erste Orientreise an. Sie führte zunächst von Dresden via Basel mit der Gotthardbahn nach Lugano, wo er am 31. März das folgende Gedicht verfasste.

### Am Gotthard

Der Helm von Eis, der Panzer Stein,
So steht er an des Südens Thor,
Lässt scheinbar Niemand aus und ein,
Blickt scheinbar unbesiegt empor.
Doch, hast Du von des Maulthiers Gang
Auf seiner Schulter nichts gewusst?
Und kennst Du nicht den Eisenstrang,
Der ihm durchbohrt die Felsenbrust?

So sah ich den Versucher stehn,
In Lüge stark, in Wahrheit schwach.
Er kann mich niemals hintergehn,
So lang ich mich und ihn bewach.
Nicht seiner Schönheit stolze List,
Nicht seine Drohung fürchte ich,
Denn dass er längst besiegt schon ist,
Das weiss ich, und er täuscht nur sich.

So ragt der Zweifel himmelwärts,
Der gern dem Hier das Dort versagt,
Und blickt so finster, wenn das Herz
Voll Sehnsucht nach dem Jenseits fragt.
Doch trägt grad er den kühnen Steg
Von Bergeswand zu Bergeswand
Und tief in sich den dunklen Weg
Hinüber in das helle Land.

So giebts zu Gott kein Hindernis,
Und sei es noch so stolz, so gross;
Wer ehrlich strebt, macht sich gewiss
Doch endlich von den Fesseln los.
Das irdische Gigantenthum,
Es ist nur Trug, es ist nur Schein;
Der wahren Grösse höchster Ruhm
Gebührt nur Gott, dem Herrn, allein!

## Giuseppe Zoppi

*«Alles, was die Erde hergibt»*

Der Güterverkehr auf der Gotthardbahn spielte von Anfang an eine wichtige Rolle. Doch in den literarischen Zeugnissen wird fast nur vom Personenverkehr gesprochen. Thema ist er einzig in einem kurzen Gedicht Text von Giuseppe Zoppi (1896–1952). Der in Broglio im Maggiatal geborene Schriftsteller, der während 20 Jahren italienische Literatur an der ETH Zürich lehrte, schrieb es 1932 zum 50. Geburtstag der Gotthardbahn.

**Güter**

Weisst du eigentlich, was der Eisenbahnzug
mit sich führt,
der dir entgegenkommt? – Alles,
was die Erde hergibt oder von Menschenhand
geschaffen wurde.
Solchen Überfluss gab es auf der Welt noch nie.

Ein einziger seiner Wagen führt hinter
verschlossenen Türen Tausende
und Abertausende von Orangen mit sich,
die dem Schnee
und dem Nebel des Nordens
plötzlich goldene Funken verleihen.

Ein anderer Wagen – und dies vermag dich
wahrscheinlich
noch mehr zu entzücken –
bringt in die öden Ebenen und Täler Europas
die anmutigsten und seltensten Blumen Italiens.

## Pietro De Marchi

*«Schon nicht mehr das sí»*

Mit der Gotthardbahn begann im Tessin das Vordringen der deutschen Sprache, denn während Jahrzehnten wurden von der Bahngesellschaft fast nur Deutschschweizer eingestellt. Heute verdrängen Deutschschweizer Kolonien in vielen Ortschaften das Italienische. Die Tessiner Regierung erliess deshalb Vorschriften zum Schutz der italienischen Sprache, wie zum Beispiel, dass Hotels mit «Albergo» anzuschreiben sind. Pietro De Marchi (* 1958, Bürger von Altdorf), Dozent für italienische Literatur, genügt ein einziger Satz, um das Problem der «Italianità» bewusst zu machen.

### Grenzbahnhof

*«Willkommen im* Eurocity Rossini.
*Der Zug fährt via ...»*

Noch ist es nicht
Die Sprache des *ja*
Doch schon nicht mehr
Das *sí*
Das klingt von da.

## Hans Rudolf Hilty

*«Fahrtwind dem Süden zu»*

Immer wieder zog es den in St. Gallen geborenen Redaktor, Schriftsteller, Lyriker und Übersetzer in die Fremde, er reiste nach Paris, Israel, Algerien und Rumänien. Hans Rudolf Hilty (1925–1994) wollte die Werke junger Dichter einem breiteren Publikum erfahrbar machen. Und bezeichnenderweise gab er einer Sammlung eigener lyrischer Texte aus den Jahren 1954–1968 und einem Gedicht darin den Titel «Zu erfahren».

### Zu erfahren

Nun die Sonne sommerlicher scheint

zu erfahren wieder
wie Fahrtwind
den Duft von Lindenblüten und Heublumen
dir an die Schläfen wirft
Wind und Duft plötzlich stillstehn
wenn der Zug seine Hast drosselt
Männer mit frischgebräunten Rücken
sich auf Pickenstiele stützen
(an tausend Gleisen und Strassen
renoviert man heute
das christliche Abendland)
wie Wind und Fahrtlärm schwellen
wenn sich der Zug ins Tunnel duckt
und wie im Gewölb
noch immer der Ruch von Russ hockt
obwohl die Lokomotiven
längst elektrisch rasen

zu erfahren wieder
dass du plötzlich sehr traurig sein kannst
wenn sich eine Hoffnung im Fahrtwind zerschlägt
(traurig wie ein Kind das dem Zug winkt)
dass du deine Liebe zur Welt
nicht drosseln kannst nach dem Mass
wie sie deine Wünsche erfüllt

zu erfahren
Fahrtwind dem Süden zu
Welt Frau Welt
in Kehrtunneln vielleicht
die nur scheinbar zurückführen
Russ der haften bleibt
die haften bleibt Melancholie

Vergiss nicht
das Winken der Kinder
in Teichen von Heublumen und Lindenblütenduft
vergiss nicht
das Winken der Kinder
zu erwidern

## Giorgio Orelli

*«Im letzten Jahr nur auf der Gotthardlinie sechzig»*

Immer wieder werfen sich verzweifelte Menschen vor Züge. Die Lokomotivführer, die machtlos mit ansehen müssen, wie ihre Maschinen Lebensmüde überfahren, werden von den Bahnverwaltungen zwar psychologisch betreut, aber einzelne, zu tief erschütterte Führer wechseln dennoch ihren Beruf. Gegenüber der Öffentlichkeit ist das Thema Suizid auf der Schiene bei den Bahngesellschaften ein Tabu. Der Tessiner Schriftsteller und Lyriker Giorgio Orelli (* 1921) bricht im folgenden Gedicht dieses Schweigen.

### Am Tessinufer

Im Reich der Frühlingsmärchen, wenn der Holunder
am Ufer des Tessin den stärksten Duft verbreitet
und auf den Wegen sich wie Watteschnee
die Pappelkätzchen häufen, erhöht sich auch die Zahl
der Suizide, besonders aus Gründen des Föhns

Zwischen den Büschen sitzend kann man gut lachen,
wenn man im Wasser Stempel und andere Bürogeräte
vorbeifliessen sieht, und zum Schluss wird es einem
noch schlecht wie auf dem Bahnhof, wenn man
    zwischen dem einen
und dem anderen Zug eine Taube sich aufs Gleis
    setzen sieht.

Reicher als Kuwait hält die Schweiz den Rekord
der Gefängnisselbstmorde inne, fünf auf eintausend,
ein Bahningenieur sagt, dass sich viele unter den Zug
stürzen, zwei in einem Monat in Bellinzona,
im letzten Jahr nur auf der Gotthardlinie sechzig

Man bleibt betroffen und schaut betroffen
zum auswärtigen Freund, wenn aufs Mal
gegen Mittag unter den bleichen Platanenstämmen
ein älterer
Unbekannter entgegenkommt und höflich
nach dem Tessin fragt, dem Fluss

Der Fluss? Man zeigt und sagt, dass die nächstliegende
Brücke weggesprengt wurde und die anderen
ein wenig zu nördlich sind, südlich

Doch nicht weniger unverhofft ist die Freude
beim beinahe
überschwänglichen Winken des Fortgerissen-
Geglaubten,
der hingegen auf dem Staudamm spazierengeht,
von der Ewigkeit
gnädigst berührt, die Jacke wegen der Wärme
unter dem Arm

## Carlo Emilio Gadda

*«Die schwarzen, zischenden Schlangen in rasendem Lauf»*

Schon in seiner Jugend fühlte sich Carlo Emilio Gadda (1893–1973) zur Philosophie und Literatur hingezogen. Doch familiäre Gründe bewogen den jungen Italiener, einen Brotberuf zu erlernen und Elektroingenieur zu werden. Erst in den 1940er Jahren begann er sich als Schriftsteller einen Namen zu machen. Vermutlich erklärt die jahrzehntelange Beschäftigung mit der Welt der Technik Gaddas Bewunderung für die Alpenbahnen, wie sie aus seinen kurzen Zeilen zum Gotthard und zum Simplon mit dem benachbarten Monte Leone und dem Mont Cenis im Grenzgebiet zwischen Frankreich und Italien spürbar wird.

### Ein Entwurf über den Gotthard

(in Anlehnung an einen bereits erschaffenen Entwurf)

Es sind der Moncenisio, der Sankt Gotthard und der Simplon, die Narben vom Stahl tragen, der den Engpass ihres Granitgesteins verletzt hat.

Die Eisenbahnzüge verschwinden im Berg, um im Lichte Italiens wieder zu erscheinen: leichte Nebelschleier, wilde Pässe.

Vom Sankt Gotthard und vom Monte Leone kommend, suchen sich die schwarzen, zischenden Schlangen in rasendem Lauf ihren Weg. Eilen in der kalten Luft des Morgens den braunen Türmen und den nebelverhangenen Pappeln am Ufer des blauen Ticino entgegen. Dorthin, wo die Menschen leben, wo die Schornsteine qualmen, den braunen Türmen und den Schlössern und den Kuppeln der alten Kartausen entgegen.

## Charles-Albert Cingria

*«Herrlich die Schienen, diese metallischen, perfekt parallelen Räume»*

Wie im Tessin, wo er die Gotthardbahn beobachtete, war der Genfer Charles-Albert Cingria (1883–1954) auch andernorts häufig und gern mit dem Fahrrad unterwegs, aus Neugier, für Anregungen zu weiteren Texten, zum Gedankenaustausch mit anderen Geistesgrössen. Seit seiner Jugend der Literatur, Geschichte und Forschung verpflichtet, hinterliess der gelehrte Schriftsteller ein umfangreiches Werk. Erst 1981, nach 14-jähriger Arbeit, konnte die Herausgabe seiner vollständigen Schriften mit einem 17. Band abgeschlossen werden.

### HIC SUNT LEONES

In 1517 Metern Höhe, neben der Bahn, im Gras. Auf dem italienischen Abhang des Gotthards.

Es ist sehr kühl.

Herrlich die Schienen, diese metallischen, perfekt parallelen Räume, jeder von geringer Breite, sanft gezähmt und in ihrer Gesamtheit dröhnend. Sie zeugen von guter Pflege (wie von Politur, die man benutzt, um Glanz zu verleihen), vom zurückhaltenden Luxus herrschaftlicher Häuser. Man spürt, dass man es an der nötigen Sorgfalt uns gegenüber nicht fehlen lässt. Die Eidgenossenschaft ist die Familie. Sie ist nicht sichtbar - damit will ich sagen, dass sie sich nicht jeden Augenblick einmischt –, aber sie wiegt uns in einer großen, ständigen, unauffälligen Sicherheit.

Die Züge sind sauber und ruhig, und sie steigen bergauf. Die Güterzüge halten nicht, weil der Ort keine wirtschaftliche Bedeutung hat.

Andere, die blauen Nachtreisezüge, mit Schlafwagen und Salons und einem Herrn, der nur eine Katze in einem Korb bei sich hat, fahren durch. Einige Küchenjungen sagen der Natur guten

Tag. Auf Wiedersehen. Mehr nicht. Das sind die Fernschnellzüge, die nach kleinen Blumen, Gefühlen oder seltenen Gegenden benannt sind. Aber auch Personenzüge voll mit Militärangehörigen und Schülern fahren den Gotthard hinunter. Alle sagen guten Tag. Mehr nicht.

Das Gras ist nicht schmierig, weil der elektrische Antrieb keinen Schmutz verursacht. Zwischen diesen feierlichen Schienen, die wie poliert aussehen, ja wie poliert und anschliessend mit einem Tuch sanft gerieben, liegt nichts.

Man setzt den Weg zu Fuss fort, weil der Splitt, den man zum Nivellieren der Löcher statt Kies auf die Strasse legt, den Abstieg mit dem Fahrrad nicht möglich macht. Die Stürme graben diese Löcher. Aber jetzt gibt es keine Stürme mehr. Seit zwei Monaten ist das Wetter schön. Darum wirbeln wir beim Abstieg Staub auf, einige Blätter sind schon ganz grau beschichtet, und wegen des zu trockenen Bodens und der Sonne, die den eigenen Schatten scharf abzeichnet, fühlt man sich ein wenig niedergedrückt.

Dann ein Dorf. Es ist Giornico.

Ich war bereits dort, als ich vor Jahren den Gotthard hinaufgestiegen war.

Man hatte mich auf eine alte romanische Kirche aus schwarzem Bruchstein aufmerksam gemacht, das letzte Zeugnis italienischer Kultur (ein deutlich erkennbares Kennzeichen: wenn die Dörfer aufhören, ein städtisches Aussehen und zwei Steinschienen – pompejanische Schienen – für die Fahrzeuge zu haben und alles Ernste aufhört, weil aufgrund des deutschen oder des französischen Einflusses alles entweder malerisch oder trist wird), die genauso wie die lombardischen Basiliken – jedoch in Wirklichkeit auf eine wesentlich ältere, möglicherweise syrische oder persische oder armenische, also ursprünglich babylonische Tradition zurückgeht – die Charakteristik aufwies, die Eingangspfeiler auf Löwen ruhen zu lassen: Löwen, Hippogryphe, Fabeltiere mit Rädern auf den Schenkeln und gekrümmten Schnäbeln. Damals hatte ich nach mühsamer Suche – es war kalt, nicht weil es Herbst war, sondern wegen der Höhe, und die Strasse war in allen Richtungen von

Kühen verstopft, die ihre Glocken läuteten – zwischen den Häusern erst die eine Kirche, dann im Brombeergestrüpp (zwischen wilden Brombeersträuchern und Weinreben) die andere Kirche, dieses ergreifende schwarze Gebäude, entdeckt, und ich kam aus dem Staunen nicht heraus angesichts der einzigartigen Vollkommenheit der architektonischen Proportionen (das ist immer der Eindruck, den die romanische Baukunst erweckt), die vielleicht auf ein Mysterium oder aber ein engelhaft-animalisches Verständnis des Christentums zurückgeht, das uns verlorengegangen ist, uns, die wir nicht mehr zu leben verstehen – denn wir müssen uns vergegenwärtigen, dass die Apokalypse, um die sich sowohl die Katholiken als auch die Protestanten zu wenig scheren, Bestandteil des Christentums ist. Und damals traten sanft, mit angewinkelten Beinen und lieblich schwarz aus dem Stein, aus den grob bearbeiteten, geschickt aneinandergefügten Bruchsteinblöcken, diese Löwen heraus (kaum dreissig Zentimeter hoch): der eine verdrehte den Kopf so, dass er einem entgegenblickte, der andere lag hingegen zwischen dem Stein und dem Gras, einem natürlichen paradiesischen Rasen, einem grünen, elegisch anmutenden, vibrierenden grünen seidenen Teppich.

In unserer heutigen Zeit, die alles vergessen hat, wissen Sie plötzlich in solcher Höhe, zwischen wilden Brombeersträuchern und vor Kälte starren Reben, einige Meter von der Bahnlinie entfernt, die Schönheit solcher Vollkommenheit zu schätzen. Ja – und das gibt es nirgendwo anders, bis zum Pol – Tiere, Steintiere im Gras, in Reichweite sitzender oder liegender Menschen, und zwar nicht so, wie man es derzeit tun würde, wo jede Skulptur in Szene gesetzt wird. Und auch das gibt es nirgends: weder ein von Natur aus kurzes, zartes Gras noch Kirchenglockengeläut vermischt mit Kuhglockenklang (Letzterer vielleicht noch tönender) noch den schwarzen Stein eines winzigen Kirchturms mit Fenstern in mystischer Zahl, die sich diese ohne Widerhall zuraunen (damit meine ich, ohne dass sie Zugang zu unseren unintelligenten Ohren finden, die so viele Jahrhunderte auf einer falschen Fährte waren); denn bereits die gotische Kunst war starre Dogmatik und ein Irrtum, ganz zu schweigen, was die darauffolgenden Epochen brachten!

## Cécile Lauber

*«Das Lied der Räder ist eines der ältesten Wiegenlieder»*

Im Werk von Cécile Lauber (mehr zu ihr auf Seite 42) sind Mensch, Natur und Technik miteinander verbunden und voneinander abhängig. Dies wird auch im Roman «Die Wandlung» von 1931 sichtbar, der Schuld und Neuanfang thematisiert. In einem Kapitel reist eine der Hauptfiguren im Zug ins Tessin. Der pathetische Stil vermittelt teils typisches Zeitkolorit der 1920er und 1930er Jahre.

### Der Bahnzug

Ein Bahnzug setzt sich in Bewegung.

Die Landschaft fängt an, sich einzurollen zu einem langen, schmalen Filmstreifen, der durch die Rahmen seiner Fenster zieht, verschnitten und in Tafeln aufgeteilt durch die Striche der Telefonstangen, gelocht durch eine Mauerwand, die sich schief aufhebt und wieder hinlegt wie aus Papier. Manchmal mit verkrempeltem Rand: das ist eine hoch sich anlaufende Böschung. Oder mit Spalten und Rissen versehn: das sind Baumkronen.

Die verschlungenen Feldwege haben das Gleiten gelernt; ein Brücklein hüpft; Dächer fliegen, und die langen Zaunhecken und strichweise gepflügten Felder drehen sich als riesige Schaufeln fächerförmig vorbei. Die Ferne steht lange unbeweglich still; auf einmal bricht sie ein in Verkürzungen, schachtelt sich übereinander und gleitet vorsichtig ab.

Der Bahnzug selber, mit Fenster und Rahmen, ist das einzig Unbewegliche. Der verwetzte Polsterrücken mit dem hellgescheuerten Mondkreis in Kopfhöhe bleibt dir ewig gegenüber. Und eine Hand, die sich rührt, die Zeitung umwendet oder zusammenknittert – Augen, die ohne Gedanken nur mit dem faden Licht matt übergestreifter Neugier an dir hinabgleiten, haben mehr Bewegung und mehr Leben in sich als diese rasend vorüberfliehende Landschaft.

Musik ist auch da. Die Achsen singen. Das Lied der Räder ist eines der ältesten Wiegenlieder, das die Menschheit in Schlummer und Vergessen lullt. Schon unsere Grossväter haben ihm gelauscht. Es singt jedem seine besondere Weise, die eben durch sein Herz summt oder schluchzt oder jubelt.

Es singt: «Ferien!»

Es singt: «Abschied!»

Und: «Süsse, unbekannte Ferne! – Tausend Wiesen! – Siebenhundert Berge! – Ein einziges Antlitz!» –

Oder auch immerzu: «Mutter!»

Und wiederum nur: «Du – Du – Du!»

Aber einmal singt es: «Fort für immer! – Fort zum allerletztenmal!» und dann liegt das Herz quer überm Schienenstrang, und die Räder walzen darüber weg.

Jedoch, jedes einzelne Wort, das in einem der Wagenabteile gesprochen wird und noch so belanglos und ohne Zusammenhang von einem Munde hüpft wie ein kleines rundes Korn, ist unvergleichlich viel lauter, bedeutsamer und lebendiger als dieser süsse, inhaltschwere Gesang der Achsen, der darüber jäh verstummt, als habe eine barsche Hand sich ihm heftig vor den Mund gelegt.

Und doch ist vielleicht nur gehustet worden; jemand klagte: «Es zieht!»

Noch ein anderes spricht: Die Landschaft im Fenster.

Ein grosser See – ein kleiner See wie eine Scheibe sich abdrehend – ein wildes Wasser haben gesprochen. Die Orte, die von ihrer geschichtlichen Bedeutung müde geworden sind, haben im Vorübergehen verbrauchte Worte ausgegeben, die ihnen eine Mutter vom Munde nahm, indem sie ihrem Knaben vorsagte: «Das ist – Dort hat – Drüben wurde –»

«Am Mittwoch vor Martini 1307», antwortet der Knabe schulsicher und stolz.

Dann hat sich, langsam herangewunden, jene unendlich gestorbene Strasse ins Fenster gelegt, darauf du niemals einen Menschen schreiten siehst. Ihre Steine frieren vor Einsamkeit. Sie legt sich an die erschreckend steile Lehne der Berge, die im Fenster nicht zu Ende kommt. Und der Berg, die Strasse mühsam duldend, schüttet im Frühjahr seine Schneemasse über sie aus und rollt seine Steine zornig über sie hinab. Manchmal, als könne er nicht genug von seinem Gewicht hergeben, reisst er brüllend seine Seite auf und lässt die Felsen aus sich fallen wie etwas Schlechtes.

Und unten, ganz unten im Abgrund, donnert und braust und schäumt das Wasser.

Und die Strasse, stumm und verschüttet, rafft ihre alten, schweigenden Tannen an sich und geht weiter. Sie kriecht unter der braungewordenen Lawine durch, trägt die Blöcke mit sich, tief eingebohrt in ihr Fleisch, und wirft sich im Bogen einer Brücke schmal über den Abgrund.

Und geht schweigend ihre vielen Stunden.

Selten nur klagt sie mit der jammernden Stimme einer Ziege, die sich verstiegen hat und nun ganz allein und führerlos auf ihr geht, Fuss für Fuss vorsichtig aufsetzend; sich dabei fragend umblickt wie ein Mensch.

Und unten, ganz unten donnert und braust und schäumt das Wasser.

Hoch über diesem und unberührt von ihnen keucht der Bahnzug vorüber, in die Flanken der Bergwand gelegt wie in ein Futteral aus Stein und Eisen, darin er nachts funkelt wie ein Geschmeide.

Strasse, Berg und die unermesslich alten Tannen stehn im Nebel, im Schnee, im kalt niedergehenden Regen, der wie Taue an ihren Bärten hängt, und träumen davon, dass sie den Zug, die glänzende Kette, zu sich herunterreissen werden, einmal, wenn es genug mit ihm sein wird.

Und in der Tiefe donnert der Fluss. Er spricht die Träume der Strasse aus. Er rollt sie grimmig weiter von Stein zu Stein; er schleudert sie hinauf an den Brückenbogen.

Unter den Menschen im Bahnzug sitzt ein grosser, dunkler, eckiger Mann, mit schwarzem Schnurrbart, mit einem Gesicht, daran die Schatten hangen bleiben. Er sitzt mit hochgezogenen Schultern in die Polsterecke eingestützt, sitzt steif, den Film, der sich im Rahmen seines Fensters abrollt, in den Blick genommen. Er sieht, als habe er alles dieses noch niemals geschaut (obwohl schon viele Male hier durchgekommen). Er hat die Augen halb geschlossen. Die Spalte der Lider, die offen bleibt, genügt, um alles einzusaugen.

Da bricht das Bild entzwei vor einer langen Dunkelheit: das ist der Berg, das ungeheure Massiv aus Granit, unsere Burg, unser Felsgestell, das zwischen Norden und Süden scheidend steht und die Quellen zweier Ströme in seinem Schosse sammelt.

Es ist der Kern, aus dem wir zehren. Aus granitenen Tiefen strömt übersinnliche Kraft, die unser Volk zusammenhält und formt und festigt. Sie hat die Hirten hartgemacht und so verbissen und verzehrt von der Leidenschaft für ihren kargen Boden, über den sie ihr Blut ausschütteten; für den sie sich wehrten wie die Tiere, so böse und so listig, zäh und rauh. Der Berg, als ungeheuere Hemmung, stellte sich jeder Veränderung entgegen; aber auch jeder Neuerung. An ihm stauten sich die Massen, die unser Land zu überschwemmen und mit fortzureissen drohten; die Sprudel der Verirrungen glätteten sich vor seinem Fusse. Er lockte den Feind in seine Abgründe und begrub ihn dort, und lieh dem Älpler seine geheimen Schleichpfade. Er holte, mit der unwiderstehlichen Lockung seiner unterirdischen Kräfte, den Abtrünnigen, und zwang ihn zurück in den harten Bann seiner Heimat. Er stand unverrückt von Urzeiten her. Er steht, unser heiliges Wahrzeichen, unser Mal aus Granit, das wir und unsere Kinder wie einen Stempel an der Stirne tragen.

Was nach dem langen Dunkel kommt, ist schon von drüben und steht in ihrer andern, neuen Helle, die wie ein Erwachen zu milderen Jahreszeiten anmutet. Aber es gehört noch zu uns und in unsere Armut. Es leitet nur hinab, führt zu der Schwelle, über die man hineingeht in das reiche Land unserer Nachbarn.

Sie leiten auch hier den Bahnzug durch ihr Tal, aber das Tal ist breiter. Sie haben ihren wilden Fluss wie wir, der auf der Talsohle schäumt; aber er bildet kleine Sandbänke und spült an silberne Erlenfüsse. Sie haben eine grüne Berglehne und eine schwarze Berglehne mit Tannen bestanden. An der grünen hangen ihre kleinen

Dörfchen wie Schwalbennester, hoch hinauf, bis sehr hoch hinauf. Und man kann ihre Berge zu Ende sehn; sie schneiden mit gelben Geröllhalden in tiefes Blau.

Neben schwarzen Holzhäuschen stehn schwere Gebäude aus Stein, wie Würfel anzusehn, eckig, mit flach ansteigendem Dach, gelb oder rosa, mit grünen Fensterläden (denn die Menschen drüben sind farbenfreudig wie Kinder). Man muss an die grosse Mühe denken, die das Bauen und Hinaufschleppen der Baumasse in diese Höhe vom Arbeiter verlangt hat.

Sie haben kleine Schmuckstücke von Kirchen in ihre Dörfchen gestellt. Seitlich am Portal findest du eine Tafel, eingelassen im Fachwerk der Mauer, darauf der Name des Kirchenstifters steht, der «in treuer Anhänglichkeit an seine kleine Heimatgemeinde –» Es folgt ein Name und der Aufenthaltsort Buenos Aires oder New York oder Valparaiso. Denn jedes dieser armseligen kleinen Nester hat seinen grossen Ausgewanderten, der drüben reich geworden ist. Eines Tages kehrt er zurück, ein wenig stärker geworden, eine Zigarre im Mund, einen Brillanten am Finger.

«Was, ihr seid immer noch hier am selben Fleck?» sagt er zu ihnen. «Hätte gedacht, ihr seid alle weggeflogen. Nun, ihr habt recht. Auf der ganzen Welt findet ihr's nirgends besser als hier. Das drüben – das ist nichts als Bluff und Schinderei, glaubt mir.» Dann stiftet er die Kirche, baut das grosse Haus und – geht wieder weg. (In seinem Haus hat er keinen einzigen Tag zu wohnen vermocht; es steht mit geschlossenen Läden da immerfort.) Dann kommt er noch einmal herüber, nach Jahren – um zu sterben.

Ihre Zäune sind aus Granitplatten, die lose nebeneinander aufgepflanzt werden. Eidechsen mit stahlblauen Köpfen huschen an ihnen hinauf.

Ihre steilen Hirtenpfade sind übersät mit Glimmersplittern, die wie Demant funkeln. Grosse bunte Falter lassen sich ruhig atmend darauf nieder.

Ihre gefährlich glatten Bergweiden duften scharf nach Schafgarbe und Thymian. Im heissen Geröll schlüpfen Vipern.

Ihr Erde ist gelb, mager und sandig.

Wacholder blüht blau, Hagebutte korallenrot. Brombeeren reifen zu Ende, ungepflückt und übersüss.

Seit der Zug den Berg verlassen hat, sind seine Achsen einen neuen Rhythmus eingegangen. Er braust abwärts von Stufe zu Stufe, in Ringen durch den Fels gebaut. Der Film im Fenster, als würde er Schulkindern vorgeführt, bringt Bild um Bild die Entwicklung nach Süden.

Die Edelkastanie tritt auf, gross wie ein Gebäude, mit mächtig ausgeschwungener Krone.

Steinbrüche folgen, weiss an weisser Lehne. Sie pochen im Vorüberfliegen mit klingenden Hammerschlägen an die Fensterscheiben. Das Rauschen eines Wasserfalles reisst sie ab vom Dach des Zuges.

Die Rebe erscheint. Sie kauert in heissen Felsenkammern, gestützt von starken Holzpfählen, die niedrige Lauben bilden. Die Trauben hangen dunkelblau von oben herab. Später rankt sie sich kräftig auf freiem Feld und wird als Kranzgewinde von Baum zu Baum getragen.

Und der Wein hier trinkt sich in Grotten aus Tassen und schmeckt leicht säuerlich, prickelnd, wenn er gegoren hat. Man schenkt ihn unter Bäumen aus und sitzt auf steinernen Bänken vor Tischen aus Stein.

Das Licht ist lange schon heller geworden. Es ruht auf den Rücken gelbgrüner Akazienhaine; es spielt auf grossen Metallkugeln, die als Zierde in bunten Gärten stehn.

Wieder eine Stadt mit Burgen, die auf sie niederblicken mit verwittertem Steinantlitz; nochmals ein See, ein blauer Traum von See mit üppigen Ufern. Als habe das Land, heisshungrig nach so viel langer Armut, tief bis in die Tropen hinein gegriffen und alle Süsse herausgeholt: Palmen, Mimosen, Kakteen!

Das ist unsere bekränzte Türe zum andern Land.

Im Bahnzug der Unbekannte rührt sich nicht. Durch seine Augenspalten rollt der Film. Er sieht, er schaut wie zum erstenmal. Er lässt es herankommen an sich, hineingehn in sich.

## Erich Maria Remarque

*«Die lärmende Fahrt durch den steinernen Bauch der Erde»*

Sein erschütterndes Antikriegsbuch «Im Westen nichts Neues» machte Erich Maria Remarque (1898–1970) weltberühmt. 1933 verbrannten die Nationalsozialisten sein Werk, doch der deutsche Schriftsteller war bereits ein Jahr zuvor nach Ronco sopra Ascona emigriert, wo heute sein Grab liegt. Viele Reisen führten ihn während Jahrzehnten immer wieder über den Gotthard. Dabei muss ihn der Bahntunnel stark beeindruckt haben, wie eine Szene aus seinem Roman «Der Himmel kennt keine Günstlinge» belegt.

Bis Göschenen hatten sie Sterne und klare Nacht. Clerfayt verlud den Wagen auf einen der flachen Güterwagen, die am Perron bereitstanden. Ausser ihnen fuhren noch zwei Limousinen und ein roter Sportwagen durch den Tunnel. «Wollen Sie im Auto bleiben oder im Personenwagen des Zuges mitfahren?» fragte er.

«Werden wir sehr schmutzig, wenn wir im Auto bleiben?»

«Nein. Die Lokomotive ist elektrisch. Und das Verdeck wird geschlossen.»

Ein Bahnbeamter legte Bremsklötze unter die Räder. Die übrigen Fahrer blieben ebenfalls in ihren Wagen. Die beiden Limousinen liessen ihre Deckenlichter brennen. Der Zug rangierte und fuhr in den Gotthardtunnel ein.

Die Wände des Tunnels waren nass. Streckenlichter flogen vorbei. Nach wenigen Minuten hatte Lillian das Gefühl, durch einen Schacht ins Innere der Erde zu rasen. Die Luft wurde verbraucht und alt. Der Lärm des Zuges warf tausend Echos um sie her. Lillian sah vor sich die beiden erleuchteten Limousinen schaukeln wie zwei Kabinen auf dem Weg zum Hades. «Hört das irgendwann einmal auf?» rief sie.

«In einer Viertelstunde.» Clerfayt reichte ihr seine flache Flasche, die er im Wirtshaus frisch hatte füllen lassen. «Es ist ganz gut, sich an Tunnels zu gewöhnen», sagte er. «Nach allem, was man hört und sieht, werden wir bald alle so ähnlich leben, in Luftschutzkellern und unterirdischen Städten.»

«Wo kommen wir heraus?»

«Bei Airolo. Da beginnt der Süden.»

Lillian hatte sich vor dem ersten Abend gefürchtet. Sie hatte erwartet, dass Erinnerungen und Reue wie Ratten aus dem Dunkel auf sie losschleichen würden. Jetzt aber löschte die lärmende Fahrt durch den steinernen Bauch der Erde jeden anderen Gedanken aus. Die ferne Furcht jeder Kreatur, die auf dem Boden und nicht in ihm lebt, die Furcht, begraben zu werden, liess sie so heftig auf das Licht und auf den Himmel warten, dass alles andere ausgelöscht wurde. Es geht fast zu rasch, dachte sie. Vor ein paar Stunden hockte ich auf Gipfeln der Berge und wollte hinunter – jetzt rase ich durch die Erde und will wieder hinauf.

Aus einer der Limousinen flatterte Papier und schlug klatschend gegen die Windschutzscheibe. Dort blieb es angepresst kleben wie eine zerschmetterte Taube.

«Es gibt Zeitgenossen, die immer und überall essen müssen», sagte Clerfayt. «Sie würden selbst in die Hölle Butterbrote mitnehmen.» Er griff um die Scheibe herum und zerrte das Papier los.

Ein zweites Einwickelpapier flog durch die Luft. Lillian lachte. Ein Geschoss folgte, das gegen den Rahmen der Scheibe knallte. «Ein Brötchen», sagte Clerfayt.

«Die Herrschaften vor uns essen nur noch die Wurst, nicht das Brot. Bürgerliches Pandämonium in den Eingeweiden der Erde.»

Lillian dehnte sich auf ihrem Sitz. Der Tunnel schien alles von ihr abzustreifen, was noch von früher um sie herumgeflattert war. Es war, als ob die scharfen Bürsten des Lärms es herunterrissen. Der alte Planet, auf dem das Sanatorium stand, blieb hinter ihr für immer; sie konnte nicht zurück, so wenig man zweimal den Styx überqueren konnte. Sie würde auf einem neuen Planeten auftauchen, hinausgeworfen aus der Erde, stürzend und gleichzeitig vorwärtsgeschleudert, ohne anderen Gedanken mehr als den einen: hinauszukommen und zu atmen. Ihr war, als würde sie in letzter Minute durch einen Grabesschlauch gerissen, dessen Wände dicht hinter ihr zusammenstürzten und sich verschütteten, vorwärts, dem Lichte zu, das plötzlich wie eine milchige Monstranz vor ihr auftauchte, auf sie zuraste und da war.

Der acherontische Lärm wurde zu normalem Knattern und schwieg dann. Der Zug hielt in einem weichen Rauschen von Grau und Gold und milder Luft. Es war die Luft des Lebens nach der gewölbekalten, toten Luft des Tunnels. Erst nach einer Weile begriff Lillian, dass es regnete. Sie horchte auf die Tropfen, die sanft auf das Verdeck klopften, sie atmete die weiche Luft und hielt die Hand in den Regen. Gerettet, dachte sie. Über den Styx geworfen und gerettet.

«Es sollte umgekehrt sein», sagte Clerfayt. «Drüben sollte es regnen, und hier sollte klares Wetter sein. Sind Sie enttäuscht?»

Sie schüttelte den Kopf. «Ich habe seit Oktober keinen Regen mehr gesehen.»

«Und seit vier Jahren waren Sie nicht unten? Das ist dann ja fast so, als wären Sie noch einmal geboren. Noch einmal geboren, mit Erinnerungen.»

Er fuhr zur Strasse hinüber, um zu tanken. «Man könnte Sie beneiden. Sie fangen noch einmal von vorn an. Mit dem Ungestüm der Jugend, aber ohne die Hilflosigkeit der Jugend.»

Der Zug fuhr ab und verschwand mit roten Lichtern im Regen.

## Yoko Tawada

*«Etwas glühte im Dunkeln vor uns»*

Eine Japanerin reist in der Lokomotive der Gotthardbahn mit, wie bahnpolizeilich vorgeschrieben von einem SBB-Mitarbeiter begleitet, damit der Lokführer durch ihre Anwesenheit nicht abgelenkt wird. Dies bildet den äusseren Rahmen der Erzählung «The Gotthard Railway» von Yoko Tawada (* 1960). Doch der japanischen Schriftstellerin, die seit 1982 in Berlin lebt, geht es nicht um Logik und Handlung, «sondern um Bilder, die mir in bestimmten Augenblicken einfallen». So wecken auch Göschenen, Airolo und der grosse Tunnel in der sehr sprachbewussten Autorin als reale Orte, aber ebenso als Wörter und Klangebilde geheimnisvolle und vieldeutige Vorstellungen.

### Die Gotthardbahn

[…] Die Schweizer sagen, dass die Eisenbahn «durch den Gotthard» fährt; in anderen Worten: durch den Körper eines Mannes. Der Berg, der von diesem langen Tunnel penetriert wird, heisst Sankt Gotthard. Das bedeutet also, der Zug fährt durch den Bauch eines Heiligen. Ich war noch nie in einem Mann. Jeder war irgendwann einmal im Bauch einer Frau gefangen, die wir Mutter nennen, und eines Tages werden wir zu Grabe getragen, ohne zu wissen, wie es im Körper eines Mannes aussieht. […]

Der Zug verschwand in einem gleichschenkligen, nach oben geöffneten Dreieck zwischen den steilen Felswänden, die zu beiden Seiten in die Höhe strebten. Verkohlt sahen sie aus, diese Wände, hatten hier und da glatte Stellen, rohe, als ob man dem Stein die Haut abgezogen hätte. Armseliges Unkraut krallte sich an den Felsen wie Büschel, die gerade noch einmal dem Rasiermesser entkommen waren. GÖSCHENEN: Die Stadt hatte man errichtet, als der Tunnel in den Berg hineingetrieben wurde. Die hässlichste Stadt der ganzen Schweiz, steht im Reiseführer. Und dass der Name sich auch so anhört. Göschenen. Ein blutgetränkter Schatten liegt – an ein Unglück gemahnend – schwer auf den Schultern dieser Stadt, die gefangen ist zwischen diesen beiden Felswänden, und in der Luft flirrt etwas, das ist so schwer und dicht, dass man nicht einmal die Farbe erkennen kann.

«Ich steige hier aus», sagte ich zu Herrn Berg. Seine Schultern zuckten zusammen. Er dachte wohl, dass ich Angst bekommen hatte, und tat nun sein Bestes, um mich zu beruhigen: «Unfälle im Tunnel sind so selten, dass man fast schon sagen könnte, es gibt eigentlich gar keine. Alles wird einer strengen Prüfung unterzogen. Fast täglich gehen wir zu zweit die gesamte Strecke ab, um nach dem Rechten zu sehen, um zu überprüfen, dass auch wirklich nichts auf die Gleise gefallen ist.»

Doch was hätte schon auf den Gleisen sein sollen? Ein Drachenauge, das aus seiner Augenhöhle hängt? Der Pfennigabsatz eines Damenschuhs? Ich hatte keine Angst, ich wollte hier nur eine Weile bleiben. Am Ende des Bahnsteigs klaffte Gotthards schwarzes Maul. Auf einmal hatte ich keine Lust mehr auszusteigen. Hatte aber auch keinen Mut, Herrn Berg zu gestehen, dass mich der Ort interessierte. Doch in der Dunkelheit, die da vorn lauerte, verschwanden die Worte, die uns verbanden.

Die Kabine des Lokführers war nur schwach beleuchtet. Wenn es im ganzen Zug so dunkel war, pressten die Fahrgäste mit Sicherheit ihre Geldbörsen fest an sich und warteten mit kreidebleichen Gesichtern auf das Ende des Tunnels. Weich wie Samt fühlte sich diese Dunkelheit an und roch ein wenig nach Tabak. Ich liebte diese Lichtlosigkeit, dieses Dunkel, das sanft von allen Seiten hereindrängte.

«Der Tunnel ist fünfzehn Kilometer lang, in etwa zehn Minuten sind wir durch», erläuterte Herr Berg und verfiel in Schweigen.

Meine Augen gewöhnten sich allmählich an diese Finsternis. An einer Stelle befand sich ein Hohlraum, eine Nische oder war es gar ein schmaler Schrein? Vage erkannte ich eine kleine Jungfrau-Maria-Statue. Aber das konnte doch unmöglich die Jungfrau Maria sein, die dort stand, dachte ich, als der Zug sein Tempo verlangsamte und allmählich zum Stehen kam – wie ein matter Flügel, der plötzlich erlahmte. Ich schaute zum Lokführer, doch es war zu dunkel, als dass ich seinen Gesichtsausdruck hätte sehen können. Unbeweglich und kerzengerade stand er da, wie angefroren. Ich trat näher an ihn heran, näherte meinen Mund seiner Wange. Eine wächserne Puppe.

«Ist irgendwas?»

Schweigen.

Ich wandte mich an Herrn Berg. Auch er stand einfach nur da, aufrecht wie eine Birke. Durch seine Rinde drangen meine Worte nicht. Etwas glühte im Dunkeln vor uns. Die Muskeln meiner kurzsichtigen Augen entspannten sich und zogen sich wieder zusammen, wollten das Ding sehen und dann auch wieder nicht.

Es glühte noch immer und kam näher, hatte breite Schultern und ziemlich kurze Beine. Der ganze Körper schimmerte weiss. Dann verschwand es.

Der Lokführer beugte sich nach vorn. Berg räusperte sich. Die Eisschicht, die den Zug an seinem Platz festgefroren zu haben schien, schmolz, und als die Waggons wärmer wurden, schoben wir uns wieder den Gleisen entlang, hörten erneut das Rasseln der Maschinen. Wir waren in einer vollkommenen Stille gewesen.

«Was war das gerade eben?»

Keiner antwortete. Hatte ich überhaupt gefragt? Offenbar nicht. Vielleicht waren auch unsere Gedanken für eine Weile eingefroren.

Noch bevor wir aus dem Tunnel fuhren, sah ich vor uns zwei Lichtbälle. Dann stiessen wir frontal mit einem zusammen. Ich lehnte mich aus dem Fenster, blickte zurück und beobachtete, wie er schwarz wurde. AIROLO. Die beiden O sahen aus wie die Zwillingsausgänge des Tunnels, aus dem wir gerade gekommen waren. Aha, so verhielt es sich also: Die Erinnerung an den Gotthardtunnel oder vielmehr stellvertretend für ihn hat sich seine Gestalt in den Namen des Ortes eingegraben. Airolo, ein herrliches und lichtdurchflutetes Loch öffnete sich in jedem, der das Wort aussprach. Lasst es uns alle zusammen wiederholen: «Airolo!»

Wir befanden uns jetzt in der italienischsprachigen Schweiz. Und hier gab es noch mehr solcher sprachlichen Mahnmale, in jeder Stadt sogar. Wie anders liessen sich sonst solche offen klingenden O-Paare erklären: LAVORGO; GIORNICO; BODIO. Und wenn Fahrgäste in Bellinzona ankamen, konnten sie sich noch zwischen zwei weiteren Namen entscheiden: COMO und LOCARNO.

In meinem Kopf war nur der Gotthard, sonst nichts. Wohin auch meine Reise mich führte, immer sah ich die beiden O eingebettet in die Namen von Orten. Der Tunnel rief: «Komm zurück!» Der Ausgang schien sich in einen Eingang zu verwandeln, und selbst der Leib des Tunnels rief: «Komm wieder!» [...]

---

## Erwin Koch

*«Es war nichts mehr zu machen, kein Geschäft, keine Freude»*

Nur noch an wenigen Bahnhöfen der Gotthardlinie zwischen Luzern und Bellinzona sind noch Schalter für den Billettverkauf und für Auskünfte geöffnet. Die Regionalzüge beidseits des Gotthards wenden schon seit Jahren vor der Bergfahrt in Erstfeld bzw. Biasca. Die klassischen Bahnhofbuffets sind verschwunden. Die meisten Stationen am Gotthard gleichen Geisterbahnhöfen. So auch Göschenen in der Erzählung des 1956 geborenen Journalisten und Schriftstellers Erwin Koch.

### Zahn der Zeit
### Bahnhof Göschenen: Wo einst Kaiser und Minister tafelten

Der Mann steht auf Perron 1. Er schaut sich um, sieht die Uhr, die über ihm die Zeit misst, einsam steht er neben dem Kiosk und zupft seinen spitzen modischen Bart, er denkt: Niemand hier?

Er geht über grauen Asphalt, wenige Schritte, sieht wieder die Uhr, beide Zeiger auf zwölf, jetzt merkt er, diese Uhr misst keine Zeit, diese Uhr misst nichts, nennt nichts, auf Perron 1 fahren keine Züge mehr, es regnet in Göschenen, 1111 m ü.M., Herbst 2006.

Er steht und lauscht, hört nur das Rauschen von Wasser und Wind. Seltsam, denkt der Mann. Er geht weiter, vielleicht müde, hinkend, er sieht die Schliessfächer und beginnt zu zählen, zwanzig Schliessfächer auf Perron 1, kein Schlüssel fehlt.

Es ist kalter Morgen in Göschenen, 490 Einwohner, vor zehn Jahren noch 630, vor achtzig Jahren fast tausend, Wälder, Bäche, Felsen, die lotrecht ins Tal stürzen, Masten, Drähte, Granit, Beton, und doch, denkt der Mann, der allein auf Perron 1 steht, doch gibt es an der ganzen Gotthardlinie zwischen Erstfeld und Biasca keinen Ort, der sonniger liegt, man weiss es.

Er dreht sich zum Kiosk und liest die Nachrichten des Tages, Waldbrände in Australien, Bomben in Bagdad, Schokolade wartet neben Zigaretten, neben Barbusigem, niemand steht im Laden, kein Verkäufer, keine Verkäuferin. Wanderkarten im Massstab 1:25 000, Meiental, Urseren, Oberalppass, das Paar Porzellanhäschen kostet 39 Franken, eines mit stehenden Ohren, das andere mit angelegten, zwei Elefanten für 49 Franken.

Und plötzlich beginnt ein Ächzen, Bremsen kreischen, und der Mann erschrickt. Ein Zug kommt zum Stehen, Container liegen auf den Wagen, Europool, www.dhl.com, Bell Express, Huktra, LKW International, Wien & Kufstein, der Zug steht und wartet, nichts geschieht, es regnet, dann fährt er langsam weiter, Ruck um Ruck, und verschwindet endlich im Loch, das Göschenen einst reich und berühmt machte, Dorf am Nordportal des Gotthardeisenbahntunnels, Zukunftsstadt, MDCCCLXXXII, 1882.

Wind geht durch den Bahnhof, niemand hier, und der Mann beginnt zu frösteln. Ich sollte etwas essen, heisse Suppe vielleicht.

Er dreht sich weg, als jetzt ein Bahnarbeiter auf einem gelben Rad um die Ecke biegt, sein Körper steckt in grellen Kleidern, ein oranger Helm auf dem Gepäckträger, ein Funkgerät auf der Brust, das hässlich schreit, der Mann, den wir meinen, dreht sich weg und weiss nicht wohin, er tritt in einen hohen weissen Raum mit gewölbter Decke, braune Kacheln am Boden, hölzerne Bänke links und rechts, er öffnet eine Tür, die Telefonkabine, und rettet sich hinein, Albania 00355 Algeria 00213 Argentina 0054 Australia 0061 teleguide PostFinance fixnet Taxcard Proceed according to display

Procéder selon les indications de l'écran Vorgehen gemäss Anzeige auf dem Display.

Er zittert und denkt, ich muss etwas essen, Essen beruhigt die Nerven.

Leise, um nicht aufzufallen, öffnet er die Tür der Zelle und geht hinaus auf Perron 1, ein langer Teppich ist ausgerollt, Blumen stehen in hohen Vasen, Girlanden grüssen, es ist Samstag und hell und warm, und die traurige Elisabeth, Kaiserin von Österreich, Sissi, steigt aus dem Extrazug, ihre Gewänder sind schwarz, sie lächelt leise und schwebt hinein ins Bahnhofbuffet Göschenen, tafelt mit Gefolge und reist sofort weiter, über Arlberg, nach Wien, es ist ein Uhr mittags, 1894.

Grüne schwere Vorhänge fallen von den hohen Fenstern, Table d'hôte, ein Festsaal, einst kamen die Menschen aus Airolo durch den Tunnel gefahren, aus Ambri und Faido, um hier den Maskenball zu feiern, zweihundert Narren, der Mann schaut hoch zu den Malereien an der Kassettendecke, bleibt stehen vor den Bildern an der Wand, die alle einen Namen haben, Dragonerschwadron, Der Schlusstraum des Telemarkfahrers, die wenigen Tische sind zur Seite gestellt, und er wundert sich, dass das Parkett nicht knarrt, das Parkett, weiss der Mann, ist aus Buche und knarrte seinerzeit unter jedem Schritt.

Das Bahnhofbuffet Göschenen schloss am Abend des 18. Oktober 1998, 116 Jahre nach seiner Eröffnung. Es war nichts mehr zu machen, kein Geschäft, keine Freude.

Jetzt wandert er hinüber ins Buffet erster Klasse, hohe weisse Decke, roter Boden aus Plastik, Neon, und unter der Uhr, die nicht mehr geht, verdeckt von einem Stapel alter Wirtshausstühle, hängt eine Büste an der Wand, Doctor honoris causa Ernst Zahn, 1867–1952, ein schmales Gesicht unter üppiger Frisur, Faltenstirn und Kinnbart, der Mann schaut zum Abbild hoch, Ernst Zahn war Dichter und Wirt, mit dreizehn Jahren zog er von Zürich nach Göschenen, wo sein Vater, ein Deutscher, ausgewählt aus Dutzenden, die sich dafür beworben hatten, die neue Bahnhofswirtschaft übernahm. Zahn folgte dem Vater, wurde Wirt und schrieb abends Romane, die millionenfach verkauft wurden, In den Wind!, Herrgottsfäden, Albin Indergand, Bergvolk, er wurde Präsident der Gemeinde Göschenen, Kriminalrichter, Landrat, Mitbegründer des Elektrizitätswerks, Ehrendoktor der Universität Genf. Viele machten in Göschenen nur Halt, 25 schnelle Minuten, um den famosen Schreiber zu sehen, der mit eigenen Kellen die Suppe schöpfte, so heiss, dass die Reisenden die Hälfte ihrer Zeit nur damit zubrachten, in die Potage zu blasen, um sie zu kühlen, Dichterwirt Zahn sparte sich so Hauptgericht und Dessert, Fisch mit Sauce und Kartoffeln, Roastbeef mit Gemüse und Beilage, Braten und Salat, das Couvert, mit einer halben Flasche Wein, kostete den Gast 3.50 Franken.

Er hinkt hinüber in die zweite Klasse, an den Wänden die Fotos alter Lokomotiven, ein Foto des Bahnhofs Göschenen, wie er war, als alle Züge hier noch hielten, draussen, auf Gleis 2, lärmt ein grauer Zug nordwärts, Milano–Basel, eine Stimme im Wind: Gleis zwei, bitte Vorsicht, Zugsdurchfahrt, bitte vom Gleis zurücktreten, Achtung Gleis 2 – niemand steht an Gleis 2. Zweihundertfünfzig Züge, Tag nach Tag, fahren durch den Bahnhof Göschenen, der erste, der, von Norden kommend, in Göschenen hält, fährt um 7.50, Gleis 3, Airolo–Locarno, der letzte, von Süden kommend, um 21.19, Cisalpino Mediolanum, Gleis 2, Erstfeld–Flüelen–Luzern–Basel SBB.

Stühle stehen auf Tischen, in einem Schirmständer sind Schirme, vergessen, verloren vor Jahrzehnten. Der Mann steht und schaut, und jetzt zittert der Saal, die Bläser und Trommler der Musikgesellschaft Göschenen und Wassen, die vor vier Jahren erst zusammenfanden, weil sie, einzeln, zu wenige geworden waren, üben ihr Jahreskonzert, das Buffet bebt, und der Mann denkt: So weit ist es gekommen, dass die das Bier mit zur Probe nehmen.

Er fährt sich über das alte Gesicht, zupft den modischen Kinnbart und schliesst die Tür.

Er flüstert: Sie kommen und gehen. Flüchtig nur trägt eine Scholle ihre Spur. Ihres Wandelns Begebenheit verweht der Sturm der Zeit.

Dass er dieses Gedicht noch kennt!

Eigentlich klopfte er gern an die Scheibe der Bahnhofsleitung, zwei Männer, zehn Bildschirme, Kabel und Knöpfe, und fragte, ob es den Bahnhof Göschenen in zehn Jahren noch gibt, wenn die Alpen an ihrem Sockel durchstossen sind. Aber er wagt es nicht, die Männer zu stören, und setzt sich endlich in einen engen Raum, der Bistro heisst, zwei runde weisse Tischchen, um daran zu stehen, vier Tischchen, daran zu sitzen, eine schmale Frau in Jeansmontur, ihre Füsse auf hohen Schuhen, steht stumm an einem Schalter und reicht das Gewünschte, Wienerli 5.–, Schweinswürstli 6.–, Gerstensuppe 6.50, er bestellt einen Kaffee und stellt sich an einen Tisch, niemand spricht.

Der Mann fragt die Frau: Wie läuft das Geschäft?

Sie sagt: Es geht.

Er: Wenn man denkt, dass hier einst Kaiser und Könige speisten, Bundesräte und deutsche Minister.

Einen Kaiser, sagt sie, habe ich hier noch nie gesehen, auch keinen Bundesrat.

Sie schweigt.

Sind Sie zum ersten Mal hier?, fragt die Frau.

Der Mann wird rot im Gesicht.

Nicht ganz, sagt er.

Sie kommen mir bekannt vor, glaubt sie.

So, sagt er.

Sie gleichen dem Bronzegrind da drüben im alten Buffet, das seit Jahren geschlossen ist, wie heisst er schon, dieser Dichter, dem hier einst alles gehörte?

Zahn, sagt der Mann und beginnt zu schwitzen.

---

## Hans Ulrich Bänziger

*«Ich werde ihn bei der nächsten Begegnung fragen, ob er den Zug hat verschwinden sehen»*

Was ist Raum? Was ist Zeit? Kann der Mensch, der in beiden wie selbstverständlich lebt, ihrer Rätselhaftigkeit näher kommen? Der pensionierte Richter Lahss in der Erzählung «Ortlos» des Schriftstellers und Psychologen Hans Ulrich Bänziger (* 1938) versucht es, indem er tagtäglich über die Gotthardstrecke fährt, einen Tag von Zürich nach Lugano, den nächsten zurück nach Zürich.

Wenn im Tunnel die äusserste Konzentration gelingt, verschwinden nicht nur Sie, habe ich zum Gegenüber gesagt – natürlich nutzloserweise –, sondern verschwinde auch ich. Die Auflösung, die beim Rigigebirge möglich ist, ist auch bei mir möglich. Nutzloserweise und sinnloserweise habe ich so zum Gegenüber geredet, dachte Lahss im Zug, wahrscheinlich hören Sie gar nicht mehr zu, habe ich zu ihm noch gesagt. Ich höre zu, aber ich verstehe nicht, hat das Gegenüber gesagt. Dann verstehen Sie einiges, habe ich entgegnet und habe zum Fenster hinausgeschaut, auf den Urnersee, der blaugrün dalag, ohne Wellen. Meist hat der Urnersee Wellen, doch heute hat er keine Wellen, habe ich zum Gegenüber gesagt. Sie können bereits in Altdorf aussteigen, nicht erst in Göschenen, wenn Sie den grossen Tunnel vermeiden wollen, habe ich zum Gegenüber gesagt. Ich bleibe bis Airolo, hat mir das Gegenüber entgegnet, aber er ist dann doch in Göschenen ausgestiegen. Plötzlich ist er aufgestanden, kurz vor Göschenen und hat gesagt: ich steige doch aus in Göschenen. Er ist noch bis zur Abfahrt des Zuges auf dem Bahnsteig stehen geblieben und hat Richtung Tunnel geschaut. Ich werde ihn bei der nächsten Begegnung fragen, ob er den Zug hat verschwinden sehen. Seit ich nicht mehr Richter bin, habe ich zu ihm noch am Urnersee gesagt, verwende ich die Erwägungskräfte, die ich zum Erwägen, zum Überlegen und Begründen des Urteils aufgewendet habe, für die Zugfahrten. Ich schaue zum Zugfenster hinaus und sehe die Dinge vorbeiziehen und sehe dem Vorbeigezogenen nach, während doch ich im Zug an den Dingen vorbeiziehe und vorbeigezogen werde. Einmal sehe ich mich als Vorbeiziehenden, komme auf die Dinge zu und entferne mich von ihnen, dann sehe ich die Dinge vorbeifliegen, sie nähern sich, zeigen sich und entfernen sich. Hält der Zug an, halten die Dinge an. Nur wenn ich lache, sehe ich sowohl mich als auch die Dinge in der Landschaft vorbeifliegen. Im Lachen ist der

Archimedische Punkt, habe ich zum Gegenüber gesagt, nur im Lachen, im Denken nicht, im Weinen nicht, im Handeln nicht. Nur im Lachen ist das Nichts, vielleicht noch in der Sekunde des Niesens. Der wechselnde Standpunkt in der Landschaft, bei den Dingen und in mir im Zug führt notgedrungen ins Lachen, habe ich zum Gegenüber gesagt, während ich mit Ihnen rede, sehe ich Sie zwar mir gegenüber als mein Gegenüber sitzen, doch wenn ich lache – ohne dass ich dazu unbedingt physisch lachen muss – heben Sie sich auf, hebe ich mich auf, hebt sich der Zug auf, heben sich der Urnersee samt Seelisberg auf. Nach diesen Sätzen hat mein Gegenüber auf den Urnersee hinausgeschaut, nach Seelisberg hinaufgeschaut. Lachen Sie! habe ich zu ihm gesagt, damit sich der See und der Berg aufheben können, doch hat das Gegenüber nicht gelacht, sondern unentwegt auf den Urnersee hinaus- und zum Seelisberg hinaufgeschaut. Noch nie habe ich das Gegenüber lachen sehen, dachte Lahss im Zug, während ich vor dem Gegenüber schon oft gelacht habe. Jetzt sind wir an der gleichen Stelle wie damals, als das Gegenüber nicht gelacht hat trotz oder vielleicht wegen meiner Aufforderung. Vermeintlich hebt das Lachen die Dinge auf, während doch nur der Lacher sich aufhebt. Der Archimedische Punkt ist notgedrungen der Mittelpunkt. Wenn ich im Grossen Tunnel in äusserster Konzentration die Mitte suche, so muss ich die Mitte vergessen, muss ich das Suchen vergessen, dachte Lahss im Zug. «Ich will die Mitte suchen» heisst zuerst fragen: was ist *ich,* was ist *will,* was ist *die Mitte,* was ist *suchen.* In äusserster Konzentration überlegen und sich vorstellen: Rad, Nähe, Drehung, Sternnebel, Achse, Nabel, Mittag, Sonne, Garbe, All. Sich vorstellen: Gedanke, Herz, Mund, Hirn, Monade, Rund. So den ganzen Tunnel. Stein um Stein, dachte Lahss im Zug. Im Tunnel kein Gegenüber. Das Gegenüber ist in Göschenen ausgestiegen.

## Anna Ruchat

*«Lass mich nicht allein mit meinem Kopf, es ist so dunkel»*

Die Kurzgeschichte «Stimmen der Dunkelheit» ist die einzige in diesem Buch, die in der Zukunft spielt. Die Züge werden dann nur noch selten (oder gar nicht mehr) durch den Tunnel zwischen Airolo und Göschenen fahren. Vielmehr werden sie mit durchschnittlich Tempo 160 durch den 57 Kilometer langen Basistunnel zwischen Biasca und Erstfeld rasen. In einem solchen «Höchstgeschwindigkeitszug» lässt die Übersetzerin und Schriftstellerin Anna Ruchat (* 1959) eine Frau Richtung Norden reisen.

### Stimmen der Dunkelheit

7. Dezember, 7.15 Uhr – Lia verlässt an einem nebligen Morgen das Haus. «Jetzt geht es wirklich zu Ende mit ihm», hat Sara am Telefon gesagt. Eilig geht Lia durch die leere Stadt zum Bahnhof, die Hände tief versunken in den Taschen des zu grossen Mantels. Im Gehen schaut sie mehrmals auf die Uhr. Kein Ausweg. Sie muss den Zug nehmen. Vielleicht reichen die zwei Tabletten gegen Reiseübelkeit und ein paar Schluck Tee, um während der Fahrt durchzuschlafen.

*«Mit einer Länge von 57 Kilometern durch Gebirgsschichten verschiedenster Härte und Stabilität stellt der Gotthard-Basistunnel das längste Bauwerk durch einen Berg dar.»*

7.15 Uhr – Im Halbdunkel des Zimmers sitzt Sara am Nähtisch und arbeitet an einem Kleid für die Abschlussfeier ihrer Nichte. Sara hat klare, fast graue Augen und ein müdes, einschneidendes Profil. Seit langem schon trägt sie eine Brille. Von ihrer stolzen Schönheit ist nur noch eine vage Spur in den Zügen um die Augen und die Nase geblieben. Sonst ist das Gesicht hart, verstarrt, während sie auf das Nähmaschinenpedal tritt und den Stoff an den

Enden unter der Nadel führt. Aus dem Nachbarzimmer kommt ein schweres Atmen, fast ein Geröchel.

Der Leitstrahl der Evolution des Menschen bahnt sich den Weg durch Tunnel. Ein unterirdisches Labyrinth von Stollen durchzieht Europa. Die Geschwindigkeit, die Überwindung der Entfernungen sind nicht mehr Himmel, Transzendenz, unergründliche Unendlichkeit: Ikarus, ein Traum vom Aufstieg und vom Fall. Heute zielt alle Bewegung ins Innere der Erde, das Heim der Schlangen und der Toten, Raum ohne Licht, der alle Leidenschaften abheilen lässt und dich in eine panische Zukunft projiziert.

8.02 Uhr – Am Schalter kauft Lia eine Fahrkarte für den Höchstgeschwindigkeitszug. Als sie den Zielort ausspricht, ist ihr die eigene Stimme fremd. Sie sieht sich unter den wenigen Reisenden in der Schlange stehen wie eine Marionette, eingehüllt in den grossen Mantel, der einst ihrem Vater gehörte: Hinterm Schalter erwidert die Frau in Uniform ihr mit einem neutralen Lächeln.

Dass er zu Hause sterben solle, hatte Sara schon vor einigen Wochen zu ihr gesagt, dass sie keine Hilfe brauchte, dass sie an alles selbst denken würde, hatte sie gesagt.

Die Augen gezeichnet von der Müdigkeit und vom Schreck, die grauen Haare irgendwie im Nacken zusammengebunden, nur eine Umhängetasche als Gepäck, steigt Lia in den sauberen, leeren Zug. Sie wählt einen Platz mit Tisch in der Wagenmitte, wo mehr Bewegungsfreiheit ist. Aus dem Fenster sieht sie neben dem ihren einen anderen, identischen Zug, der in Kürze nach Rom abfährt, dahinter ein Zug nach Paris.

Löcher, überall Löcher, man reist, ohne mehr die Falten der Erde zu sehen.

*«Das Südportal des Gotthard-Basistunnels liegt im Gemeindegebiet von Bodio.»*

8.15 Uhr – Der Zug fährt ab, aber der Schlaf will sich nicht einstellen. Bis zu den Hängen der Alpen bleibt Lia wach. «JETZT GEHT ES WIRKLICH ZU ENDE», hat Sara mit rauer Stimme am anderen Ende der Leitung gesagt. Sicher hatte sie nicht geschlafen, vielleicht seit einigen Nächten, gewiss hatte sie am Kleid für Laura gearbeitet.

«Wenn du zumindest ein Handy hättest, könnte ich dich während der Fahrt erreichen.» – «Besser so», hatte Lia geantwortet, «besser so, bis später.»

Transporte, Wagen – Sara unterbricht die Näharbeit, steht auf und geht auf Zehenspitzen bis zur Schwelle des anderen Zimmers, Atmen und Röcheln wechseln sich in unregelmässigen Abständen ab. Sara nähert sich dem Bett und benetzt ihm, leicht gebeugt, durch eine trockene Geste ohne Zärtlichkeit die Lippen mit einem feuchten Tuch.

*«Ungefähr in der Mitte des Basistunnels (Entfernung vom Nordportal 21 km, vom Südportal 36 km) befindet sich die sogenannte multifunktionale Station, durch die im Notfall ein Tunnelwechsel möglich ist.»*

Der Zug fährt mit 250 Kilometern pro Stunde in die glänzende Galerie. Eisen- und Stahllegierungen haben die Steine ersetzt: Granit, Urtonschiefer, Gneis, Dolomit, kompakte Felsen, weiche Felsen, granulöse und harte, und bröckelige Felsen, die in Sandkrümel zerfallen. Nichts ist mehr zu sehen. Der Blick gleitet über Aluminium. 57 Kilometer Leere. Annullierter Berg.

*«Es sind nicht die Unterschiede, sondern deren Abtötung, durch die Gewalt entsteht.»*

10.20 Uhr – Sara näht wieder weiter, draussen ist es eiskalt, man sieht es an den Grautönen, aber in der Wohnung ist alles an seinem Platz: wenige Dinge, viele Wandbretter, eine grosse chinesische Vase. Sara hebt den Blick – «wer weiss wie sie sich angezogen hat».

10.27 Uhr – Lia wacht plötzlich auf. Alles steht still. Die Lichter sind gedämpft. Auch die Geräusche schweigen, ausser einem leisen Geplauder am Wagenende.

Lia erstarrt auf ihrem Sitz. Die Haare sind zerzaust, der sanfte Blick jetzt unbeweglich und leer. Kein Grund zur Beunruhigung, ein Zug in einem Tunnel. Sei nicht so dumm. Sei nicht so dumm, sagte Sara immer zu ihr gereizt, wenn sie als Kind die Treppen hochrannte und nie in Fahrstühle steigen wollte, die damals schon klein waren, entworfen nach den Prinzipien von maximaler Zweckmässigkeit, Kostensenkung und Effizienz. Särge jedenfalls: Gingen die Türen zu, warst du in einer Kiste aus Stahl. Auf dem weichen Sitz fängt Lia an zu frieren, ihre Hände sind eiskalt, und ein Kribbeln breitet sich im ganzen Körper aus.

Lia: ein Leben lang auf der Flucht vor Metros, Flugzeugen, Tunneln, Fahrstühlen … – dass man überhaupt keine Angst haben braucht vor Fahrstühlen, haben immer alle gesagt, vor Flugzeugen, vor Metros, und erst recht nicht vor Tunneln, bist doch kein Feigling. Sieh zu, dass du das überwindest, nimm eine Tablette und fahr los, eine Tablette und los, aber sie fuhr nie los, fand immer einen Grund, eine Rechtfertigung, um zu bleiben: zu Fuss oder mit dem Fahrrad, doch nicht aus Umweltliebe, sondern aus reinster Eigenliebe, wie Sara immer sagte, du denkst nur an dich selbst, hast wohl Angst zu sterben, das müssen wir sowieso alle früher oder später, ja, früher oder später müssen wir alle sterben, aber nicht immer ist der Tod das grössere Übel, wenn du diese Angst kennst, die dich vom Leben trennt, dann weisst du, der Tod ist nicht das Schlimmste, das wissen die Kinderohnewände, die keine Grenzen haben und immer alles akzeptieren, alles annehmen und nie wissen, was tun damit.

Lass mich nicht allein mit meinem Kopf, es ist so dunkel.

Kinderohnewände, Kinderohneboden suchen verzweifelt einen Halt nehmen Bonbons an lassen Blicke herein keine Hände oder Hände, keine Blicke, Stimmen. Feuchte Gutenachtküsse, manchmal andere Körper in den kalten Betten. Alles ist gut, alles in Ordnung, was soll schon passieren. Alles geht vorbei. Auch ein Kuss ist nur ein Kuss. Ein Kuss.

10.29 Uhr – Sara spürt plötzlich die Müdigkeit auf den Lidern lasten und auf dem Fuss, der das Pedal tritt.

«Jetzt geht es wirklich zu Ende», sie hat es mit jenem neutralen, etwas kalten Ton gesagt, den sie hat, wenn ein Schmerz sie in sich verschliessen lässt. Sie weint nicht, sie hat keine Angst.

So eine Schande diese Angst.

Schämt sich denn der Berg für all die Löcher? Nein. Der Berg fühlt weder Reue noch Besorgnis noch Groll, auch keine Scham, ist weder gut noch böse.

Der Berg – er ist.

Lia hält den Atem an, zählt bis zehn. Alles ist gut, nichts ist passiert. Diese Dunkelheit, die sie durchfährt, ist die Substanz, aus der die Angst gemacht ist. Gute Nacht, Nacht des Tunnels, Nacht aller Dunkelheiten ineinander im Bauch des Berges. Das Kindohnewände schaut und schreit nicht, spricht nicht, schaut und hält den Atem an und wartet. Schaut und bettelt bittebitte lass mich in deinen Kopf, in dein Herz. Ich werd ganz brav sein, werd nicht reden, nicht weinen.

Nichts passiert.

Als Lia wieder anfängt zu atmen, liegt der kalte Geruch nach Klimaanlage noch in der Luft.

*«Weniger Aufmerksamkeit für die Kinder unserer Kinder und mehr anthropologische Liebe.»*

Mit einem kaum hörbaren Zischen setzt der Zug sich wieder in Bewegung und erreicht in wenigen Augenblicken das Ende des Tunnels. Bis vor einiger Zeit schlug das Kondenswasser noch an die Fensterscheiben, im Winter bildete sich Eis an den Steinwänden, und die Schafe kamen in den Tunnel, um sich vor der Kälte zu schützen, wenn draussen Schnee lag.

10.29 Uhr – Sara steht auf, schlank, gross, mit einer grauen Tunika ohne Gürtel und einer langen Perlenkette. Die schneeweissen Haare sind ganz kurz geschnitten und lassen die Schärfe der Gesichtszüge noch klarer hervortreten. Fast taumelnd legt sie die wenigen Schritte zurück, die sie vom Herd trennen, und setzt einen Kessel Wasser auf. Als sie zum Nähtisch zurückkehrt, liegt das Zimmer in einem noch tieferen Schweigen.

Durchbohrte Welt, durchlöcherte Welt. Sag mir, wo sind all die Barrieren, die Dämme, die Grenzen hin, wo sind all die Unterschiede: der Frühling und der Sommer, der Tag und die Nacht, das Innere, das Äussere. Alles durchbohrt uns. Der Westen eilt durch Tunnel, er eilt und eilt.

Kinderohnewände, Kinderohneboden laufen in Zeitlupe.

10.36 Uhr – Aus dem Tunnel heraus, ist das Licht matter, ein Himmel voller Schnee. Ein wattiges, wohlbekanntes Grau. Lia hört ihrem Atem zu, widersetzt sich in der Stille den verstärkten Angriffen ihrer im Rückzug begriffenen Vergangenheit.

*«Erstfeld, Nordportal. Geologisch gehört das Gebiet zum nördlichen Aarmassiv, einer Reihe von Gneisfelsen.»*

Ein jeder Tunnel geht irgendwann zu Ende.

10. 34 Uhr – Sara tritt ins Schlafzimmer.

Augen und Mund weit geöffnet, erloschen im Gesicht jedes Zeichen von Leid, von Leben.

*«Im Bereich des Heiligen sind die Unterschiede nicht aufgehoben, nicht ausgelöscht, eben weil sie alle lebendig sind, vermischt untereinander zum reinsten Chaos. Dem Heiligen anzugehören, bedeutet also, Teil dieser Ungeheuerlichkeit zu sein.»*

Sara beugt sich über das Bett und streicht mit ihrer langen, knochigen Hand über die Augen von Lias Vater.

VII. KAPITEL

## *«Die Welt, mein Schatz, hat üb'rall Löcher»*

# Vergnügliches und Groteskes vom Gotthard-Schienenstrang

Wissen Sie, was Girri-girri-Wasser ist?

«In einem Abteil des Gotthard-Schnellzuges sitzen sich zwei Herren gegenüber», beginnt die ausführliche Antwort, die hier der Brisanz des Themas wegen in voller Länge zitiert wird: «Der eine von ihnen liest Zeitung. Der andere döst vor sich hin. Von Zeit zu Zeit wird er wach, holt aus seiner Aktentasche ein Fläschchen, öffnet das Fenster, schüttet einige Tropfen einer farb- und geruchlosen Flüssigkeit auf den Bahndamm, schliesst das Fenster, steckt das Fläschchen in seine Aktentasche und döst weiter.

Als sich dieser Vorgang einige Male wiederholt, sagt sein Gegenüber: ‹Entschuldigen Sie bitte meine Neugierde, aber ich hätte gern gewusst, was Sie in dem Fläschchen haben.›

‹Das ist Girri-girri-Wasser.›

‹Erlauben Sie mir die Frage: Was ist das für ein Wasser?›

‹Es ist gegen weisse Elefanten. Das Girri-girri-Wasser hindert sie daran, den Bahndamm zu betreten und so unter Umständen einen Unfall zu verursachen.›

‹Das verstehe ich nicht. Zwischen Zürich und Chiasso gibt es doch gar keine weissen Elefanten.›

‹Da sehen Sie, wie es wirkt!›»

Diese skurrile Anekdote erzählt Hanspeter Lengweiler aus Hergiswil in seinem Buch «SBB-Depots» von 1980. Sie trifft präzis die Tonlage des letzten Kapitels unseres Lesebuches. Von der Betriebseröffnung bis heute haben Autoren die berühmte Gebirgsbahn immer wieder mit Komik in Verbindung gebracht. So finden sich auf den folgenden Seiten die Grotesken von Hermann Burger, Thomas Hürlimann und Guido Ceronetti ebenso wie die Satiren von Urs Widmer und Helmut Stalder. Der Fahrplan-Roman von Ernst Strebel steht neben den vergnüglichen Erinnerungen von Paul Winter, die heiteren Verse Joseph Wipflis und die Jugendstreiche Klaus Schädelins stehen neben der bekannten Kabarettnummer Emils.

Humorvolles im Zusammenhang mit der Gotthardbahn findet sich auch in den Erinnerungen an und von Eisenbahneroriginalen, wie ein weiterer Blick in Hanspeter Lengweilers Buch zeigt.

Mehrfach erzählt der Autor darin vom kauzigen Erstfelder Lokführer Karl Mumenthaler. So sollte dieser einmal einen Zug mit einer fabrikneuen, von Neugierigen umstandenen Lokomotive vom Zürcher Hauptbahnhof nach Erstfeld führen. «Mumi» trat in Zivil unter die Zuschauer und sah, dass der Souschef, der ihn nicht kannte und den Zug abfertigen musste, bereits nervös nach dem Lokführer Ausschau hielt. Da stach Mumenthaler der Hafer. Er wartete ungerührt bis kurz vor Abfahrt, trat dann auf den Souschef zu, erklärte ihm, da offensichtlich der Lokführer fehle, werde er den Zug führen, stieg in die Maschine und fuhr los. Der entsetzte Souschef liess den scheinbar von einem Passagier geführten Zug in Zürich Wiedikon gleich wieder halten – doch inzwischen hatte sich «Mumi» sein Dienstkleid übergestülpt und wusste von nichts.

In diesem Sinne viel Vergnügen auf der letzten Etappe unserer Gotthardbahn-Lesereise.

## Joseph Wipfli

*«Heil dir, Helvetia! Hast Dampf und Nebel ja»*

Der Urner Pfarrer, der das erste Kapitel dieses Buches anführt, eröffnet auch das letzte. Joseph Wipfli brachte den ersten literarischen Bericht über eine Gotthardtunnelfahrt zu Papier. Und er war vermutlich der Erste, der den Zeitgenossen des Gotthardbahnbaus zu lachen erlaubte. Mit spitzer Feder verfasste er zu den Eröffnungsfeierlichkeiten vom 23. Mai 1882 sein «Duett» und parodierte darin Gedichtzeilen etwa von Heinrich Heine, aber auch populäre Opernverse.

### Duett
### beim Anlasse der feierlichen Eröffnungsfahrt
### der Gotthardbahn
### den 23. Mai 1882.

(Episode zwischen Erstfeld und Göschenen)
Abgelauscht vom Seppli im Feld.

Die Lokomotive.

*(Auf dem Bahnhof in Erstfeld.)*

Eine Achtkuppler-Maschine, die dem ersten Vergnügungszug vorgespannt war.

Ich weiss nicht, was soll es bedeuten,
Dass ich so traurig bin;
Der Zug mit den vielen Leuten,
Der will mir nicht aus dem Sinn.
Die Last ist zu drückend für heute;
Ich gebe darauf dir mein Wort:
Beiläufig dreihundert Leute,
Die bring' ich wahrhaftig nicht fort.

DER LOKOMOTIVFÜHRER.

O Eisenbraut, hör' auf zu klagen!
(Der Bundesrath sitzt ja im Wagen!)
O zeige vielmehr deinen Muth
Und zieh' hinaus, das Herz voll Gluth.
Das ist der Tag ja deiner Ehre.
Und ziehst du gut und rasch – – ich schwöre:
Mit Kränzen will ich dann dich zieren
Und im Triumph zurück dich führen.

DIE LOKOMOTIVE.

Nun so sei's! Hinaus zum Kampf!
Mächtig drängt in mir der Dampf.
Lass sie pfeifen die Signale,
Dass es wiedertönt im Thale.
Lass ihn wirbeln, Rauch und Duft,
Hoch empor zur reinen Luft.
*(Der Zug fährt pfeifend und rauchend ab.)*

DER LOKOMOTIVFÜHRER.
*(Auf der Fahrt nach Amsteg.)*

O wie schön sind diese Matten,
Und wie kühlend diese Schatten!
Auf dem Flühli wär's so heiter –
Doch – – mein Liebchen, musst noch weiter.

DIE LOKOMOTIVE.
*(Vor der Eisenbahnbrücke über den Kerstelnbach bei Amsteg.)*

Was enthüllt sich meinem Blicke!
Himmel! welche weite Kluft,
Und darüber eine Brücke
Schwindelhoch in freier Luft!
Und ich sollte hier hinüber?!
Nein, ach nein! das thue ich nicht.
Komm' ein And'rer – 's ist mir lieber,
Der sich Hals und Kopf hier bricht.

Der Lokomotivführer.

Schwarzer Schatz, lass Grillen fahren!
Denk' an die Reporterschaaren!
Hundert schauen jetzt auf dich.
Vorwärts! vorwärts ohne Zagen,
Wer gewinnen will, muss wagen:
Liebchen! halt dich ritterlich.

Die Lokomotive.

*(Nach der Überfahrt.)*

Welche Freude, welch' Entzücken
Athmet meine heisse Brust!
Ja, die Brücke liegt im Rücken
Und ich flieg' mit neuer Lust.
Doch – – mich halten auf die Lasten;
Verwaltungsräthe sind so schwer!!
Könnt', o könnt' ich einmal rasten;
Mag nicht weiter bis hieher! –

Der Lokomotivführer.

*(Bei Meitschlingen.)*

Ich bitte dich, o fasse doch Courage!
Zu rasten – nein! 's wär nicht klug.
Bedenke doch nur die Blamage:
Es ist ja ein Vergnügungszug.
Und den lässt man doch zum Vergnügen,
Nicht mitten auf der Strasse liegen.

Die Lokomotive.

Es ist mir Alles eins, es ist mir Alles eins,
Ob Direktor'n Vergnügen haben oder kein's.
Ich muss ein wenig erst verschnaufen,
Wer nicht will warten, kann ja laufen.
Es ist mir Alles eins, es ist mir Alles eins,
Ob sie Vergnügen haben oder keins.

Der Lokomotivführer.

Schwesterlein fein, Schwesterlein fein,
Musst nicht rappelköpfisch sein!
(Siehe, schon folget Regen dem Föhn,)
Eile, d'rum eile! ich bitte dich schön.
Bringst du die Herren ganz glücklich ans Land,
Schmückt dich Herr *Bitter* mit Orden und Land.

Die Lokomotive.

*(Am Kehrtunnel beim Pfaffensprung.)*

Entsetzlich! Ha! welch' eine Höhle;
Ja schwärzer als der Höllenschlund.
Und *ich* sollt' jetzt mit Leib und Seele
Hinein in diesen Drachenmund?!
Da soll man eher mich erschlagen,
So ist's mit meiner Marter aus. –
Aus diesem Loch – wer kann mir sagen,
Ob ich lebendig käm heraus?

Der Lokomotivführer.

Die Welt, mein Schatz, hat üb'rall Löcher,
Und Löcher hat zumeist – der Staat.
Ja, Löcher hatte die Gesellschaft,
Die diese Bahn gegründet hat.
D'rum fürcht' auch du nicht dieses Loch:
Nur keck hinein! es taget doch.

Die Lokomotive.

*(Bei der Ausfahrt aus dem Kehrtunnel.)*

Was glänzt dort vom Hügel im Sonnenschein?

Der Lokomotivführer.

's ist Wassen, mein Liebchen; dort kehren wir ein.

Die Lokomotive.

Mit letzter Kraft nun Wassen zu.
Der Dampf ist aus; es kommt die Ruh.
Dort wohnt ein Volk von frommen Sitten:
Die Kirche steht ja in der Mitten.

Der Lokomotivführer.

*(Auf der Station in Wassen.)*

Nur noch zwei Schritte, meine Holde!
Sieh, Göschenen, es liegt so nah.
Dort ruhst du aus im Sonnengolde,
Du bist am schönsten Ziel allda.

Die Lokomotive.

*(Auf der Hinfahrt.)*

Der Teufel hol die Schererei!
Es ist gar kein Profit dabei.
Da quält man sich nun Stund um Stund;
Fürwahr! jetzt wird es mir zu bunt.
Geplagter bin ich, als ein Hund.
Und dann zuletzt, statt allem Lohn,
Trägt man vielleicht nur Spott davon.

Der Lokomotivführer.

*(Bei der Station in Göschenen einfahrend.)*

Juhei und juheh! wir sind nun am Ort;
Der Restaurant grüsst so freundlich mich dort.
Cylinder und Fräcke! ich wünsche euch Glück;
Kehrt rein und mit Ruhm von Mailand zurück.

Die Lokomotive.
*(Pfeift in einem fort die Melodie:)*
Heil dir, Helvetia!
Hast Dampf und Nebel ja,
Wie sie kein Land je sah.
Heil dir allzeit!
Finis.

---

## Paul Winter

*«Voilà die Schlack, das kommt von dem modernen Kohlengeschmeiss, wie eine Omelette»*

«Von Kindheit an hatte das Wort ‹Gotthard› für mich einen ganz besonderen Klang», schrieb Paul Winter (1915–1990). «Es versinnbildlichte die kraftstrotzenden qualmenden Ungetüme, welche die steilen Rampen heraufkeuchten, die kühnen Männer, welche die Brücken und Tunnels erbauten und sie unterhielten oder sie auf dem Führerstand befuhren.» Aus dieser Faszination heraus verfasste der einstige SBB-Chef Zugförderung und Werkstätten 1947 das Büchlein «Dampfrossromantik am Gotthard», aus dem folgende Episode stammt.

### It's a long way from Faido uf Airolo

Der Ferrari war ein Welscher und ein fideler Kollege. Der Fünfhundertzweiundzwanzig war ein Güterzug, fuhr um sieben Uhr achtzehn abends in Faido ab und sollte, wenn alles gut ging, um acht Uhr sechsundvierzig in Airolo eintreffen. Der Ferrari hatte eine «Vierkuppler» (Lokomotive mit 4 Triebachsen), ich glaube, es war die Nummer 109. Damals gehörten Lokomotive und Führer zusammen, wie Mann und Frau in einer guten Ehe.

Ob er gut eingeheizt hätte, frug der Ferrari seinen Heizer, bevor die Zeiger seiner dicken Bähnleruhr auf sieben Uhr achtzehn standen. «Parfaitement.» Doch der gute Lokomotivführer überzeugt sich selbst. Die Höllenglut in der Feuerbüchse rechtfertigte den Heizer. Zwei Pfiffe! Den Regulator auf, zuerst zwei Schnaufe rückwärts und dann mit ausgelegter Steuerung vorwärts, die Federkraft der Puffer unterstützt den Anlauf, der Kurve zu in 26‰ Steigung. Doch schon im ersten Tunnel, der sich «Polmengo» nennt, steht die Maschine still. Der Führerstand ist vergast, verraucht. Das vermaledeite Feuer, o mon Dieu! Der Heizer schafft's. Das Manometer, von trüber Ölesflamme erleuchtet, steigt. Die Lokomotive zieht an. Doch schon nach wenigen hundert Metern will das verfluchte Biest nicht mehr. Der Schnauf geht aus. Der Zug, der steht. Zum Glück im Freien, auf der Brücke zwischen den Tunnels, der zweite Halt! Der Heizer schwitzt, die Bremser hetzen, Ferrari verliert die gute Laune, o du mon Dieu! Die Lokomotive zieht an. Doch schaurig widerhallt's im «Prato-Kehrtunnel»: «O du mon Dieu!» Ferrari ergreift den Feuerhaken und den Karst, fühlt sich wieder jung: «Sowas ist noch nie passiert, voilà die Schlack, das kommt von dem modernen Kohlengeschmeiss, wie eine Omelette.» Der Heizer ist zerknirscht. Die Fahrt geht weiter. Das Dampfross stöhnt und ächzt. Der Führerstand vergast, das Manometer sinkt, o du mon Dieu, du chaibe bête d'une locomotive! Es winkt dort oben der Gegenzug, der im «Freggio-Kehrtunnel» verschwindet. Der Kampf geht weiter. Der Bremser Lachen ist vorbei. Es macht die Wut sich Platz. So geht es Stück um Stück, von Halt zu Halt, auf 26‰ Steigung. Zum Glück ist heute der Zug nicht schwer. Der Sandvorrat schwindet. Führer und Heizer wechseln ab. Die Not vereint. Sie päppeln, pflegen, quälen dieses Feuer, um dann mit ohnmächtiger Wut Schaufel, Hacke oder Spiess auf den Tender zu schmeissen und den Kampfplatz dem anderen zu überlassen. Nach zweistündigem hartem Kampf ist Rodi-Fiesso erreicht. Es öffnet sich das Tal. Die Steigung schwindet. Ferrari kann nicht mehr. Doch hart erklingt der Morse-Schreiber und der Beamte liest vom schmalen Streifen in Telegraphenschrift: «Ersatz der Lok. kommt nicht in Frage, und schaufelt ihr die ganze Nacht. Wir haben Zeit.»

Ferrari kann nicht mehr, o du mon Dieu. Ein halber Liter «Roter» erweckt die Lebensgeister. Es gewöhnen sich Mensch und Tier an Krieg und Leiden. So geht es auch den beiden auf dem Führerstand in dunkler Nacht. Mit viel Weh und Ach und «o mon Dieu» geht es den Berg hinan. Die Bremser schlafen Gott sei Dank in ihrem Häuschen auf den Wagen.

Nach Ambri-Piotta steigt es wieder. Der Felsenwand entlang, und dann mit letzter Kraft verschwinden sie im Tunnel. Noch zweimal Halt, noch zweimal tüchtig durchgekratzt. Es ist geschafft! Das Vorsignal von Airolo winkt wie noch nie so schön am Sternenhimmel. Sechs Stunden harter Kampf mit der Elementen Tücke, o du mon Dieu! Doch halt, bevor der Kohli weggestellt, trotz den verfluchten «Mucken» pflegt der Reiter das Ross: Ferrari prüft die Lager, heute reibt er die Stelle nicht sorgfältig ab, bevor er herlangt; denn zerschunden sind die Hände und kohlrabenschwarz das Gesicht.

Der Heizer macht sich am Feuer zu schaffen. Du vermaledeites Rabenvieh! Jetzt noch die Kaminklappe zu und dann ins Bett im Heizerzimmer. Doch was ist das? Er holt das Licht und bei der russigen Dochtesflamme … Auch Ferrari steigt auf des Esels Rücken, trotz seiner Führerwürde. O du mon Dieu! Die Klappe war nur um der Finger Breite offen! Jetzt dämmert's mir!

Trotz gelobtem Schweigen ist diese Märe durchgesickert. Ein jeder hüte sich jedoch, ich rate es ihm, den Ferrari zu fragen: «Wie weit ist es von Faido nach Airolo?» O du mon Dieu!

## Klaus Schädelin

*«So war der Sirup hin und die schweizerische Bundesbahn empört»*

Mit bereits 29 Auflagen und 222 000 gedruckten Exemplaren darf das 1955 erschienene Lausbubenbuch «Mein Name ist Eugen» als Dauerbrenner und Bestseller innerhalb der helvetischen Jugendliteratur gelten. Der Berner Pfarrer und spätere Fürsorge- und Gesundheitsdirektor Klaus Schädelin (1918–1987) schildert darin Abenteuer, Freuden und Kümmernisse des dreizehnjährigen Eugen und seiner Freunde. Michael Steiners Kinoversion von 2005 verhalf dem liebenswerten Roman zu neuer Popularität.

Es frage mich nur niemand, wie wir ins Tessin gekommen sind. Denn erstens wird jeder ausdauernde Leser dieses Romans noch genug der Velofahrten serviert bekommen, und zweitens erspare ich mir und anderen gerne die gehabten Leiden. Da sagte unser Führer in einem fort, wir sollen doch die Frühlingspracht bewundern. – Wie soll man bewundern, wenn der Vorderste ein Tempo einschlägt, welches das Feld sprengt, wenn jede dritte Minute einer zurückbleibt mit einem Nagel, einer ausgehängten Kette, einem schiefgerutschten Rucksack; wie soll man den Frühling bewundern mit einem wunden Hinterteil und einem spriessenden Eiss? – Und was hat man zum Beispiel von der schönsten Landschaft, wenn man vorne, seitlich und hinten Gepäck geladen hat und sich vorkommt wie ein Speditionsbeamter, und wenn einem der Fritzli, jener Fritzli, den wir Frieda nennen, seinen Rucksack zu allem anderen noch aufbürdet, weil er mit seiner Fünfundzwanzigliter-sirupflasche genug zu schaffen und zu schonen hat?

Ja, dieser Sirup!

Der Frieda kennt sich nämlich beim Herrn Stucker & Zesiger aus, welcher Kolonialwaren engros verkauft. Dem schrieb der Frieda ein schönes Gedicht von unserem Lager, und nach einer Strophe lautete der Refrain: «Sirup, Sirup, Sirup.» Sieben Strophen lang winkte er dem Herrn Stucker & Zesiger mit dem Holzflegel, und das Resultat war eine 25-Liter-Flasche, nicht vom besten, aber immerhin Sirup. Das war im tropischen Klima ein wesentlicher Vorteil, drum beugten wir uns, dem Frieda abwechslungsweise den Rucksack abzunehmen. Rund um diese Flasche war während der Fahrt stets ein Hohlraum. Kam man in seine Nähe, so rief er: Obacht, der Sirup.

Wie will man das Frühjahr geniessen auf einer solchen Fahrt?

Wir waren darum sehr froh, als wir in Erstfeld bis auf die andere Seite vom Gotthard einladen durften.

Es herrscht eine weitverbreitete Meinung, jede Eisenbahnfahrt, besonders wenn sie durch den Gotthard gehe, sei ein Genuss. – Das ist übertrieben, denn sie fing gar nicht gut an.

Schon nach fünf Minuten Fahrt kam irgendeiner auf die glorreiche Idee, den leeren Duvetanzug als ein Segel zum Fenster hinauszuhalten, und wir packten alle die unsrigen aus. Kaum aber hielt ich den meinigen vors Fenster, blähte er sich und hätte mich zum Abteil hinausgerissen, wenn ich nicht die Geistesgegenwart besessen hätte, ihn fahren zu lassen. Weil auch sieben andere die gleiche Geistesgegenwart aufbrachten, froren wir ob dem empfindlichen Duvetmangel hernach im Tessin beträchtlich, und nur die Bewohner des Kantons Uri hatten von der Idee einen Vorteil.

Dann aber kamen die Kehrtunnels bei Wassen. Der Führer versammelte uns um sich und erklärte uns das System und sagte, wenn man wolle, könne man den Beweis erbringen, dass der Tunnel im Kreis herumführe: Man brauche nur einen schweren Gegenstand an einer langen Schnur an der Decke aufzuhängen und ihn pendeln zu lassen, dann pendle es immer in der gleichen Richtung, während sich der Zug darunter drehe. Wir sollten es ruhig probieren, und sogleich zog er seinen Bergschuh aus. Der wurde sachgemäss aufgehängt, und alle standen oder sassen im Kreis darum, bis der Kehrtunnel kam.

Kaum waren wir drin, erlosch das Licht.

Einer hatte dem Schuh eben noch einen Stoss gegeben, und nun ging in der Dunkelheit der Tanz los: Ich bekam ihn, den Schuh, in die Magengrube und schleuderte ihn weiter, und unter gewalti-

**William Turner (1775–1851), «Die Teufelsbrücke St. Gotthard», um 1804**
Öl auf Leinwand, 76,8 × 62,8 cm

*William Turners «Teufelsbrücke» hält den beschwerlichen Weg über Pfade und Brücken inmitten der wilden Natur fest. Die Fahrt durch den Gotthard ist heute keine physische, für manche Tunnelbenutzer aber eine psychische Anstrengung: Hinein in diesen Drachenschlund.*

**Max Bühlmann (* 1956), «Gurtnellen», 2004**
Gurten auf Holzrahmen, 44,5 × 34 × 4,5 cm

*Bühlmanns Werk ist hergestellt aus Gurten, wie sie für die Fabrikation von Sitzmöbeln benutzt werden. Der Titel «Gurtnellen» lehnt sich an den Namen eines Urner Bergdorfs an, das sich im Anstieg zu verschiedenen Bergpässen und zum Gotthardtunnel befindet.*

**Hugo Suter (* 1943), «Tunnel», 1995**
Holz, Glas (verspiegelt, matt), 30,5 × 34,5 × 13,5 cm

*In dieser ironisch konstruktiven Arbeit greift Hugo Suter das Thema Tunnel auf. Ein Tunnel oder mehrere Röhren? Das matt verspiegelte Glas verweist auch auf die Spiegelungen im Waggonfenster – Spiegelungen, die den Betrachtenden oft auf sich selbst zurückwerfen.*

**Stefan Banz (* 1961), «Zwei Laternen des Vordergrundes vom Schnellzug aus gesehen», 2004**
Acryl auf Leinwand, 16 × 25 cm

*Hans Emmenegger (1864–1940) malte 1927 eines seiner ungewöhnlichsten Bilder: «Zwei Laternen des Vordergrundes vom Schnellzug aus gesehen». Das Bild ist seit den 1960er Jahren verschollen. Ausgehend von einer Katalogabbildung hat Stefan Banz ein eigenes Werk geschaffen.*

**Jean Odermatt (* 1948), «Gotthardprojekt», 1988/1990/1992**
Fotografische Arbeit über das Gotthardmassiv

*Als Kind wollte Jean Odermatt Lokomotivführer werden und tonnenschwere Maschinen steuern. Mit seiner Arbeit geht er heute stiller und tastender ans Werk. Seit 1983 entstanden an verschiedenen Standorten auf dem Gotthard über 250 000 Aufnahmen.*

**THE S - UNDERGROUND SWISS - TUNNELLING; IM HALBSTUNDENTAKT UNTENDURCH!**
© 1993 by ARh+

Das Löchern des San Gottardo war nur ein Probebohren. Lastenzüge unterqueren die Schweiz mit Tempo 600 Km/h im Halbstundentakt, lautlos und pfeilgerade.

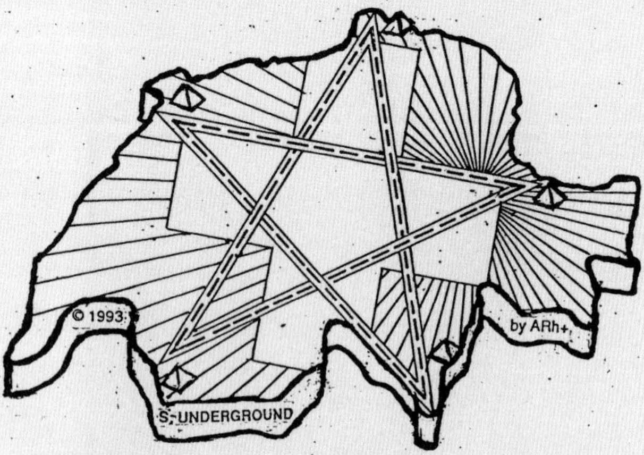


Die Eingänge zum Underground sind durch 1000 m hohe Pyramiden gekennzeichnet.
Es sind insgesammt 5. Alle unterirdisch miteinander verbunden. Mit 5 gleichlangen Strecken.
Durch 2 parallel - Röhren, durch 3 - stöckige Magnetzüge miteinander verbunden und an's Strassen- und Bahnnetz angeschlossen. Die Magnetlaster, insgesamt 30 Stück – je 6 pro Strecke – können je 6 Km Fahrzeugkolonnen, sowie 3 Km Zugskompositionen pro Fahrt durchschleusen.

**HR Giger (* 1940), «The S-Underground Swiss Tunnelling», 1993 aus «The Mystery of San Gottardo», 1998**
Tusche auf Papier, 29,7 × 21 cm

*Nach der EWR-Abstimmung 1993 schlug HR Giger dem Bundespräsidenten Adolf Ogi vor, die ganze Schweiz zu untertunneln und so genannte Pyramiden (Satellitenstädte) zu bauen, in denen sich die zu erwartenden Völkermassen ans Bergleben assimilieren könnten.*

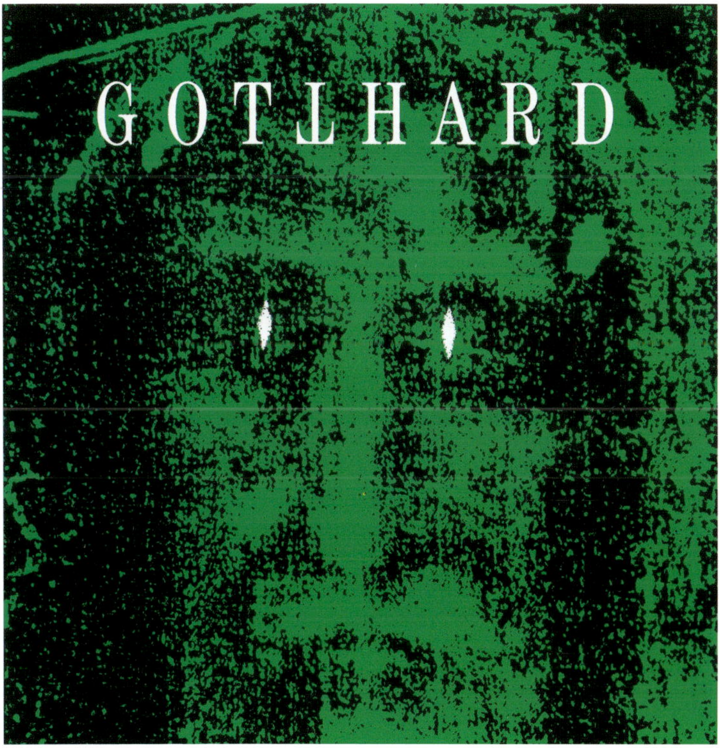


**«Gotthard», 1992**
Debütalbum der Band «Gotthard», 15 Wochen in den Charts, Design by Martin Scharf/Ariola

*Als Vorlage für das Plattencover der Tessiner Rockmusiker diente das Turiner Grabtuch, das angeblich das Antlitz von Jesus zeigt. Der Bandname «Gotthard» beinhaltet auch die Assoziation mit Sankt Gotthard, dem Helfer gegen Gicht, Rheuma und schwere Geburten.*

**Franz Fedier (1922–2005), «Markierter Stein», 2004**
Stein, Kunstharz, 8 × 24 × 6 cm

*Die Malereien Franz Fediers auf Steinen datieren aus dem Jahr 1969. Für diese jüngere Arbeit reiste er nach Hospental im Kanton Uri und schuf dort Zeichen auf einem natürlichen Grund, die imaginäre Wegmarken sind – Marken für gedankliche Reisen in andere, neue Welten.*

gem Geschrei flog er an Schienbeine und an Köpfe, und es war, als hingen Dutzende von Schuhen an Dutzenden von Schnüren.

Eben hatte ich ihn wieder vaterländisch von mir gestossen, als auf der anderen Seite der sattsam bekannte Ton von springendem Glas erklang.

Totenstille.

Nur noch ein leises Stöhnen und ein schleimiges Plätschern tönte aus jener Ecke, wo wir den Frieda wussten, der still abseits geblieben war, um auf seinem Schoss die Flasche zu hüten.

«Die Frieda läuft aus!» scholl es von drüben, und ein deutliches Himbeeraroma bestätigte diese Behauptung.

Wer noch nie in einem Drittklassabteil der Bundesbahn 25 Liter Sirup verschüttet hat, hat kein Recht zu behaupten, eine Gotthardfahrt sei schön. Das ist wirklich gar nicht schön, nach dem Tunnel bei Tageslicht einen Knaben an einer Sauce zu finden. In der Hand hielt er noch den Hals mit dem Zapfen, aber vom Kinn an abwärts war der Frieda schleimig und oben weinerlich.

Wie reinigt man einen Knaben von so viel Himbeersirup? Ohne dass es die Bundesbahnen merken? Wie heilt man den Schaden auf Bänken, Lehnen, Fenstern und am Boden? – Ich weiss nur noch, dass wir ihn nach vielem Bemühen zwar nicht weggebracht, aber doch überall gerecht verteilt hatten.

Ich weiss ferner noch, dass keine vier Minuten nachher der Kondukteur auf seinem Rücken lag und seinen Anteil am Sirup bekam, und zwar mehr äusserlich. Ich weiss auch noch den Zorn des Publikums und die Trauer der Frieda, bloss eines weiss ich ganz und gar nicht: Wie das Land zwischen Amsteg und Airolo aussieht.

So war der Sirup hin und die schweizerische Bundesbahn empört. Der Wagen musste ausgewechselt werden. Das kostete fünf Franken. Der Frieda war leider schon viel zu sehr abgetropft, als dass man vom restlichen Sirup noch etwas gehabt hätte, und trotzdem verfolgte uns diese Flüssigkeit bis tief ins Lager hinein, denn noch einmal wurde ein Gedicht entworfen und auf der Schreibmaschine des Sindaggo ins Reine geschrieben und an Herrn Stucker & Zesiger geschickt, aber weil sich niemand mit dieser Maschine auskannte, passierte das Missgeschick, dass es auf der Adresse hiess: «Herrn Fratz Stucker & Zesiger», und diesen Fratz hat uns der Herr vom Lebensmittel engros nie verziehen, so dass auch fürderhin kein Sirup mehr zu haben war.

---

## Hermann Burger

### *«Es empfiehlt sich, täglich zweimal auf einer der dafür ausersehenen Loggien ein Gotthardtunnelluftbad zu nehmen»*

Universitätsprofessor Wolfram Schöllkopf leidet an einer schweren Herzkrise und reist deshalb in den Kurort Göschenen. Hier will er sich durch die Therapien der «Heilstollengesellschaft» behandeln lassen. Dies ist der Ausgangspunkt im vielschichtigen Roman «Die Künstliche Mutter» des Schweizer Schriftstellers Hermann Burger (1942–1989). Wie bei manch anderen Autoren, die das Thema der Gotthardbahn aufgriffen, finden auch bei ihm die berühmten Kehrtunnel gebührende Beachtung, diesmal aber aus einem grotesken Blickwinkel.

Schöllkopf notierte am narbigen Tisch mit Blick auf die verschneite Schöllenenstrasse: Eine Faillite, dieser erste Stollenkontakt, Kurerfolg gleich null, der Schwesternkuss war ein Bruderkuss für sie, ich war der Therapeut, tatsächlich muss der Kranke zuerst den Arzt behandeln, bevor die Sanifizenz überhaupt in der Lage ist, sich der Malefizenz anzunehmen, kostet fünfhundert Stutz, werde die Prämie per Nachnahme bei Auer-Aplanalp einzutreiben wissen, dadurch eine gewisse – wenn auch nur vorübergehende – Sanierung der zerrütteten Finanzen. Gauner, Schubiake, Schnapphähne, Strauchdiebe, Falschmünzer! Heute noch die letzten Kräfte mobilisieren, um die Festung zu knacken! Als Lektüre bis zum Eintreffen des Holzknechts konnte man sich ja nichts anderes vornehmen als den Göschener Patienten-Knigge, dazu gönnte ich mir, trotz absoluten Rauchverbots, eine Havanna aus dem eingeschmuggelten Notvorrat, eine olivbraune Stange in der klassischen Coronaform, nicht doble claro, das wäre zu grün gewesen, auch nicht oscuro, obwohl dieser Ton am besten zu meiner Situation gepasst hätte. Auch ein noch knapp schaukelfähiges Holzrohrgestell mit bassschlüsselähnlicher Lehnenverzierung war aufzutreiben, und so las ich: «Externe und quasi präludative Kurmittel. Es empfiehlt sich, täglich zweimal auf einer der dafür ausersehenen Loggien ein Gotthardtunnelluftbad zu nehmen, und dies bei jeder Witterung, denn es hat sich auf Grund sehr sehr langjähriger und sorgfältigst ausgebeuteter Erfahrung gezeigt, dass das besonders im Bereich der Tessinmulde in höchster Konzentration auftretende Tunnelozon $TO_3$ eine positive Wirkung auf die Nebennierenrinde ausübt. Infolge der hohen Schnellzug- und Güterzugfrequenz auf der Gotthardstrecke werden ganze Schübe dieses Edelgases ins Freie transportiert, also auch nach Göschenen, wo sich der Kurgast, sofern er wirklich daran glaubt, wahren Tunnelluftbacchanalien aussetzen kann. Bei Spaziergängen zur Erhaltung der Beweglichkeit allenfalls noch intakter Gliedmassen treibe er sich möglichst oft in der Nähe der Tunnelportale herum, wobei er geflissentlich darauf zu achten hat, nicht mit den Vorschriften der Schweizerischen Bundesbahnen in Konflikt zu geraten. Es hat sich leider immer wieder bewahrheitet, dass die SBB, wenn es zum Prozess kommt, von Staates wegen recht behalten. Im übrigen gehören Tunnel wie medizinische Spitzenleistungen zu den Kunstbauten und dürften allein schon vom ästhetischen Gesichtspunkt her ein Hochgenuss sein, denken Sie zum Beispiel an das Südportal des Grenchenbergtunnels – für die Juradurchstiche von historischer Bedeutung – mit dem dreistufigen Gesimse und den gotischen Schartenfenstern, oder an das in der Bogenzone barock ausladende Kübliser-Profil auf der Strecke Landquart–Davos der Rhätischen Bahn. Wir unterscheiden – was Sie sich gleich als autogenes Tunneltraining vornehmen können – zwischen Kammtunneln, Basistunneln, Steigungstunnelanlagen, Wandtunnelbauten, Sporntunneln, Stadttunneln und Kehrtunneln, wobei letzteren für die Göschener Kur eine besondere Bedeutung zukommt. Allein auf der Nordrampe von Gurtnellen bis Göschenen erlebt der Patient, der sich bequem im Speisewagen bei einem Mineralwasser aus einheimischen Quellen vergnügen kann, dreimal eine Drehung um die eigene Achse zur Überwindung der Höhendifferenz von dreihundertachtundsechzig Metern. Diese Spiralbewegung steigert den Genuss der Kehrtunnelluft, die immer eindringt, da immer irgendwo ein Fenster nicht ganz geschlossen oder zumindest nicht ganz dicht ist, ins Erotische, was insbesondere bei Potenzstörungen den Kurerfolg positiv stimulierend in Griffnähe rückt. Es gibt, auch das sei nicht verschwiegen, übereifrige Mandanten der Auer-Aplanalpschen Heilstollengesellschaft, welche im Pfaffensprung, Wattinger oder Leggistein die Notbremse ziehen, um das Fahndungsprozedere dazu zu benützen, wie vergiftet zugauf und zugab zu rennen und die Lungenflügel mit $KTO_3$ zu füllen, also gewissermassen Hamstereinschnäufe zu tätigen. Davon ist grundsätzlich abzuraten, es sei denn, der Delinquent könne dem Zugführer gegenüber seine gesundheitliche Notlage ausreichend und einleuchtend begründen und auf den Schutzparagraphen einundsechzig im Strafgesetzbuch der Schweizerischen Bundesbahnen SBS pochen, gemäss welchem das Auslösen einer Schnellbremsung in einem claustrophobischen Schock infolge bedrückender Tunnelfinsternis als psychische Unzurechnungsfähigkeit taxiert werden und straffrei ausgehen kann, unter Zahlung einer Unkostenkaution von Franken zwanzig.»

## Ernst Strebel

### *«Die Gleise scheinen unter mir hervor in mein Fenster zu führen»*

Ernst Strebel (* 1951) erzählt in seinem «Kursbuch des Fahrtenschreibers» eine ganz normale Geschichte. Doch der Schriftsteller präsentiert Erlebnisse und Gedanken seiner Hauptfigur, eines Sängers, nach keinem gängigen Erzählmuster, sondern nach den nummerierten Bahnstrecken im offiziellen Schweizer Kursbuch. Und er überlässt es der Leserin, dem Leser, nach Belieben irgendwo in seinem Buch zuzusteigen, ein Stück mitzufahren, nach Gutdünken umzusteigen, an einem Bahnhof zu verweilen und dann die Reise fortzusetzen, zum Beispiel auf der Fahrplanlinie 600 über die Gotthardstrecke.

LUZERN–GOTTHARD–CHIASSO **600**

**Sisikon, Hotel Bahnhof, 19 Uhr:** Ich bin noch einmal hierher nach Sisikon zurückgefahren, um die Nacht in diesem Hotel unmittelbar neben dem Bahnhof zu verbringen.

Ich habe nochmals das gleiche Eckzimmer genommen wie damals, als ich besonders früh am Morgen bei Lena sein wollte und hier übernachtete.

Die Gleise scheinen unter mir hervor in mein Fenster zu führen.

Als ich hier auf Lena wartete, habe ich lange am Fenster gestanden und ins Dröhnen der Züge unter mir gesungen, lange Töne, die mit den Wagen davonströmten, mich trugen wie nie zuvor.

Jetzt habe ich das Tischchen ans Fenster geschoben. Gegenüber verschwinden die Züge in einem Tunnel.

Von Schwyz bin ich nach Erstfeld gefahren und zum Eingang des Erstfeldertals hochgestiegen.

Das erste Seitental in meinem Leben, zuhinterst der weite, sonnige Talboden, wo die Mutter mit Franziska und mir einen Tag lang verweilte, uns auf den Felsblöcken herumklettern liess und uns Geschichten von seligen Alpelfen erzählte, während die älteren Geschwister mit dem Vater auf den Krönten kletterten.

Auf meinen Italienfahrten schaute ich immer in die Seitentäler. Mit Lena war ich zuhinterst im Maderanertal.

Schaue ich, wenn ein langer Zug durchfährt, auf die Wagendächer hinunter, werde ich in Fahrt versetzt. Sind die Gleise wieder leer, verspüre ich ein Schwindelgefühl, als sei ich brüsk auf den Boden meines Hotelzimmers gestellt worden.

Jetzt hält ein Regionalzug. 19.27 wird er in Altdorf sein. Das Wagendach des zweiten Wagens ist so nah unter mir, dass ich, scheint es, darauf hinunterspringen könnte.

Wenn ein Güterzug durchfährt, vibriert das ganze Zimmer und mein Körper wird leicht erschüttert. Ist die rote Lampe des letzten Wagens im Tunnel verschwunden, verspüre ich keine Regung mehr. Die Zweige des Busches neben dem Tunneleingang wiegen, wenn der Luftzug nachlässt, sanft aus. Ich starre auf die Schwellen.

Wieder hält ein Regionalzug. Er wird 21.38 in Altdorf sein.

Die Züge aus dem Süden fahren unter mir hinein und verdröhnen in meinem Rücken.

Jetzt hält der Regionalzug nach Brunnen–Schwyz. Sein letzter Wagen bleibt gerade noch in meinem Fensterausschnitt stehen. Er ist leer, und ich könnte meinen Platz auf den grünen und roten Plastikpolstern lange auswählen. Um 21.49 wäre ich in Schwyz.

Ich starre in die leere Tunnelöffnung mir gegenüber.

Unglaublich, wie viele Züge unter mir hinaus- und unter mir hineinfahren, mich kurze Zeit durchdröhnen, nach Süden zum Tunnel hinziehen, mich sitzen lassen, mich nach Norden reissen, mir entgleiten.

In einen offenen Güterwagen springen, mitfahren.

In das Getöse singen, meine Stimme von den mächtigen Schwingungen tragen lassen.

Nochmals ein Knabe sein mit den Mythen im Rücken, nochmals zu Agnese fahren, nochmals zu Lena?

Lange habe ich am offenen Fenster gesessen. Das gellende Getöse der Güterzüge hat mich nicht betäubt, das samtene Sausen der Intercitys nicht besänftigt.

22.45: Der letzte Regionalzug nach Schwyz ist unter mir weggefahren.

00.25: Der letzte Regionalzug nach Altdorf hält. Der Strombügel des Triebwagens ist zum Greifen nahe. → 504 157

## Urs Widmer

### *«Die Schmuggler arbeiten heute mit verschobenen Eisenbahnwaggons»*

«Ich habe versucht, Geschichten zu schreiben, in denen es sozusagen nach Schweiz riecht, nach ihren unverwechselbaren, von Kanton zu Kanton verschiedenen Eigenschaften. (…) Ich finde, dass meine Geschichten realistisch sind. Phantasien sind sie trotzdem», notierte Urs Widmer (* 1938) im Nachwort zu seinen 1975 erschienenen «Schweizer Geschichten», von denen eine im Tessin spielt. Der sarkastische Text wirft sogar einen Zug der Gotthardbahn aus seinem vertrauten Gleis.

**Tessin**

[…] In den Tälern oben herrscht ein Elend, das man durch Landschaftsgärtnerei lindert. Die Bergbauern stehen mit Spritzkannen und Pinzetten im Alpengärtlein. Japaner fotografieren sie.

Einstmals war das Tessin ein Eldorado für Schmuggler. Die Bräute liessen sich von Kollegen trösten, wenn der Geliebte in einem italienischen Kerker schmachtete. Wenn dieser dann aber zurückkam, bekam er einen herrlichen Risotto und eine Liebesnacht, an die er während vieler Schmuggelmärsche denken konnte. Die Schmuggler hatten Angst vor den Kugeln der Carabinieri, aber das Versprechen einer heissen Heimkehr machte ihnen Mut. O Schmuggler, wo seid ihr hin, denke ich auf meinem Fahrrad. Heute fahren sie mit Mercedessen mit doppelten Böden mit Heroin darin.

Rentiere wechselten von einer Talseite zur anderen, und die Urbergler standen auf dem Gotthard-Hospiz und kontrollierten die durchziehenden Säumer. Die, die ihnen nicht passten, stiessen sie über die Teufelsbrücke in die tobenden Fluten der Reuss. Deutsche Säumer gelangten kaum je weiter, auch deutschschweizer nicht. Die Urbergler trugen Uniformen aus Ziegenfellen, sie hatten Rufe, die später die Jodler der Trachtenvereine wurden, sie trugen Federn von Adlern in den schwarzglänzenden Haaren. Wie hätten sie ahnen können, dass die Urner Jahrhunderte später Tunnels durch ihren Berg treiben würden, einen für Eisenbahnen, einen für Autos?

Der Ticino fliesst das Tal hinunter: oben ist er ein Bergbach, in dem sich Forellen tummeln, dann wird er ein brauner, breiter Bach, dann ein schwarzer, träger Fluss. Schöner ist es, den Bergkämmen entlangzugehen, das Tal tief unter sich. Oben liegt Schnee, durch den Soldanellen brechen, überall sind Spuren von Gemsen. Man kann ihnen durch den Harschschnee nachkriechen, wenn man schnell genug kriecht, erblickt man in den vordersten vier Spuren die Gemse. Aber noch fliehen die Gemsen, wenn auch langsamer als früher. Es wird eine Zeit kommen, in der die Gemsen zum Angriff übergehen werden. Zu Tausenden, Zehntausenden werden sie in die Täler herunterkommen und die Automobilisten zertrampeln, die in Airolo ihre Autos vom Autoreisezug rollen. Ihre Schreie werden bis nach Bellinzona hinunter zu hören sein. Heute aber sind die Gemsen noch nicht so weit, sie warten auf die Murmeltiere, die jedoch zu verschlafen sind, zu ängstlich pfeifen und zu fett sind, denke ich auf meinem Fahrrad, die letzten Kehren vor dem Hospiz in Angriff nehmend.

In keinem der Tessiner Seen darf man baden. Wer seinen Fuss in den Lago Maggiore tut, kann zusehen, wie die Säuren ihm das Fleisch von den Knochen fressen. Es ist vorgekommen, dass mit

Schmugglern kämpfende Polizeiboote gekentert sind. Minuten später zogen Polizistenkollegen Skelette aus dem Wasser, mit Käppis, an Maschinenpistolen geklammert. Die Schmuggler arbeiten heute mit verschobenen Eisenbahnwaggons, irgendwie stehen diese dann plötzlich auf dem Bahnhof von Olten, voller Haschisch und Eurodollars. Dann müssen die braungebrannten Schmuggler in den nebligen Norden fahren und ihren Waggon in Sicherheit bringen, denke ich auf meinem Fahrrad. Mein Atem geht rasselnd. Ich fahre in der kleinsten Übersetzung, aber ich habe, möglicherweise wegen dem vielen Ballonfahren, kein Training mehr. Früher bin ich die ganze Schweiz abgeradelt. Heiri Suter ist mit mir verwandt, zwar von fern, aber wer weiss heute noch, wer Heiri Suter ist?

Wenn im Tessin wenigstens das Grappatrinken noch etwas taugte. Der Grappa, einst ein Schnaps aus Trester, ist kein Schnaps aus Trester mehr. Es gibt kaum noch Trester. Seitdem die Italiener ihre Weine ohne Trauben herstellen, besteht auch der grüne Algenzweig, der in mancher Grappaflasche wächst, aus Plastik.

Wenn ein Millionär im Tessin ermordet wird, weiss niemand, warum, und niemand will es wissen. Es ist sein Risiko, hier zu leben. Wir tun es ja schliesslich auch nicht. Es soll sogar Dichter geben, die unter Kastanienbäumen sitzend schreiben, in der Sonne, mit einem Blick über Palmen und glitzerndes Wasser. Ich glaube das nicht. Ich bin nicht neidisch, aber ich würde keine Zeile Prosa lesen, die im Tessin entstanden ist, denke ich auf meinem Fahrrad.

Die Urbergler, um auf sie zurückzukommen, haben in den obersten Bergregionen überlebt, oben im Bleniotal, in der Leventina, im hintersten Maggiatal. Man sieht sie nie, aber man sieht die Lawinen, die sie im Winter auslösen. Donnernd rollen sie ins Tal und verschütten einen TEE. Tagelang graben dann die SBB-Arbeiter, bis sie auf das Dach des Zuges stossen. Sie schweissen ein Loch hinein. Die Gäste aus dem Norden sitzen erfroren im Speiseraum, mit verzerrten Fratzen. Die Arbeiter schaudert's. Sie schütten Benzin in den Zug und zünden es an. Die Presse wird ferngehalten, aber natürlich gelingt es doch einigen, die verkohlten Steuerflüchtigen auf den Film zu bannen. Die Bergbauern wärmen sich in zweitausend Meter Höhe die Hände über der Hitzefahne, die vom Tal her hochsteigt. Sie erinnern sich an ihre Ahnen, die schon den Ureidgenossen Partisanenkämpfe geliefert haben. Es ist nicht sicher, ob sie diesen neuen Krieg gewinnen werden. Die Schweizer Luftwaffe ist mit Düsenflugzeugen ausgerüstet. Auch könnte sich die Schweiz einen amerikanischen Sonderberater leisten, einen, der in Saigon war. [...]

---

## Thomas Hürlimann

*«Auch ein Mineralwassertrinker müsse hin und wieder, manchmal sogar dringend»*

Am 24. Oktober 2001 brach nach einem Zusammenstoss zweier Lastwagen im Gotthard-Autotunnel Feuer aus. Die Katastrophe forderte 11 Menschenleben. Der Schweizer Schriftsteller Thomas Hürlimann (* 1950) sah diesen Tunnelbrand «im Wurzelgrund der Heimat» als Symptom dafür, dass es «im Innern des Landes brennt». Fernab dieser ernsten Gedanken steht seine Kurzgeschichte, in der er ein ganz und gar humorvolles Malheur schildert.

### Der Tunnel

Im Januar 91, wie man sich erinnert, hat in Bellinzona das eidgenössische Jubeljahr begonnen. Also fuhren die Ehrengäste aus allen Landesteilen Richtung Süden, letzter Halt in Arth Goldau, nun war man komplett – der Extrazug, aus lauter Speisewagen bestehend, brauste los. Die Berner waren bereits in Stimmung, man jasste, man lachte, der Festwein floss in Strömen. Neben den meisten Räten sass eine Gattin, und erhob sie sich, um kurz auszutreten, kam sie nach erstaunlich kurzer Zeit zurück. Sie wirkte leicht verstört, und flüsterte ihrem Stände-, National- oder Regierungsrat eine Botschaft ins Ohr, die diesen erbleichen liess. Was war los? Der Zug raste durch den verwinterten Talkessel von Schwyz, dann durch Brunnen, durch Flüelen, und es muss kurz vor Erstfeld gewesen sein, als ein bekannter Nationalrat das Wort ergriff. Er trinke zwar nur Mineralwasser, polterte er los, aber auch ein Mineralwassertrinker müsse hin und wieder, manchmal sogar dringend, und er frage sich, was für ein Schafskopf diesen Zug zusammengestellt habe. Da setzte fraktionsübergreifend ein Klagen und Fluchen ein, und allen, auch den Biertrinkern, deren Blase robuster ist, wurde allmählich bewusst, dass die Festlogistiker etwas Wichtiges übersehen hatten: Der Extrazug bestand aus Speisewagen, und Speisewagen, wer wüsste es nicht, haben keine Toilette.

Eine Katastrophe bahnte sich an. Die Christliche Volkspartei schlug Sofortmaßnahmen vor, und ein bodenständiger Ständerat, der kräftig gebechert hatte, stürzte Hals über Kopf in die Kombüse, wo er ultimativ eine Suppenschüssel verlangte. Die Küchen-Tamilen wandten diskret den Blick ab. Göschenen, der Gotthard, Geratter, Gedonner, der Tunnel, dem Dürrenmatschen ähnlich, drohte sich ins Endlose auszudehnen – Gejammer, Gewinsel, Nothalt, riefen die Sozis im Chor, und ein Freisinniger (nicht gerade feinsinnig): Schiffhalt!

Endlich kam man überein, die Standes- und Bundesweibel nach vorn zu schicken, zu den Lokführern. Airolo! schrien die Weibel, Airolo!, sie wanden und krümmten sich, wankten mit verknäulten Beinen im Führerstand herum, drohten, jaulten, hüpften, aber die Lokführer, stramme Gewerkschafter, blickten stur geradeaus in die Finsternis, die ihrer Maschine entgegenschoss.

Irgendeiner muss dann doch gehandelt haben. In Rodi-Fiesso quietschten die Bremsen. Alle Türen flappten auf, und die Herren und Damen des Landes purzelten in Festgarderoben aus den Waggons. Eine Primarlehrerin, die mit ihrer Klasse dem vorbeifahrenden Extrazug hatte zujubeln wollen, glaubte ihren Augen nicht zu trauen. Die Damen strebten im Galopp den Toiletten zu, indes sämtliche Männer durchs Geschotter die Böschung hinunterstolperten. Die Primarlehrerin kniff sich in die Wange. Dann wies sie die Kinder an, die Nationalhymne zu singen, aber mit geschlossenen Augen.

## Guido Ceronetti

*«Hast du gesehen, was das für eine Leber war?»*

«Nicht für alle, nur für die Edlen schreibe ich, um sie ein wenig von der Mühe abzulenken. Die Edlen des Schmerzes, des Denkens, der Krankheit, der Zerbrechlichkeit ...», bemerkte Guido Ceronetti (* 1927) zu seinem Gedichtband «Mitleidenschaften und Verzweiflungen». Im kurzen Gotthardtext zeigt sich der italienische Aktionskünstler, Schriftsteller, Übersetzer und Journalist «den Edlen» von einer satirischen Seite. Ob er auch nach Fertigstellung des Neat-Basistunnels eine neue Idee entwickeln wird zur Vorbeugung gegen noch längere Langeweile?

### Die Bahnkorridore

Tunnels sind etwas sehr Langweiliges, aber wenn man einen solchen ausschliesslich aus Menschen baut, werden Emotionen nicht ausbleiben. Man nimmt ein paar tausend Männer und Frauen, postiert sie auf allen vieren, indem man ihre oberen und unteren Korridore horizontal aneinanderfügt, so dass sie ein einziges sehr langes, regungsloses Tier mit einem Verdauungskanal bilden. Der Zug kommt und dringt in den ersten hinteren Gang ein (den wir Airolo nennen werden), fährt mit hoher Geschwindigkeit durch den Tunnel und tritt pfeifend aus dem letzten oberen Ausgang (den wir Göschenen nennen werden). Im beleuchteten Zug werden die Reisenden in den Genuss einer der erstaunlichsten und verwirrendsten unterirdischen Landschaften kommen! Wahrsager, Anatomen, Theologen, Erforscher der Psyche sowie einfache Leute, von Sehnsucht verzehrte Kinder, Touristen, werden von einem Fenster zum anderen rennen und ausrufen: «Hier! Dort! Hast du gesehen, was das für eine Leber war? Was für Stalaktiten! Schön! Wie riesig war jenes Herz! Wie viele Augen! Um Gottes willen, macht nicht die Fenster auf!» Ein unvermuteter, ausschweifender Jules Verne, und alles ohne Billettzuschlag. Sollte der Zug im Fantastischen Tunnel stehenbleiben, würden die Reisenden unvorstellbaren Abenteuern entgegengehen und das Risiko in Kauf nehmen müssen, da nie wieder rauszukommen.

---

## Helmut Stalder

*«Da soll uns der Teufel helfen!»*

Nach einer alten Sage baute den Urnern der Teufel die erste Brücke in der Schöllenen-Schlucht. Als Lohn winkte ihm die erste Seele, die sie überqueren würde. Doch er musste sich mit einem Geissbock begnügen, den die schlauen Urner über die Brücke trieben. An den vergeblichen Versuch des betrogenen Teufels, die Brücke mit einem riesigen Felsbrocken zu zertrümmern, erinnert bis heute der «Teufelsstein» in Göschenen, der 1973 um 127 Meter verschoben wurde. Auch davon berichtet der Germanist, Historiker und Redaktor Helmut Stalder (* 1966) in seiner Fortsetzung der Legende.

### Die List des Teufels – Der Sage zweiter Teil

Nun ist es an der Zeit zu berichten, wie die Sage vom Teufelsstein zu Ende ging.

Die Urner hatten den Teufel mit dem Ziegenbock überlistet. Das alte Mütterchen hatte das Kreuz gegen den Stein geschlagen, mit dem der Teufel die Brücke zerschmettern wollte. Der Stein liess sich nicht mehr bewegen. Der Teufel verschwand. Glücklich trieben die Menschen fortan ihr Vieh über die Brücke auf die Märkte im Lande Italien und brachten in dicken Schläuchen so viel von dem süssen Wein in ihr rauhes Bergtal, dass es eine Freude war.

Nach vielen, vielen Jahren aber genügte ihnen das nicht mehr. Sie wollten schneller ins Südland gelangen, als sie zu Fuss vermochten, und sie wollten mehr von den schönen Dingen holen, als ihre Maultiere tragen konnten. Bald waren sie sich einig. Schon einmal hatten sie sich mit dem Teufel eingelassen und ihn überlistet. Das würde auch beim zweiten Mal gelingen, dachten sie und riefen: «Da soll uns der Teufel helfen!» Kaum hatten sie es ausgesprochen, da stand der Leibhaftige vor ihnen. Er sprach: «Ich baue euch einen Weg, auf dem ihr schnell wie der Wind nach Italien kommt.» Die Urner waren darob erfreut und wollten wissen, was der Teufel dafür verlange. «Niemand darf meinen Stein berühren. Sonst seid ihr alle mein!», rief dieser mit rollenden Augen. Das kam den Urnern seltsam vor, aber es schreckte sie nicht und sie schlugen ein. Aus den Tiefen der Erde schaffte Luzifer nun Kohle und Erz herbei. Er lehrte die Menschen, wie man Eisen härtet zu Stahl, wie man Schienen legt und Maschinen baut, die die Last von tausend Pferden ziehen. Dann holte er Säuren von Schwefel und Salpeter, Glycerin und Kieselgur und mischte einen Stoff, der mächtiger war als der Granit. «Kommt in drei Tagen herauf nach Göschenen, da werdet ihr euren Weg finden», sagte er.

Drei Tage lang hörten die Urner schreckliche Donnerschläge vom Tor der Schöllenen und fürchteten sich sehr. Am Abend des dritten Tages stieg die ganze Landsgemeinde hinauf. Auf seinem grossen Stein am Dorfrand hockte der Teufel. «Seht dort drüben, das ist euer Weg», rief er hinab zu der Schar, die sich in sicherem Abstand um den Brocken versammelt hatte. Die Urner machten grosse Augen, als sie am Fusse der Fluh ob Göschenen ein Loch erblickten, durch das man fast ans andere Ende des Berges sah. Sie brachen in grossen Jubel aus und tanzten um den Stein. «Will niemand meinen Fels berühren?», fragte der Teufel scheinheilig. Da lachten die Urner und riefen: «He, Bocksfuss! Du weisst doch, dass wir schlauer sind als Du!» Wütend verzog sich Luzifer, und die Menschen freuten sich über den wohlfeilen Handel. Nun fuhren sie mit ihren Maschinen durch den Berg und brachten so viele Dinge aus Italien, dass sich alle satt essen konnten. Auch von weit her kamen Menschen, um durch den Berg zu fahren. Das Tal blühte und gedieh.

Nach einiger Zeit jedoch wurden die Urner übermütig. Zweimal hatten sie mit dem Teufel gehandelt, ohne dass sie ihre Seele verloren. So sollte es auch ein drittes Mal sein. Wieder riefen sie den Bösen. Fuhrwerke wollten sie, mit denen jeder für sich nach Italien fahren könne, so oft und mit so grosser Last wie ihm beliebe. Und ein zweites Loch für die Fuhrwerke wollten sie auch. Der Teufel schöpfte Steinöl aus dem Erdinnern und lehrte die Menschen, Maschinen zu bauen, die damit fahren können. Dann bezeichnete er die Stelle, wo die Menschen nun selbst ein Loch graben sollten. «Was willst du für deine Hilfe?», fragten sie misstrauisch. «Nichts!», entgegnete der Teufel, grinste nur und verschwand. Die Menschen gingen ans Werk. Doch da merkten sie, dass das Loch genau dort vorgezeichnet war, wo der Brocken von Göschenen lag. Eine uralte Urnerin erinnerte sich an das Tabu, den Stein zu berühren, aber sie warnte vergeblich. «Dumme Abergloibä», sagten die Baumeister, «nit derglychä tuä.» Sie packten den Stein an, schoben ihn mit der Kraft ihrer Maschinen beiseite und bohrten das Loch durch den Berg.

Alles war gut und die Urner freuten sich. Doch dann brachen drei Plagen über sie hinein: Höllenlärm, Pechruss und Schwefelgestank erfüllen seither das Tal. In ihrer Not begannen die Menschen, ein drittes Loch zu graben, ein ganz langes, tief im Fels. Sie hoffen, sich so des Übels zu erwehren. Bis zum heutigen Tag bohren sie verzweifelt und wissen nicht, ob es je gelingt.

Zieht ein Gewitter auf über Uri, ducken sich die Talleute in ihren Häusern und halten sich Augen und Ohren zu. Der Donner kracht, es zuckt der Blitz. Und da steht auf seinem Stein Luzifer, die Arme ausgebreitet, den Kopf in den Nacken geworfen. Geifer tropft aus seinem Mund. Sein fürchterliches Gelächter schallt durch das Tal. Er grölt, dass Sankt Gotthard erbebt: «Grabt Löcher, so viele ihr wollt! Es hilft euch nichts! Den ihr dreimal habt gerufen, werdet ihr nun nicht los! In alle Ewigkeit!» Und schaurig hallt das Echo in der Schöllenen: «In drei Teufels Namen: Eure Seele ist mein! – mein! – mein!»

## Emil Steinberger

*«Hör auf zu pfeifen! – Was? Aha, die Lokomotive hat gepfiffen»*

Wer eignet sich besser, die literarische Reise dieses Buches zu beschliessen, als «Emil»? Denn der Kabarettist Emil Steinberger (* 1933) alias Emil gehört seit gut 30 Jahren ebenso unverrückbar zur Schweiz wie die Gotthardbahn. Ihr windet er in seiner Nummer «Die Kirche von Wassen» ein typisches «Emilsches Kränzchen». Mit den Kehrtunneln greift er jenes Merkmal der Gebirgsbahn auf, das sie zusammen mit dem Gotthardtunnel weltberühmt gemacht hat.

### Die Kirche von Wassen

*(Emil als Ehemann im Zug, zu seiner Frau)* Hast du alles eingepackt, he? Hast du die Türe zur Terrasse geschlossen? Wann fährt denn dieser Zug, wann? Sollte schon lang wegfahren!

*(Zum Sohn)* So, runter da mit den Füssen, he! Wir sind nicht zu Hause, he! Wieso fährt denn dieser Zug nicht? Muss mal schauen. *(Schaut aus dem Fenster)* Wieso fährt denn …? – Ja, ja! – der Stationsvorstand steht vorne beim Lokomotivführer, und sie schwatzen zusammen. Ja, ja, so rentieren die Züge! *(Sitzt wieder ab)*

*(Zu seiner Frau)* Wie spät hast du jetzt, he? wie spät? – He??? Ja, ich auch! Wir sollten doch schon lang fahren! – Au, schau mal die Frau dort, die hat denn komische Beine. – Jetzt fährt er, jetzt fährt er. Drei Minuten Verspätung. Das holen wir schon wieder ein.

Oh, schau mal zum Fenster raus, schau mal da unten auf der Autobahn. Hm! Schau dir mal das an. Ein Auto nach dem andern. Ein Auto nach dem … ei, ei, ei – eines jagt das andere. Hähähähä hähähähä! Da haben wir's viel schöner hier im Zug. Schau dir mal das an, alle Richtung Tessin, alle Richtung … *(Steht ans geöffnete*

*Fenster und schreit)* … alle Richtung Gotthard. Jaja, bis weit die Kehren hinauf. Ein Auto jagt dem andern die Auspuffgase ins Gesicht. Heieiei, da haben wir die bessere Luft hier.

Was ist? Das Fenster schliessen? Jajajajaja! *(Schüttelt den Kopf und imitiert die reklamierende Frau)* Man könnte auch meinen, etwas frische Luft …

*(Zu seiner Frau)* Weisst du, dann noch der ganze Motorenlärm da unten … *(Zum Sohn)* Hör auf zu pfeifen! Im Wagen pfeift man nicht! *(Wieder zu seiner Frau – genüsslich)* Schau mal diese Autos an! Eines nach dem andern. Eine einzige Stockung bis weit hinauf … Dort oben hat noch einer ein Schiff angehängt, wahrscheinlich wenn es zu schiffen beginnt! Hahahaha *(sehr laut)* Hahahahaha … Was ist, was? Ich darf doch noch einen Witz machen, oder? Wir sind ja nicht in einer Kirche.

*(Zum Sohn)* Hör auf mit Pfeifen!! Jetzt sollten wir dann die Kirche von Wassen sehen. *(Zur Frau)* Ja, wenn man mit dem Zug Richtung Gotthard fährt, sieht man dreimal die Kirche von Wassen. Ja, natürlich, oder … die Höhendifferenz … oder, angenommen hier, das *(seine Hand)* wär' die Kirche von Wassen. Jetzt, der Zug, oder, der kommt ja …, der muss ja, um die Höhe …, oder, muss er, geht er, in den Tunnel, oder, macht kehrt, und … und … so sieht man dreimal die Kirche von Wassen.

Die sollte jetzt jeden Moment zum Vorschein kommen, die Kirche von Wassen. Mal schauen, ob wir sie *(Öffnet das Fenster)*, ob die Kirche … *(Schreit)* Jaaaa, dort oben ist die Kirche von Wassen!! Wunderbar!! Jetzt kommt sie auf der anderen Seite. *(Er stolpert über die Füsse der Passagiere und geht auf die gegenüberliegende Seite, öffnet das Fenster.)* Ja, da, wunderbar, die Kirche … jetzt kommt ein Tunnel!

*(Zu zwei Passagieren)* Wissen Sie, wissen Sie, wenn man Richtung Gotthard fährt, sieht man dreimal die Kirche von Wassen … Oder,

der Zug, wenn er kommt, muss er im, muss er ja im Tunnel drin ... Wie? Was meinen Sie? – Ah! Oui, oui. Ah, oui oui, oui oui. *(Zu seiner Frau)* Die sprechen Französisch. *(Nach einem Moment der Überlegung, wichtigtuerisch zu den Passagieren)* Vous ääh ... vous ääh ... vous de vous de vous venez vous? Pardon? Ah, Belgique, Belgique – chic, chic! Ah, de Brüssel, Brüssel. *(Zur Frau)* Von Brüssel sind's. Ich hab doch diesen Salat so gern ... Joli joli, joli joli ...

Wieso fährt jetzt dieser Zug so langsam? Natürlich, ein schwerer Zug, hat noch den Speisewagen mit dem ganzen Weinkeller angehängt. Du, jetzt hält der Zug an, auf offner Strecke, das gibt's ja nicht. Wieso hält jetzt der Zug? Muss mal rausschauen. *(Öffnet das Fenster)* Wieso hält jetzt ...? Aha! Das Signal ist geschlossen. Wahrscheinlich ist der ganze Streckenblock blockiert. Er muss wahrscheinlich warten, bis er von einem anderen Zug gekreuzt wird. Dass jetzt der hier anhalten muss ...

*(Weiter zu seiner Frau)* Du ... schau mal dort unten, siehst du die grosse Tanne? Links davon ist doch so ein Fels. Schau dir mal diesen Felsen an. Die Farbe des Felsens. Ist doch so grün, grau, braun, gelb, hm. Merkst etwas? Hm? *(laut)* Merkst etwas? – Das ist ein Militärbunker! – Was? He? Nicht so laut, es hat Ausländer im Zug! – Da ist doch der ganze Berg durchlöchert. Da kannst du da reingehen und kommst vielleicht in Vaduz wieder raus. Das wären Wanderwege! Hähähähä, hähähähä.

Was meinst du? Tannzapfen? Ja, schöne Tannzapfen hat's hier. Weisst du auch, dass nur alle vier Jahre ein Tannzapfenjahr ist? Das wechselt immer mit dem Maikäfer. So regeneriert sich die Natur von selbst.

So, wo ist der Bube, wo? Wo ist der Bub? Was? Auf der Toilette? Der weiss doch ganz genau, dass wenn der Zug hält, dass man nicht auf die Toilette geht. Ja wahrscheinlich, dem werd ich's sagen, der wird was hören! *(Steht auf und geht zur Toilettentüre, klopft und schreit laut)* Kommst du sofort aus der Toilette raus!! Du weisst ganz genau, wenn der Zug anhält, dass man nicht auf die Toilette gehen darf! *(Die Tür öffnet sich, er erschrickt)* … Ah!? Grüss Gott, Fräulein! *(Er geht, etwas zerstreut, wieder an seinen Platz. Wieder zu seiner Frau)* Da war ein Fräulein draussen. – Wo ist er denn, der Bub? Was? Aha, da hinten sitzt er? Ja, komm, wir lassen ihn da hinten, soll doch die Leute da hinten etwas verrückt machen. *(Dreht sich und schreit nervös Richtung Sohn)* Hör auf zu pfeifen! *(Wieder zur Frau)* Was? Aha, die Lokomotive hat gepfiffen.

Jetzt fährt er wieder. Jetzt sehen wir dann die Kirche von Wassen wieder. Aber dieses Mal auf der anderen Seite, hä. Ich geh nochmals rasch rüber, gäll, ich geh rasch rüber.

*(Wieder zu den belgischen Passagieren)* Pardon, pardon, la l'église! … La l'église troisième! … *(Öffnet ihr Fenster)* Venez! regardez la l'église, voyez voyez … Jooh, ausgerechnet jetzt kommt ein Tunnel. Jetzt wo sie die Kirche gesehen hätten, bauen die einen Tunnel hin. Das ist auch wieder ein Konstruktionsfehler, das … Incroi, Incroi!! Vous savez, ain? Vous savez, le train, le train, il, ehhh … il tourne la montagne, oui, oui, oui, parceque, parceque la, la montagne … *(Zeigt steil nach oben)* est pour le train oder, qu'il doit oder, il a, il doit … – Ja, komm, hat doch keinen Wert! Die verstehen's ja sowieso nicht … Die haben ja keine Berge in Belgien, hehehehe!

*(Wieder zu seiner Frau)* Du, jetzt hält der Zug noch im Tunnel drin an. Das gibt's ja nicht. Jetzt hält der Zug noch im Tunnel. Das macht wieder einen Eindruck auf die Ausländer. Was, das Fenster öffnen? Wahrscheinlich öffnen wir jetzt das Fenster! Es muss nur ein Badezug aus Italien vorbeifahren, und alle Leuten werfen die Speiseresten aus dem Fenster.

*(Sehr lieb)* Möchtest du etwas Tee? Möchtest Tee? Keinen Tee? Ich nehm' etwas Tee. Ich nehm' etwas Tee … *(Nimmt die Thermosfla-*

*sche und schenkt sich ein. Der Zug macht einen Ruck.)* Ah! jetzt fährt er! Ausgerechnet jetzt! Alles über die Hosen, alles über die Hosen. Der kann auch nicht am Berg anfahren, der! So kann ich nicht aussteigen. Hol mir auf der Toilette etwas Wasser, he? Ja auf der Toilette, links ist die Türe dort. *(Ruft laut)* Links! *(Schreit)* Liiinks!!! – Nein rechts!!!!

*(Zu sich selbst)* Schon zu spät!

**Tausend Dank**

Dieses Buch gleicht einem Mosaik. Zahlreiche Menschen haben mir zu seinem Entstehen gleichsam die Steine zugetragen. Für den Gesamteindruck ist jeder Einzelne von ihnen wichtig, unabhängig von seiner Farbe, Form und Grösse. Deshalb erlaube ich mir als kleines Zeichen der Wertschätzung an dieser Stelle alle ihre Namen aufzuführen.

Mein herzlicher Dank gilt:
Peter Aebersold, Thomas Aschwanden, Vanni Bianconi, Lisa Blatter, Peter Brang, Giorgio Chiappa, Aldo Conca, Tatiana Crivelli, Michèle Crogiez, Francesco Dal Negro, Maria Dieterle, Elmar Elbs, Walter Finkbohner, James Finlayson, Roger Francillon, Peter Fröhlicher, Annegret Furrer-Truttmann, Konrad Gamma, Alice Grünfelder, Laura Häberli, Beat Hächler, Franz Hohler, Armin C. Kälin, Daniel Kellenberger, Erich Ketterer, Thomas Köppel, Christof Kübler, Stephan Kunz, Bruno Lämmli, Hanspeter Lengweiler, Charles Linsmayer, Jean-Jacques Marchand, Alain Marendaz, Aurelia Markwalder, Giorgio Marmugi, Peter von Matt, Peter Maurer, Werner Neuhaus, Jürg Nyffeler, Elisabetta Peduzzi, Claude Reichler, Fausto Robertini, Herbert Roseng, Pierre Selig, Helmut Stalder, Emil Steinberger, Paul Steinmann, Beat Stutzer, Yoko Tawada, Rico Vanoli, Annalisa Viviani, Martin Vogt, Hans G. Wägli, Alfred Waldis, Carl Waldis, Anna Weber, Markus Wittum, Hans Zeller, Bruder Gerold Zenoni, Karl Ziegler und Monique Zumbrunn.

In Erinnerung an den Verleger Heiner Spiess (1948–2006)
Innert zweier Stunden hatte er sich zur Veröffentlichung dieses Buches entschlossen.

*Hans Peter Häberli*
*Zürich, im März 2007*

## Textnachweis

**Walter Angst** Seite 233 – «Mit 12 000 PS durch den Gotthard», in: *Schweizerisches Jugendschriftwerk (SJW)*, Nr. 186, 1944, S. 19–22
**K. Baedeker** Seite 121 – *Die Schweiz, nebst den angrenzenden Theilen von Oberitalien, Savoyen und Tirol*, Handbuch für Reisende von K. Baedeker, Verlag von Karl Baedeker, Leipzig 1883 (20. Auflage), S. 123, 128–129
**Hans Ulrich Bänziger** Seite 284 – *Ortlos / Interlaken: zwei Erzählungen*, S. 37–40. © Wolfbach Verlag, Zürich 1999
**Mona Blatter** Seite 47 – «È la prima – Zu Fuss durch den Gotthardbahntunnel», 1999. Abdruck mit freundlicher Genehmigung von Lisa Blatter, Zürich
**Paul Bühler** Seite 101 – *Der Gotthardtunnel – Die Tragödie Louis Favres*, Zollikofer & Co. Verlag, St. Gallen 1942, S. 113–115, 120–122
**Hermann Burger** Seite 314 – *Die Künstliche Mutter*, S. 72–74. © S. Fischer Verlag GmbH, Frankfurt am Main 1982
**Samuel Butler** Seite 59 – *Alps and Sanctuaries* [The Shrewsbury Edition of the Works of Samuel Butler. Edited by Henry Festing Jones and A.T. Bartholomew], Jonathan Cape, London 1924 / E.P. Dutton & Company, New York 1924, S. 6, 40, 42–43
**Guido Calgari** Seite 97 – *San Gottardo*, N. Mazzuconi, Lugano 1937, S. 97–103. Übersetzung aus dem Italienischen von Annalisa Viviani, München
**George L. Catlin** Seite 124 – *Switzerland. The St. Gotthard Railway*, Printing Office J. Burckhardt, Lucerne 1890, S. 7–10, 12–13. Übersetzung aus dem Englischen vom Herausgeber
**Guido Ceronetti** Seite 324 – *La musa ulcerosa, Scritti vari e inediti*, Rusconi, Milano 1978 (Klappentext). Übersetzung aus dem Italienischen von Annalisa Viviani, München
**Jacques-Edouard Chable** Seite 106; 191 – *Sankt Gotthard*, aus dem Französischen von Pierre Gauchat, Eugen Rentsch Verlag, Erlenbach 1940, S. 64–68; S. 219–223
**Francesco Chiesa** Seite 28 – «Chiasso–Lucerna, Lucerna–Chiasso», in: *50 Jahre Gotthard 1882–1932, Jubiläumsschrift zur Feier des fünfzigjährigen Betriebes der Gotthardbahn*, hrsg. von der Generaldirektion der Schweizerischen Bundesbahnen, Verlag SBB-Revue, Bern 1932, S. 16–21, 23. Übersetzung aus dem Italienischen von Annalisa Viviani, München
**Charles-Albert Cingria** Seite 265 – *Œuvres complètes*, Bd. III, S. 270–273. © Editions L'Age d'Homme, Lausanne 1969 (–1981). Übersetzung aus dem Französischen von Annalisa Viviani, München
**Pietro De Marchi** Seite 259 – in: *Das Gewicht eines gewendeten Blattes / Il peso di un foglio girato, Gegenwartslyrik im Grenzraum Schweiz Italien*, hrsg., ausgewählt, übersetzt und mit einem Vorwort von Jacqueline Aerne, Orlando Budelacci und Thierry Greub, S. 195. © Limmat Verlag, Zürich 2004
**Alfred Escher** Seite 61 – zitiert nach: *Joseph Jung, Alfred Escher (1819–1882). Der Aufbruch zur modernen Schweiz*, NZZ Libro, Zürich 2006, S. 1017–1019
**Robert Faesi** Seite 141 – *Füsilier Wipf – Erzählung aus der schweizerischen Grenzbesetzung*, Verlag Huber, Frauenfeld/Leipzig 1938 (Neue weitergeführte Fassung von 1917), S. 108–117
**Anna Felder** Seite 245 – *No grazie*, aus dem Italienischen von Michael von Killisch-Horn, S. 33–38. © Limmat Verlag, Zürich 2002
**Oskar Maurus Fontana** Seite 195 – *Der Weg durch den Berg – Ein Gotthard-Roman*, Paul Zsolnay Verlag, Berlin 1936, S. 338–344, 495–496
**Colin Forbes** Seite 239 – *Lawinenexpress*, Wilhelm Heyne Verlag, München 1977, S. 205–207, 214–217
**Max Frisch** Seite 184 – *Schweiz ohne Armee? Ein Palaver*, S. 45–47. © Limmat Verlag, Zürich 1989
**Carlo Emilio Gadda** Seite 264 – *Racconto italiano di ignoto del Novecento, Cahier d'études*, Einaudi editori, Torino 1983, S. 253. Aus dem Italienischen von Maria Dieterle, Oberengstringen
**Emilio Geiler** Seite 221 – *Gotthardexpress 41 verschüttet, Eisenbahnerroman*, Albert Müller Verlag, Zürich 1942 (2. Aufl.), S. 16–18, 20–22
**André Gide** Seite 24 – *Correspondance avec sa mère 1880–1895*, S. 474–477. © Editions Gallimard, Paris 1988. Übersetzung aus dem Französischen von Annalisa Viviani, München
**Adolf Haller** Seite 175 – *Die Schmugglerin und ihr Sohn*, Schweizer Jugendverlag, Solothurn 1963 (2. Aufl.), S. 30–37
**Johann Jakob Hardmeyer** Seite 131 – *Die Gotthardbahn (Europäische Wanderbilder)*, Verlag des Art. Institut Orell Füssli, Zürich 1882, S. 3, 6–7, 37, 41–42
**Hermann Hesse** Seite 39 – *Die Kunst des Müssiggangs. Kurze Prosa aus dem Nachlass*, hrsg. und mit einem Nachwort von Volker Michels, S. 45–50. © Suhrkamp Verlag, Frankfurt am Main, 1983
**Hans Rudolf Hilty** Seite 260 – *Zu erfahren, Lyrische Texte 1954–1968*, Kandelaber Verlag, Bern 1969, S. 78–79

**Thomas Hürlimann** Seite 322 – *Die Satellitenstadt*, S. 153–155. © Ammann Verlag, Zürich 1992
**Meinrad Inglin** Seite 154 – *Die Lawine und andere Erzählungen*, Atlantis Verlag, Zürich 1947, S. 7–30
**Franz Kafka** Seite 25 – *Reisetagebücher in der Fassung der Handschrift*, Bd. 12 der Gesammelten Werke, hrsg. von Hans-Gerd Koch, Fischer Taschenbuch Verlag, Frankfurt am Main 1994, S. 29–31
**Isabelle Kaiser** Seite 214 – «Nachtzug», in: *Schweizer Jugendschriften*, Heft 13, Verlag Schweizer Jugendschriften, Bern 1923, S. 3–10
**Walter Kessler** Seite 136 – *Wonne des Wanderns – Ein Landstreicherbuch*, Schweizerische Volks-Buchgemeinde, Luzern 1949, S. 28–29
**Erwin Koch** Seite 280 – «Zahn der Zeit, Bahnhof Göschenen: Wo einst Kaiser und Minister tafelten», in: *via*, 10/2006. Abdruck mit freundlicher Genehmigung des Autors
**Ernst Krenek** Seite 45 – *Im Atem der Zeit – Erinnerungen an die Moderne*, Hoffmann & Campe, Hamburg 1998, S. 404–405
**Cécile Lauber** Seite 42; 268 – *Romane – Erzählungen – Novellen – Lyrik – Aphorismen*, Helmut Kossodo Verlag, Genf/Hamburg 1968, S. 259–261; *Die Wandlung*, Verlag Grethlein & Co., Zürich/Leipzig 1931, S. 401–408
**Alain Marendaz** Seite 114 – «Der Gotthard-Korridor», in: *Unterwegs – Fünf Passgeschichten aus Uri*, hrsg. von Christof Hirtler, S. 103–105. © Raeber Verlag und Gamma Druck und Verlag, Luzern und Altdorf 1989
**Karl May** Seite 256 – *Abdahn Effendi, Reiseerzählungen und Texte aus dem Spätwerk*, Gesammelte Werke Bd. 81, Karl-May-Verlag, Bamberg-Radebeul 2000, S. 218
**Conrad Ferdinand Meyer** Seite 254 – *Sämtliche Werke*, Band 7: Die Gedichte aus dem Nachlass, S. 48. © Benteli Verlag, Bern 1991
**Fritz Meyer** Seite 171 – *Zürcher Windrose – Neue Erzählungen*, Artemis Verlag, Zürich 1957, S. 143–181
**Felix Moeschlin** Seite 64 – *Wir durchbohren den Gotthard*, Artemis Verlag, Zürich 1964, S. 620–625
**Guido Morselli** Seite 210 – *Ein Ausflug seiner Majestät – Divertimento in der Schweiz*, Claassen Verlag, Düsseldorf 1980, S. 73–76
**Alberto Nessi** Seite 182 – *Abendzug*, aus dem Italienischen von Regula Kühne, S. 7–9. © Limmat Verlag, Zürich 1991
**Friedrich Nietzsche** Seite 253 – *Briefwechsel*. Kritische Gesamtausgabe, hrsg. von Giorgio Colli und Mazzino Montinari, Abteilung 3, Bd. 3, Walter de Gruyter, Berlin /New York 1982, S. 256–258
**Giorgio Orelli** Seite 262 – *Rückspiel / Partita di ritorno*, Gedichte, ausgewählt und übersetzt von Christoph Ferber, S. 201. © Limmat Verlag, Zürich 1998
**Boris Pasternak** Seite 37 – Prosatext aus dem 10. Kapitel der Geleitbriefe (1931), in: Peter Brang (Hrsg.), *Landschaft und Lyrik. Die Schweiz in Gedichten der Slaven*. Eine kommentierte Anthologie, S. 492–493. © Schwabe AG Verlag, Basel 1998
**Eugène Rambert** Seite 134 – *La linge du St-Gothard*, traduit et remanié d'après J. Hardmeyer, Orell Füssli Verlag, Zürich 1888, S. 77–78. Aus dem Französischen von Annalisa Viviani, München
**Erich Maria Remarque** Seite 274 – *Der Himmel kennt keine Günstlinge*, S. 475–477. © 1961, 1990, 1998 by Verlag Kiepenheuer & Witsch, Köln
**Nelo Risi** Seite 179 – «Tanto tempo fa», in: *Negli Svizzeri. Immagini della Svizzera e degli svizzeri nella letteratura italiana nell'Ottocento e Novecento*, hrsg. von Fabio Soldini, Marsilio Editori, Venezia / Armando Dadò Editore, Locarno 1991, S. 432–434. Übersetzung aus dem Italienischen von Annalisa Viviani, München, mit freundlicher Genehmigung von Fabio Soldini
**Anna Ruchat** Seite 287 – «Stimmen der Dunkelheit», aus dem Italienischen von Sibille Kirchbach, in: *via*, 5/2006. Ungekürzter Abdruck mit freundlicher Genehmigung der Autorin
**Klaus Schädelin** Seite 303 – *Mein Name ist Eugen*, 29. Auflage 2005, S. 66–69. © 1955 Theologischer Verlag Zürich
**Wolf Schwertenbach** Seite 236 – *D. K. D. R. im Gotthard-Express*, Kriminal-Roman, Drei Raben Verlag, Stuttgart 1954 (Erstausgabe Grethlein Verlag, Leipzig 1931), S. 9–11, 13
**Carl Spitteler** Seite 21 – *Der Gotthard*, Huber Verlag, Frauenfeld 1897, S. 50–51, 53–54, 63–64
**Martin Stadler** Seite 109 – *Die neuen Postillione*, S. 125–128. © Uranos Verlag, Schattdorf 1979
**Helmut Stalder** Seite 325 – *Mythos Gotthard – Was der Pass bedeutet*, S. 191–192. © Orell Füssli Verlag AG, Zürich 2003
**Emil Steinberger** Seite 328 – «Im Zug», Abschrift von der CD *Emil – E wie Emil träumt*, Edition E, Territet 2004, mit freundlicher Genehmigung von Emil Steinberger
**Paul Steinmann** Seite 71 – Auszug aus der Probenfassung von *D'Gotthardbahn, Kulturforum Andermatt Gotthard*, 2007. © beim Autor

**Ernst Strebel** Seite 317 – *Das Kursbuch des Fahrtenschreibers,* S. 179–181. © Limmat Verlag, Zürich 2000
**August Strindberg** Seite 200 – *Schweizer Novellen,* Verlag Georg Müller, München/Leipzig 1912, S. 265–276
**Yoko Tawada** Seite 277 – *The Bridgeroom Was a Dog,* translated by Margaret Mitsutani, Kodansha International, Tokyo/New York/London 1998, S. 131, 151–154. Übersetzung aus dem Englischen von Alice Grünfelder, Zürich, mit freundlicher Genehmigung der Autorin
**Victor Tissot** Seite 128 – *Pays des Glaciers. Vacances en Suisse,* Librairie Ch. Delagrave, Paris 1893, S. 25–29. Übersetzung aus dem Französischen von Annalisa Viviani, München
**Attilia Fiorenza Venturini** Seite 75; 186 – *Gli angeli della dinamite,* Giardini editori e stampatori, Pisa 1991, S. 69–84; *Nudi col passaporto – La verità sull'emigrazione in Svizzera,* PAN Editrice, Milano 1969, S. 176–178. Übersetzungen aus dem Italienischen von Annalisa Viviani, München
**Josef Viktor Widmann** Seite 35 – *Jenseits des Gotthard,* Huber Verlag, Frauenfeld 1888, S. 7–10
**Urs Widmer** Seite 319 – aus: *Schweizer Geschichten.* Copyright © 1977 Diogenes Verlag AG Zürich
**Paul Winter** Seite 300 – *Dampfrossromantik am Gotthard,* Schweizer Spiegel Verlag, Zürich 1947, S. 66–69
**Joseph Wipfli** Seite 17; 295 – in: *Urner Wochenblatt,* 1882, Nr. 4; in: *Urner Wochenblatt,* 27. Mai 1882
**Ernst Zahn** Seite 32; 112 – «Erinnerungen an Göschenen», in: *50 Jahre Gotthard 1882–1932, Jubiläumsschrift zur Feier des fünfzigjährigen Betriebes der Gotthardbahn,* hrsg. von der Generaldirektion der Schweizerischen Bundesbahnen, Verlag SBB-Revue, Bern 1932, S. 78–82; «Die elektrische Gotthardbahn», in: *Velhagen & Klasings Monatshefte,* 36. Jahrgang, 1921/22, 2 Bd., S. 545–546
**Giuseppe Zoppi** Seite 258 – in: *50 Jahre Gotthard 1882–1932, Jubiläumsschrift zur Feier des fünfzigjährigen Betriebes der Gotthardbahn,* hrsg. von der Generaldirektion der Schweizerischen Bundesbahnen, Verlag SBB-Revue, Bern 1932, S. 72. Aus dem Italienischen von Maria Dieterle, Oberengstringen

## Abbildungsnachweis

**Seite 81** Sammlung Credit Suisse
**Seite 82** Schweizerisches Landesmuseum, Zürich, LM-75326.5, Foto Schweizerisches Landesmuseum Zürich COL 8081
**Seite 83** Schweizerisches Landesmuseum, Zürich, LM-100079.38, Foto Schweizerisches Landesmuseum Zürich COL 21825
**Seite 84** Alfred A. Häsler, 1982
**Seite 85** Museo Vela, Foto Mauro Zeni, Lugano, Andy Vattilana, Riva San Vitale
**Seite 86/87** Alfred A. Häsler, 1982
**Seite 88** Schweizerisches Landesmuseum, Zürich, DIA 15315, Foto Schweizerisches Landesmuseum Zürich DEP-21.FSG
**Seite 145** George L. Catlin, Switzerland. The St. Gotthard Railway, Printing Office J. Burckhardt, Lucerne 1890
**Seite 146, 147** Prospekt, Druck Orell Füssli Zürich, 1892
**Seite 148** Berliner Tagblatt, um 1870
**Seite 149** Yoko Tawada, The Bridgeroom Was a Dog, Tokyo/New York/London 1998, S. 129
**Seite 150** Aurelia Markwalder, Leipzig
**Seite 151, 225, 231** SBB-Historic, Bern
**Seite 152** Francesco Milani, Giubiasco
**Seite 226** © Anna Weber/Sammlung Kunsthäuschen Herrliberg
**Seite 227** © Thomas Bauer/Sammlung Kunsthäuschen Herrliberg
**Seite 228** © Peter Bomhard, Nürnberg, www.eisenbahn-bilder.de
**Seite 229** Staatsarchiv Uri, Altdorf. © 2007, ProLitteris, Zurich
**Seite 230** Peter Maurer, Zürich. © 2007, ProLitteris, Zurich
**Seite 232** Friedrich Christian Flick Collection, Foto-credit: Christian Schwager, Winterthur
**Seite 305** Private Collection, England
**Seite 306, 307, 308, 312** © bei den Künstlern und ihren Rechtsnachfolgern, Courtesy Edition 5, Erstfeld, Fotos Stefano Schröter
**Seite 309** Mit freundlicher Genehmigung von Jean Odermatt, Eglisau
**Seite 310** © Museum HR Giger, Gruyères, www.hrgigermuseum.com
**Seite 311** Gadget records AG/Gotthard, Zürich